CONCOURS ADMINISTRATIFS

Réussir les concours d'entrée

QCM DE MATHÉMATIQUES ET DE LOGIQUE

NOUVELLE ÉDITION

MÉTHODOLOGIE, EXERCICES, ANNALES CORRIGÉES

Patrick MALFOY

ellipses

ISBN 978-2-7298-3815-7

32, rue Bargue 75740 Paris Cedex 15

www.editions-ellipses.fr

Avant-propos

Parmi les épreuves d'admissibilité des concours des catégories B et C de la fonction publique figurent des tests de mathématiques et de logique présentés sous la forme de questionnaires à choix multiple que l'on abrège sous le sigle QCM. Le temps alloué pour chaque question est assez court (en général moins d'une minute). La rapidité est donc importante et nécessite un entraînement soutenu.

Cet ouvrage permet de préparer ce type de tests de sélection. Il contient trois parties :

- 21 chapitres de mathématiques comprenant chacun des rappels de cours et une série d'exercices suivie de corrigés détaillés.

- Un chapitre sur les tests de logique comprenant un exposé des différents types de tests et une série de tests suivie de corrigés détaillés.

- Des épreuves données les années précédentes et leurs corrigés détaillés.

Chaque exercice est une question à choix multiple : plusieurs réponses sont proposées, une seule est correcte.

Certains de ces exercices (signalées par ►) ont été posés dans des concours administratifs des années précédentes.

Table des Matières

Page

Deuxième partie : logique

Troisième partie : annales de concours

Première partie

QCM de mathématiques

1. NOMBRES ENTIERS

A. Écriture des nombres

Nombres entiers naturels

L'ensemble des nombres entiers naturels est noté $\mathbb{N}$. Il contient les nombres 0, 1, 2, 3 ..., 39..., 123, ...4 578, ...

Pour écrire les nombres on dispose de 10 chiffres (système décimal) : **0** ; **1** ; **2** ; **3** ; **4** ; **5** ; **6** ; **7** ; **8** ; **9**.

Les nombres s'écrivent de gauche à droite, le chiffre de gauche étant celui qui indique l'unité la plus grande.

On découpe un nombre de droite à gauche par paquets de trois chiffres à partir de la virgule s'il y en a une.

Chaque paquet contient, de gauche à droite, le chiffre des centaines puis celui des dizaines et celui des unités.

Le paquet le plus à droite est le groupe des unités puis, en allant vers la gauche, vient celui des « mille » , puis celui des « millions » etc...

Exemples :

$\underbrace{654}_{\textit{mille}}\ \underbrace{321}_{\textit{unités}}$ s'écrit six cent cinquante quatre mille trois cent vingt et un.

Quatre millions cinq cent quatre vingt six mille cinq cent trente deux s'écrit en chiffres : $\underbrace{\quad 4}_{\textit{millions}}\ \underbrace{586}_{\textit{mille}}\ \underbrace{532}_{\textit{unités}}$.

Quelques règles de grammaire

Mille est invariable ainsi que trente, quarante etc...

Vingt et cent ne prennent pas de « s » au pluriel s'ils sont suivis par autre chose.
Exemple : quatre vingts, quatre vingt deux, deux cents, deux cent sept.

B. Divisibilité

Le nombre entier a est divisible par le nombre entier b ($b \neq 0$) s'il existe un nombre entier q tel que $a = qb$ (dans ce cas : a est un multiple de b, b est un diviseur de a et q est le quotient de a par b).

Exemples : $28 = 4 \times 7$ donc 28 est divisible par 4.
54 n'est pas divisible par 4, il n'existe pas de nombre entier q tel que $54 = q \times 4$. ($54 = 2 \times 27$)

Un nombre entier est divisible par 2 s'il se termine par 0 ; 2 ; 4 ; 6 ou 8.

Nombre pair : nombre entier est divible par 2.
Un nombre entier qui n'est pas pair est impair.

Un nombre entier est divisible par 3 si la somme de ses chiffres est divisible par trois.

Exemples : Soit le nombre 735. La somme de ses chiffres $7+3+5=15$ et 15 est divisible par 3 ($1+5=6$ et 6 est divisible par 3). Donc 735 est divisible par 3 ($735 = 3 \times 245$).

La somme des chiffres du nombre 253 est 10. Ce nombre n'est pas divisible par 3.

Un nombre entier est divisible par 4 si le nombre formé par ses deux derniers chiffres est divisible par 4.

Exemple : 1 916 se termine par 16 qui est divisible par 4, donc 1 916 est divisible par 4 : $1\,916 = 4 \times 479$.

Un nombre entier est divisible par 5 s'il se termine par 0 ou par 5.

Un nombre entier est divisible par 6 s'il est divisible par 2 et par 3 : c'est un nombre pair divisible par 3.

Un nombre entier est divisible par 9 si la somme de ses chiffres est divisible par 9.

Un nombre entier est divisible par 10 s'il se termine par 0.

Nombre premier
Un nombre premier est un nombre différent de 1 et qui n'admet comme diviseurs que 1 et lui même.
Exemple : **2** ; **3** ; **5** ; **7** ; **11** ; **13** ; **17** ; **19** ; **23** ; **29** etc...

C. PGCD, PPCM

Décomposition en un produit de facteurs premiers

Tout nombre entier a une décomposition unique en un produit de facteurs premiers.

Exemples :

3 780	2
1 890	2
945	3
315	3
105	3
35	5
7	7
1	

4 950	2
2 475	3
825	3
275	5
55	5
11	11
1	

Donc :
$3\,780 = 2^2 \times 3^3 \times 5 \times 7$
$4\,950 = 2 \times 3^2 \times 5^2 \times 11$

PGCD (plus grand commun diviseur)

Il s'agit de trouver le plus grand diviseur commun à des nombres entiers. On décompose ces nombres en produit de facteurs premiers.

Le PGCD est le produit de tous les facteurs communs qui apparaissent affectés chacun de leur plus petit exposant.

Exemple : $\text{PGCD}(3\,780\,;\,4\,950) = 2 \times 3^2 \times 5 = 90$.

PPCM (plus petit commun multiple)

Il s'agit de trouver le plus petit multiple commun à des nombres entiers. On décompose ces nombres en produit de facteurs premiers.

Le PPCM est le produit de tous les facteurs qui apparaissent affectés chacun de leur plus grand exposant.

Exemple : $\text{PPCM}(3\,780\,;\,4\,950) = 2^2 \times 3^3 \times 5^2 \times 7 \times 11 = 207\,900$.

D. Ordre des nombres

Si un nombre est plus long qu'un autre, il est plus grand.
Pour comparer deux nombres de même longueur, on examine leurs chiffres de gauche à droite. On compare sucessivement les chiffres situés à la même place. Dès que deux chiffres de places équivalentes sont différents, le plus grand nombre est celui qui a le plus grand chiffre.

Exemples :
2 354 est plus grand que 2 352 car 4 est plus grand que 2 ;
10 353 est plus grand que 10 253 car 3 est plus grand que 2 ;
5 491 est plus grand que 392 car il est plus long que 392.

Si le nombre a est plus petit que le nombre b et s'il est différent de b, on écrit $a < b$.
Si le nombre a est plus petit ou égal à b on écrit $a \leqslant b$.
Si le nombre a est plus grand que le nombre b et s'il est différent de b, on écrit $a > b$.
Si le nombre a est plus grand ou égal à b on écrit $a \geqslant b$.

Exemples :
$25\,015 > 25\,010$; $254\,125\,034 < 254\,135\,034$.

De deux nombres entiers naturels, le plus grand est celui qui est le plus loin de 0, le plus petit est celui qui est le plus proche de 0.

1 Quinze milliards trois cent cinq mille cinq s'écrit en chiffres :

A) 15 000 305 005 C) 15 000 000 305 005
B) 15 305 005 D) 150 003 055

2 Quel nombre est écrit correctement ?

A) quatre cent un mille C) quatre cent milles
B) quatre cents un D) quatre cents milles

3 Quel nombre n'est pas un nombre premier ?

▶ A) 349. B) 441. C) 191. D) 173.

4 Quel nombre est divisible par 9 et donne comme résultat un nombre entier ?

▶ A) 420. B) 480. C) 168. D) 378.

5 On peut obtenir une égalité en plaçant trois signes différents entre ces chiffres : ((9 8) 4) 2=16
▶ Parmi ces signes, lequel n'est pas utilisé ?

A) (+). B) (-). C) (/). D) (×).

6 Le nombre 43 975 est divisible par

▶ A) 3. B) 7. C) 5. D) 10.

7 Quel est le plus petit des 4 nombres suivants :

▶ A) 20 001. B) 20 000. C) 20 100. D) 20 010.

8 Lequel de ces nombres est premier ?

▶ A) 177. B) 127. C) 292. D) 165.

9 Combien y a-t-il de nombres de trois chiffres dont la somme des chiffres soit 5 ?

A) 18. B) 20. C) 25. D) 15.

10 Six kilogrammes de confiture sont répartis dans 14 pots. Certains pots contiennent 500 g de confiture, d'autres en contiennent 375 g. Quel est le nombre de pots de chaque sorte ?

A) (5 ; 9). B) (6 ; 8). C) (4 ; 10). D) (11 ; 3).

11 Quel est le plus grand diviseur commun de 111 et 470 ?

A) 1. B) 10. C) 37. D) 47.

12 La décomposition en facteurs premiers de 120 000 est :

A) $10^4 \times 3^2 \times 2$. B) $5^4 \times 2^5 \times 3$.

C) $5^4 \times 2^3 \times 3^2$. D) $5^4 \times 2^6 \times 3$.

13 Parmi ces quatre affirmations, une seule est inexacte :

A) 5 est un nombre premier. B) 6 est un nombre parfait.

C) 27 est un nombre premier. D) 28 est un nombre parfait.

14 Laquelle des propositions suivantes est inexacte ?

A) $3 + 5 \times 2 - \dfrac{1}{2} < 3 + \left(5 \times 2 - \dfrac{1}{2}\right)$.

B) $(3 + 5) \times 2 - \dfrac{1}{2} > 3 + 5 \times \left(2 - \dfrac{1}{2}\right)$.

C) $3 + (5 \times 2) - \dfrac{1}{2} = 3 + 5 \times 2 - \dfrac{1}{2}$.

D) $(3 + 5) \times \left(2 - \dfrac{1}{2}\right) \neq (3 + 5) \times 2 - \dfrac{1}{2}$.

15 Dans l'opératon ci-contre, chaque lettre représente un chiffre différent, toujours le même. Parmi les propositions suivantes, laquelle est un résultat possible de l'opération ?

	E	L	E	V	E
+	L	E	C	O	N
D	E	V	O	I	R

A) 105 764. B) 165 734. C) 165 735. D) 365 734.

16 Quel est le plus petit multiple commun des nombres 30 et 36 ?

A) 108. B) 118. C) 180. D) 1 080.

17 ▶ Quel est le plus grand des diviseurs communs à 360 et 252 ?

A) 6. B) 36. C) 72. D) 126.

18 ▶ L'opération 9 + 2 (5 + 8 : 2) est égale à :

A) 22. B) 23. C) 27. D) 71,5.

19 ▶ Un nombre entier naturel n différent de 1 et de 0 est un nombre premier s'il n'admet comme diviseurs que lui-même et 1. Il n'existe aucune loi permettant de dire, en voyant un nombre impair, s'il est premier ou non : il faut essayer de le diviser successivement par tous les nombres premiers qui lui sont inférieurs en les essayant dans l'ordre croissant. Combien existe-t-il de nombres premiers entre 10 et 20 inclus ?

A) 4. B) 5. C) 7. D) 11.

20 ▶ Un nombre composé de trois chiffres est tel que le total des trois chiffres est égal à 12, le chiffre des centaines est égal à la moitié du chiffre des dizaines, le chiffre des unités est égal à la somme des deux autres. Lequel des nombres ci-dessous répond à ces conditions ?

A) 642. B) 363. C) 246. D) 129.

21 ▶ Si le reste est nul dans la division euclidienne de a par b :

A) le nombre a est un multiple du nombre b.
B) le nombre a est un diviseur du nombre b.
C) le nombre b est divisible par le nombre a.
D) le nombre b est nul.

22 ▶ Si on ajoute le même nombre à deux entiers :

A) leur somme ne change pas.
B) leur différence ne change pas.
C) leur somme et leur différence augmentent de ce même entier.
D) leur différence est plus importante.

23 ▶ Sachant que parmi les 1 235 élèves d'un lycée répartis en classe de seconde, première et terminale, 462 sont en seconde, 703 sont des garçons, 162 filles sont en terminales, 106 filles sont en première, combien y a-t-il de garçons en seconde ?

A) 90. B) 194. C) 198. D) 241.

24 Un cinéma a vendu des tickets numérotés de 153 à 322 au tarif normal de 6 € et les tickets numérotés de 76 à 107 au tarif réduit de 4 €. Quelle est sa recette totale ?

A) 1 470 €. B) 1 148 €. C) 1 138 €. D) 980 €.

25 ▶ Un chapitre d'un livre commence en haut de la page 13 et finit en bas de la page 127. Le nombre de pages de ce chapitre est égal à :

A) 113. B) 114. C) 115. D) 127.

26 ▶ À 22 heures tous les soirs, trois phares émettent simultanément un signal. Puis le premier phare émet un signal rouge toutes les 15 secondes, le second phare émet un signal blanc toutes les 25 secondes et le troisième phare émet un signal vert toutes les 40 secondes. Au bout de combien de temps les 3 phares émettront-ils de nouveau leur signal en même temps ?

A) 10 minutes. B) 11 minutes. C) 12 minutes. D) 13 minutes.

27 ▶ Un enfant collectionne les pièces de 1 €. Interrogé sur le nombre de pièces qu'il possède, il répond : « À la centaine près, j'en ai environ un millier, et lorsque je les compte en faisant des tas de 6, 7, 8 ou 9 pièces, il m'en reste toujours 3 ». Combien a-t-il de pièces ?

A) 921. B) 966. C) 1 011. D) 1 056.

28 ▶ Le quotient de deux entiers est égal à $\frac{15}{7}$ et leur somme est égale à 66. Quels sont ces deux entiers ?

A) (42 ; 24). B) (56 ; 10). C) (45 ; 21). D) (44 ; 22).

29 ▶ Une citerne contient assez de fioul pour chauffer les douze chambres d'un hôtel pendant deux semaines. Ces chambres sont toutes similaires mais un tiers d'entre elles sont inoccupées. En coupant le chauffage des chambres inoccupées et sans recharger la citerne, combien de jours supplémentaires les chambres occupées pourront-elles être chauffées ?

A) Sept. B) Huit. C) Neuf. D) Dix.

30 Un nombre entier naturel est « parfait » s'il est égal à la somme de ses diviseurs autres que lui-même. Exemple : 6 a pour diviseurs autres que lui-même 1, 2 et 3 et $1 + 2 + 3 = 6$ donc 6 est un nombre parfait. Parmi ces quatre nombres, quel est celui qui est parfait ?

A) 18. B) 20. C) 28. D) 30.

31 L'âge du père est, en permutant les deux chiffres, le même que celui de sa fille.
À la naissance de sa fille, le père avait 27 ans.
Son âge actuel est :

A) 47. B) 45. C) 42. D) 41.

Corrigés

1. (A)
Pour avoir des milliards il faut qu'il y ait trois groupes de trois chiffres en partant de la droite vers la gauche, le quatrième groupe indiquant le nombre de milliards, ici : 15.
Il n'y a pas de millions donc les trois chiffres suivant le 15 sont trois 0.
Le groupe suivant est le groupe des « mille » : on doit trouver 305.
Le dernier groupe doit être composé de 005, les « 0 » indiquent qu'il n'y a ni centaine, ni dizaine.
2. (A)
Mille est invariable donc les réponses C et D sont erronées.
Cent ne prend pas de « s » au pluriel s'il est suivi par autre chose, donc B et D ne conviennent pas.
3. (B)
La somme des chiffres du nombre 441 est égale à 9, ce nombre est divisible par 9, il n'est donc pas premier.
4. (D)
La somme des chiffres du nombre 378 est égale à 18 donc ce nombre est divisible par 9. $\left(\frac{378}{9} = 42\right)$.
5. (A)
$9 \times 8 = 72$, $\frac{72}{4} = 18$ et $18 - 2 = 16$
6. (C)
$4 + 3 + 9 + 7 + 5 = 28$; 28 n'est pas un multiple de 3 ; 43 975 n'est pas divisible par 3.
43 975 ne se terminant pas par 0 n'est pas divisible par 10.
$43\,975 = 7 \times 6\,282 + 1$, 43 975 n'est pas divisible par 7.
Le nombre 43 975 se termine par 5 donc il est divisible par 5.
7. (B)
$20\,100 > 20\,010 > 20\,001 > 20\,000$
8. (B)
292 est un nombre pair, il n'est donc pas premier ainsi que 165 qui est divisible par 5.
$1 + 7 + 7 = 15$ donc 177 est divisible par trois.
127 est un nombre premier.
9. (D)
Si le nombre est de trois chiffres, le premier n'est pas 0.
On obtient 5 par les sommes suivantes (sans tenir compte de l'ordre) : $0 + 0 + 5$; $0 + 1 + 4$; $0 + 2 + 3$; $1 + 1 + 3$; $1 + 2 + 2$.
Avec les chiffres 0, 0, 5, on ne peut former que le nombre 500 qui soit de trois chiffres.

Les chiffres 0, 1, 4 forment les nombres 104, 140, 401, 410.
Les chiffres 0, 2, 3 forment les nombres 203, 230, 302, 320.
Les chiffres 1, 1, 3 forment les nombres 113, 131, 311.
Les chiffres 1, 2, 2 forment les nombres 122, 212, 221.
Soit un total de 15 nombres.

10. (B)

$375 = 3 \times 5^3$; $500 = 2^2 \times 5^3$; leur PPCM est $2^2 \times 3 \times 5^3 = 1\,500$
$1\,500 = 4 \times 375 = 3 \times 500$.
Il faut 14 pots, on peut prendre 8 pots de 375 g pour un poids de 3 000 g et 6 pots de 500g pour 3 000 g.

11. (A)

$111 = 3 \times 37$; $470 = 2 \times 5 \times 47$. Le PGCD de 111 est 470 et égal à 1, ces deux nombres sont premiers entre eux, ils n'ont pas de diviseur commun.

12. (D)

$120\,000 = 12 \times 10^4 = 2^2 \times 3 \times (2 \times 5)^4 = 2^2 \times 3 \times 2^4 \times 5^4 = 2^6 \times 3 \times 5^4$.
Remarque : la proposition A est à écarter car 10 n'est pas un nombre premier.

13. (C)

$27 = 3^3$, 27 n'est pas premier.
Remarques : 5 est premier.
Les diviseurs de 6 (autres que 6) sont 1,2 et 3 et $6 = 1+2+3$, 6 est parfait.
Les diviseurs de 28 (autres que 28) sont 1, 2, 4, 7, 14 et $1+2+4+7+14 = 28$, 28 est parfait.

14. (A)

$$3 + 5 \times 2 - \frac{1}{2} = 3 + \left(5 \times 2 - \frac{1}{2}\right)$$

15. (B)

La retenue la plus élevée dans une somme de deux chiffres est 1 puisque la somme de deux chiffres est au plus 18 $(9+9)$ donc D ne peut être supérieur à 1, la proposition D est à écarter.
On remarque que V + O = I. Parmi les propositions V = 5 et O = 7 donc V + O =12. Alors I doit être 2 ou 3 si E +N > 10. La proposition A est donc à écarter puisque le chiffre correspondant à I est 6.
On a donc D = 1, E = 6, V = 5, O = 7 et I = 3 ce qui donne

$$\begin{array}{cccccc} & 6 & L & 6 & 5 & 6 \\ + & L & 6 & C & 7 & N \\ \hline 1 & 6 & 5 & 7 & 3 & 4 \end{array} \quad \text{ou} \quad \begin{array}{cccccc} & 6 & L & 6 & 5 & 6 \\ + & L & 6 & C & 7 & N \\ \hline 1 & 6 & 5 & 7 & 3 & 5 \end{array}$$

- Si 6 + N = 14 alors N = 8, C = 0 et L = 9.
- Si 6 + N = 15 alors N = 9, C = 0 et L = 9, dans ce cas deux lettres ont la même valeur, ce qui est contraire aux hypothèses.

16. (C)

$30 = 2 \times 3 \times 5$; $36 = 2^2 \times 3^2$ donc leur PPCM est égal à $2^2 \times 3^2 \times 5 = 180$.

17. (B)
$360 = 2^3 \times 3^2 \times 5$; $252 = 2^2 \times 3^2 \times 7$. Donc PGCD(360,252)$= 2^2 \times 3^2 = 36$.
18. (C)
On commence par effectuer les opérations dans la parenthèse et en priorité $8 : 2$ ce qui donne 4, puis $5 + 4 = 9$; $2 \times 9 = 18$; $9 + 18 = 27$.
19. (A)
$10 = 2 \times 5$; $11 = 1 \times 11$; $12 = 2^2 \times 3$; $13 = 1 \times 13$; $14 = 2 \times 7$; $15 = 3 \times 5$; $16 = 2^4$; $17 = 1 \times 17$; $18 = 2 \times 3^2$; $19 = 1 \times 19$; $20 = 2^2 \times 5$.
Les nombres premiers entre 10 et 20 sont 11, 13, 17 et 19.
20. (C)
Les 4 propositions sont telles que la somme des trois chiffres est égale à 12.
642 est à écarter car 6 nest pas la moitié de 4.
363 ne convient pas car $3 \neq 3 + 6$, de même pour 129 car $9 \neq 1 + 2$.
246 convient car 2 est la moitié de 4 et $6 = 2 + 4$.
21. (A)
Si le reste est nul dans la division de a par b alors $a = qb$, a est un multiple de b.
22. (B)
Soient a et b les deux entiers auxquels on ajoute le même nombre entier c.
Alors $(a+c)+(b+c) = a+b+2c$ et $(a+c)-(b+c) = a+c-b-c = a-b$
23. (C)
Nombre de filles du lycée : $1\,235 - 703 = 532$.
Nombre de filles en seconde : $532 - (106 + 162) = 264$.
Nombre de garçons en seconde : $462 - 264 = 198$
24. (B)
Nombre de places à plein tarif : $322 - 152 = 170$ (le 153 ^{ème} a été vendu).
Nombre de places à tarif réduit : $107 - 75 = 32$.
Recette : $6 \times 170 + 4 \times 32 = 1\,148$.
25. (C)
$127 - 13 = 114$ mais la page 13 est comptée entièrement donc il y a 115 pages. (pages 13, 14 : $14 - 13 + 1$ et il y a deux pages).
26. (A)
Il s'agit de chercher le PPCM de 15, 25 et 40.
$15 = 3 \times 5$; $25 = 5^2$; $40 = 2^3 \times 5$. Leur PPCM est donc : $2^3 \times 3 \times 5^2 = 600$ et 600 s $=$ 10 min.
27. (C)
Si n le nombre de pièces alors $n - 3$ est un multiple de 6, 7, 8 et 9.
$921 - 3 = 918$, $918 = 2 \times 459$, ce n'est pas un multiple de 8.
$966 - 3 = 963$ et $1056 - 3 = 1053$ ne sont pas des multiples de 2, par conséquent ce ne sont pas des multiples de 6.
$1\,011 - 3 = 1\,008$, $1\,008 = 2^4 \times 3^2 \times 7$ est bien multiple de 6, 7, 8 et 9.

28. (C)

Les deux nombres notés x et y vérifient $\dfrac{x}{y} = \dfrac{15}{7}$. Cette égalité peut s'écrire $\dfrac{x}{15} = \dfrac{y}{7} = q$. On en tire $x = 15 \times q$ et $y = 7 \times q$.
Dans ce cas, $x + y = 15q + 7q = 22q = 66$. On en déduit $q - 3$.
$45 = 15 \times 3$ et $21 = 7 \times 3$.

29. (A)

Un tiers des 12 chambres représente $12 \times \dfrac{1}{3} = 4$ chambres. Il reste donc 8 chambres à chauffer. Les 12 chambres peuvent être chauffées pendant 2 semaines soit 14 jours. Si 12 chambres peuvent être chauffées pendant 14 jours alors une chambre peut être chauffée pendant $12 \times 14 = 168$ jours et 8 chambres peuvent être chauffées pendant $\dfrac{168}{8} = 21$ jours.
Il y a donc 7 jours de chauffage supplémentaires.

30. (C)

$18 = 2 \times 3^2$, il admet pour diviseurs 1, 2, 3, 6, 9.
$1 + 2 + 3 + 6 + 9 = 21$: 18 n'est pas parfait.
$20 = 2^2 \times 5$, il admet pour diviseurs 1, 2, ,4, 5, 10.
$1 + 2 + 4 + 5 + 10 = 22$: 20 n'est pas parfait.
$30 = 2 \times 3 \times 5$, il admet pour diviseurs 1, 2, ,3, 5, 6, 10, 15.
$1 + 2 + 3 + 5 + 6 + 10 + 15 = 42$: 30 n'est pas parfait.
$28 = 2^2 \times 7$, il admet pour diviseurs 1, 2, ,4, 7, 14.
$1 + 2 + 4 + 7 + 14 = 28$: 28 est parfait.

31. (D)

L'âge de la fille ne pouvant être supérieur à celui du père, les réponses A et B ne peuvent convenir.
Si le père a 42 ans, sa fille est âgée de 24 ans. Leur différence d'âge étant de 18 ans, le père aurait eu 18 ans a la naissance de sa fille.
Si le père a 41 ans, sa fille est âgée de 14 ans. Le père avait bien 27 ans a la naissance de sa fille.

2. ENSEMBLES DE NOMBRES

A. Ensemble $\mathbb{N}$ des entiers naturels

Les nombres entiers naturels sont les nombres 0 ; 1 ; 2 etc...(voir chapitre 1).
La somme (résultat d'une addition) de deux entiers naturels quelconques est un entier naturel.
Le produit (résultat d'une multiplication) de deux entiers naturels quelconques est un entier naturel.
La différence $a - b$ n'est un entier naturel que pour $a \geqslant b$.
Si $b \neq 0$, le rapport $\frac{a}{b}$ n'est un entier naturel que lorsque a est un multiple de b.

B. Ensemble $\mathbb{Z}$ des nombres entiers relatifs

Les nombres entiers relatifs sont les nombres $\cdots -3$; -2 ; -1 ; 0 ; 1 ; 2 $\cdots$
Les entiers naturels sont les entiers relatifs positifs.

La somme de deux entiers relatifs quelconques est un entier relatif.
Le produit de deux entiers relatifs quelconques est un entier relatif.
La différence de deux entiers relatifs quelconques est un entier relatif.
Si $b \neq 0$, le rapport $\frac{a}{b}$ n'est un entier relatif que lorsque a est un multiple de b.

C. L'ensemble $\mathbb{D}$ des nombres décimaux

Les nombres décimaux sont les nombres positifs ou négatifs ayant un nombre limité de décimales (chiffres après la virgule).
Exemple :
$-14,543$; $0,1254$; $-12,00001$; $0,009999999$

D. L'ensemble $\mathbb{Q}$ des nombres rationnels

Les nombres rationnels sonts les nombres que l'on peut écrire sous la forme d'une fraction $\frac{p}{q}$ où p et q sont des nombres entiers relatifs ($q \neq 0$).
p est le numérateur de la fraction et q son dénominateur.

Exemple : $-\frac{45}{17}$; -3 ; $-\frac{1}{10}$; 0 ; $\frac{7}{984}\cdots$ $\left(-3 = \frac{-3}{1} = \frac{3}{-1}\right)$.

Quand on écrit un nombre rationnel sous forme décimale, les décimales sont soit en nombre limité, soit périodiques.

Exemples :
$\frac{12}{25}$ s'écrit sous forme décimale $0,48$: $\frac{12}{25} = 0,48$.

$\frac{26}{33} = 0,\underbrace{78}\underbrace{78}\underbrace{78}\cdots$

et $5,\underbrace{123}\underbrace{123}\underbrace{123}\cdots$ sont des nombres rationnels dont les décimales sont périodiques.

Dans l'ensemble des nombres rationnels on peut réaliser toutes les opérations sauf :
– la division d'un nombre par 0,
– la racine carrée d'un nombre négatif.

E. L'ensemble $\mathbb{R}$ des nombres réels

Les nombres réels sont les nombres représentables sur une droite graduée. Tous les nombres précédents sont des nombres réels.

Certains nombres réels ne peuvent pas s'écrire sous forme de fraction : ce sont les nombres irrationnels.
Exemples :
$\sqrt{2}$; $-\sqrt{3}$; π $\cdots$

F. Comparaison de deux nombres

Lorsque deux nombres sont de signes contraires, le plus grand est le nombre positif.
Lorsque deux nombres sont positifs, le plus grand est celui qui est le plus loin de 0.
Lorsque deux nombres sont négatifs, le plus grand est celui qui est le plus proche de 0.
Exemples :
$-3 < 0 < 2$; $-7,56 < -3,75$; $-4,38 < -4,37$.

G. Règle des signes

Lorsque l'on multiplie ou que l'on divise des nombres de signes différents :
∗ s'il y a un nombre pair de signes − le résultat est positif (signe +).
∗ s'il y a un nombre impair de signes − le résultat est négatif (signe −).
Ce que l'on peut résumer par :

multiplication :	**division :**
$+\times+ \; = \; +$	$+/+ \; = \; +$
$+\times- \; = \; -$	$+/- \; = \; -$
$-\times+ \; = \; -$	$-/+ \; = \; -$
$-\times- \; = \; +$	$-/- \; = \; +$

Exemples :
$(-2)\times(3,5)\times(-6,8)=47,6\,;$
$(-1,7)\times(-2,5)\times(-3,2)=-13,6\,;$
$\frac{-3}{-6}=\frac{1}{2}\,;\ \frac{5}{-10}=-\frac{1}{2}.$

Règle des parenthèses

S'il y a un signe − devant une parenthèse, lorsqu'on retire la parenthèse, on change tous les signes des nombres situés dans la parenthèse.
Exemples :
$-(2+3)=-2-3\,;$
$-(2-3)=-2+3\,;$
$-(-2-3)=2+3.$

Règle des traits de fraction

S'il y a un signe − devant un trait de fraction, on change les signes des nombres situés au numérateur ou au dénominateur.
Exemples :
$-\frac{2}{3}=\frac{-2}{3}=\frac{2}{-3}.$
$-\frac{2-3}{1-2}=\frac{-2+3}{1-2}=\frac{2-3}{-1+2}.$

1 Quel est le résultat de l'opération $4\ 214 \times 0,5$?

A) 2 107. B) 2 017. C) 421,4. D) 210,7.

2 Quel est le plus grand parmi les quatre nombres suivants :

A) 7,15. B) 7,1. C) 7,152. D) 7,149.

3 Quel est le nombre le plus grand ?

A) $-0,199$. B) $-0,345$. C) $-0,564$. D) $-0,655$.

4 Quel est l'intrus ?

A) 0,25. B) $\frac{1}{2}$. C) $\frac{1}{4}$. D) $\frac{5}{20}$.

5 Quel est le nombre le plus petit ?

A) $-0,01$. B) $-2,5$. C) -10. D) $0,01$.

6 Si a et b sont deux nombres réels négatifs, alors leur somme :

A) est un nombre réel positif. B) est un nombre réel négatif.

C) est nulle. D) on ne peut pas savoir.

7 Si a et b sont deux nombres réels négatifs, alors la division de a par b a pour résultat :

A) un nombre réel positif. B) un nombre réel négatif.

C) n'est pas possible. D) 0.

8 Quel est le plus grand des réels suivants :

►

A) $\frac{3}{4} - \left(\frac{2}{3} + \frac{4}{3}\right) + \left(\frac{2}{5} - \frac{7}{5}\right) - \frac{5}{8}$.

B) $\left(-\frac{2}{7} + \frac{1}{5}\right) - \left(\frac{9}{5} - \frac{4}{7}\right) - \left(\frac{3}{5} + \frac{3}{7}\right)$.

C) $-5 - \left(-\frac{2}{9} - \pi\right) + \left(7 - \frac{4}{9}\right) - (\pi - 6)$.

D) 2π.

9 ▶ En appliquant les règles de priorité arithmétique, à quoi est égal $(2+5\times 3)\times 2+1$?

A) 35. B) 43. C) 51. D) 63.

10 Pour connaître la valeur exacte en euros d'un prix indiqué en francs, il faut diviser ce prix par 6,55957. Pour approcher cette valeur en euros, on peut aussi utiliser un calcul rapide. Lequel ?

A) (prix en francs+moitié du prix en francs)/10.
B) (prix en francs/5-10%(prix en francs/5).
C) (prix en francs ×2)/10.
D) moitié du prix en francs.

11 ▶ En faisant ses courses, Régine achète toujours les mêmes produits. Avant le 1er janvier 2002, son paquet de lessive de 2,5 kg lui coûtait 41 F. Aujourd'hui, le paquet coûte 5 € mais le fabricant a changé le conditionnement qui ne renferme plus que 2 kg de produit. Au final, sachant que la règle officielle de conversion franc/euro est respectée, le budget que Régine doit consacrer à l'achat de sa lessive est :

A) plus élevé en 2002. B) moins élevé en 2002.

C) identique. D) on ne peut pas le savoir.

12 On considère la suite d'opérations :

2	×4	+5	−6	×3	= −11

▶ Une case doit être retirée pour parvenir au bon résultat. Laquelle ?

A) ×4. B) +5. C) −6. D) ×3.

13 Quel est l'opposé de $\frac{-1}{3}$?

▶

A) $\frac{1}{-3}$. B) $\frac{1}{3}$. C) -3. D) $\sqrt{3}$.

14 ▶ Si un euro vaut environ 0,70 livre sterling (£), combien d'euros recevra un touriste anglais en changeant 200 £, sachant qu'à l'occasion de cette opération il devra supporter une taxe fixe de 10 € ?

A) 130 €. B) 285,71 €. C) 275,71 €. D) 265,71 €.

15 ▶ Quel est l'inverse de -2 ?

A) 2. B) $-0,5$. C) 4. D) 0,5.

16 ▶ Une pierre désinfectante de 6 kg est vendue pour l'entrctien dcs piscines. Lorsqu'elle est plongée dans l'eau, sa masse diminue de moitié par 24 heures. Après 2 880 minutes passées dans la piscine, quelle sera la masse de la pierre ?

A) 0 g. B) 1 500 g. C) 1 750 g. D) 2 000 g.

17 ▶ Laurent flaire toujours les bonnes affaires. Il décide donc d'acheter un livre en promotion à 15 € au lieu du prix initial de 20 €. Il possède en plus la carte de fidélité du magasin qui lui octroie 20 % de remise sur tout achat. Quel est le montant total de l'économie réalisée par Laurent ?

A) 6,75 €. B) 8 €. C) 9 €. D) 12 €.

18 ▶ Un caisse contenant 12 douzaines d'œufs pèse 9,3 kg pleine et 1 800 g vide. Quel est le poids d'un œuf, sachant que la caisse contient 300 g de paille pour éviter la casse ?

A) 15 g. B) 50 g. C) 52 g. D) 60 g.

19 En simplifiant $M = \left(\dfrac{\sqrt{169}}{26} - \dfrac{5}{15}\right) + \left(\dfrac{500}{600}\right)$ on trouve $M = ?$

A) $\dfrac{3}{2}$. B) $\sqrt{13} - 5$. C) $\dfrac{5}{6}$. D) 1.

20 ▶ Lors d'un même mois, trois dimanches sont « tombés » sur des jours pairs.
Quel jour de la semaine est alors tombé le 20 de ce mois ?

A) mardi. B) mercredi. C) jeudi. D) vendredi.

Corrigés

1. (A)

Multiplier par 0,5 revient à diviser par 2 et $\dfrac{4\ 214}{2} = 2\ 107$.

2. (C)

Le chiffre devant la virgule est le même pour les quatre nombres. On regarde celui des nombres qui a le plus grand chiffre après la virgule et ainsi de suite en allant vers la droite. Ainsi $7,152 > 7,15 > 7,149 > 7,1$

3. (A)

Les nombres sont négatifs donc le nombre le plus grand est celui qui est le plus proche de 0 soit $-0,199$.

On a : $-0,655 < -0,564 < -0,345 < -0,199 < 0$.

4. (B)

$\dfrac{1}{2} = 0,5\,;\ \dfrac{1}{4} = 0,25\,;\ \dfrac{5}{20} = \dfrac{1}{4}$

5. (C)

Le plus petit est le nombre négatif le plus éloigné de 0 soit -10.

On a $-10 < -2,5 < -0,01 < 0 < 0,01$.

6. (B)

Deux nombres négatifs ont une somme négative. Pour que la somme de deux nombres puisse être nulle, il faut que ces deux nombres soient de signes contraires.

7. (A)

En application de la règle des signes, le quotient de deux nombres négatifs est un nombre réel positif.

Pour que le quotient soit nul il faut que a soit nul.

Le division ne peut pas s'effectuer si $b = 0$.

8. (C)

$$\begin{aligned}\frac{3}{4} - \left(\frac{2}{3} + \frac{4}{3}\right) + \left(\frac{2}{5} - \frac{7}{5}\right) - \frac{5}{8} &= \frac{3}{4} - \frac{6}{3} - \frac{5}{5} - \frac{5}{8}\\ &= \frac{6}{8} - \frac{5}{8} - 2 - 1\\ &= \frac{1}{8} - 3\\ &= -2,875\end{aligned}$$

$$\begin{aligned}\left(-\frac{2}{7} + \frac{1}{5}\right) - \left(\frac{9}{5} - \frac{4}{7}\right) - \left(\frac{3}{5} + \frac{3}{7}\right) &= -\frac{2}{7} + \frac{1}{5} - \frac{9}{5} + \frac{4}{7} - \frac{3}{5} - \frac{3}{7}\\ &= -\frac{1}{7} - \frac{11}{5}\\ &= -\frac{82}{35} \approx -2,34\end{aligned}$$

$$-5-\left(-\frac{2}{9}-\pi\right)+\left(7-\frac{4}{9}\right)-(\pi-6) = -5+\frac{2}{9}+\pi+7-\frac{4}{9}-\pi+6$$
$$= 8-\frac{2}{9}\approx 7,78$$
$$2\pi \approx 6,28$$

9. (A)

On commence par effectuer la multiplication dans la parenthèse : $5\times 3 = 15$, puis on calcule le résultat de la parenthèse : $2+15=17$; on effectue la multiplication : $17\times 2 = 34$ puis l'addition : $34+1=35$.

10. (A)

Si x est le prix en francs et y le même prix en euros, on peut écrire $\dfrac{x}{6,55957} = y$.

D s'écrit : $\dfrac{x}{2}$; C s'écrit : $\dfrac{2x}{10}=\dfrac{x}{5}$; B s'écrit : $\dfrac{x}{5}-\dfrac{10}{100}\dfrac{x}{5}=\dfrac{9x}{50}=\dfrac{x}{\frac{50}{9}}\approx\dfrac{x}{5,555}$;

A s'écrit : $\dfrac{\left(x+\dfrac{x}{2}\right)}{10}=\dfrac{3x}{20}=\dfrac{x}{\frac{20}{3}}\approx\dfrac{x}{6,666}$.

11. (C)

Le prix en francs du baril de lessive de 2 kg est $5\times 6,55957 = 32,79785$.

Un baril de 2,5 kg coûte 41 F donc 1 kg de lessive coûte $\dfrac{41}{2,5} = 16,4$ F.

Alors le prix en francs du baril de 2 kg est $\dfrac{41}{2,5}\times 2 = \dfrac{41\times 8}{10} = 32,8$.

12. (A)

Il faut faire attention à la priorité des opérations.

On peut écrire $(2\times 4)+5-(6\times 3)$ et $-6\times 3=-18$; c'est la case A qui est superflue.

On obtient, sans la case A : $2+5=7$; $-6\times 3=-18$; $7-18=-11$.

13. (B)

L'opposé d'un nombre réel a est le nombre réel $-a$.

$\dfrac{-1}{3}=\dfrac{1}{-3}=-\dfrac{1}{3}$, son opposé est donc $-\left(-\dfrac{1}{3}\right)=\dfrac{1}{3}$.

14. (C)

1 € = 0,70 £ donc 1 £ = $\dfrac{1}{0,7}$ € et 200 £ = $\dfrac{200}{0,7}$ € $\approx 285,71$ €. On retire les 10 € de taxe, il reste 275,71 €.

15. (B)

L'inverse de -2 est $\dfrac{1}{-2}=-\dfrac{1}{2}=-0,5$.

16. (B)

$\dfrac{2\,880}{60} = 48$ donc 2 880 mn = 48 h soit 2 jours.
La pierre a passé deux jours dans la piscine.
À la fin du premier jour, sa masse est 3 kg.
À la fin du second jour sa masse est de 1,5 kg.

17. (B)

Économies réalisées : $5 + \dfrac{20}{100} \times 15 = 5 + 3 = 8.$

18. (A)

Les douze douzaines d'œufs représentent 144 œufs.
Le poids de la caisse sans la paille est de 9 kg soit 9 000 g.
Le poids des œufs est donc $9\,000 - 1\,800 = 7\,200$ g.
Le poids d'un œuf est donc de $\dfrac{7\,200}{144} = 50$ g.

19. (D)

$169 = 13^2$ donc $\sqrt{169} = 13$

$$M = \left(\frac{\sqrt{169}}{26} - \frac{5}{15}\right) + \left(\frac{500}{600}\right) = \frac{13}{26} - \frac{1}{3} + \frac{5}{6}.$$

Donc $M = \dfrac{1}{2} - \dfrac{1}{3} + \dfrac{5}{6} = \dfrac{3}{6} - \dfrac{2}{6} + \dfrac{5}{6} = \dfrac{6}{6} = 1.$

20. (D)

Les semaines sont de 7 jours et les mois ne comportent au maximum que 31 jours.
Les jours du mois des dimanches peuvent être :
1, 8, 15, 22, 29 ou 2, 9, 16, 23, 30 ou 3, 10, 17, 24, 31 ou 4, 11, 18, 25 ou 5, 12, 19, 26 ou 6, 13, 20, 27 ou 7, 14, 21, 28.
Les trois dimanches « tombant » un jour pair sont les mois pour lesquels le premier dimanche est le 2. Le troisième dimanche est le 16.
Le 20 est un jeudi.

3. PUISSANCE D'UN NOMBRE

A. Définitions

Soit a un nombre réel et n un nombre entier naturel.
La puissance n-ième du nombre a est le nombre réel noté a^n et défini par :
$\boldsymbol{a^n = \underbrace{a \times a \times a \times a \times \cdots \times a}_{n \text{ facteurs égaux à } a}}$.

n est l'exposant de la puissance.

Exemples :
7^2 se lit « 7 au carré » ou « 7 à la puissance 2 » et $7^2 = 7 \times 7 = 49$.
6^3 se lit « 6 au cube » ou « 6 à la puissance 3 » et $6^3 = 6 \times 6 \times 6 = 216$.

Puissances négatives

Soit n un nombre entier naturel et a un nombre réel non nul.
Le nombre a^{-n} est défini par : $\boldsymbol{a^{-n} = \frac{1}{a^n}}$.

Exemple :
$5^{-2} = \frac{1}{5^2} = \frac{1}{25}$

B. Propriétés

Pour tout nombre réel a : $\boldsymbol{a^1 = a}$.
Pour tout nombre réel a non nul : $\boldsymbol{a^0 = 1}$
Pour tout nombre réel a non nul et pour tous nombres entiers m et n :

• $\boldsymbol{a^m \times a^n = a^{m+n}}$

Exemple :
$5^2 \times 5^4 = 5^{4+2} = 5^6$

• $\boldsymbol{(a^m)^n = a^{m \times n}}$

Exemple :
$(3^2)^4 = 3^{2\times 4} = 3^8$

• $\boldsymbol{\frac{a^m}{a^n} = a^{m-n}}$

Exemples :
$\frac{3^5}{3^2} = 3^{5-2} = 3^3$.
$\frac{3^2}{3^5} = 3^{2-5} = 3^{-3} = \frac{1}{3^3}$

C. Puissances de 10

$$\mathbf{10^n = \underbrace{10 \times 10 \times 10 \times 10 \times \cdots \times 10}_{n \text{ facteurs égaux à } 10} = 1\,\underbrace{000\cdots0}_{n \text{ zéros}}}$$

Exemples :
$10^0 = 1$; $10^3 = 1\ 000$; $10^6 = 1\ 000\ 000$.

$$\mathbf{10^{-n} = \underbrace{\frac{1}{10} \times \frac{1}{10} \times \cdots \times \frac{1}{10}}_{n \text{ facteurs}} = 0,\underbrace{000\cdots01}_{n \text{ chiffres après la virgule}}}$$

Exemples :
$10^{-1} = 0,1$; $10^{-4} = 0,0001$; $10^{-8} = 0,00000001$.

$$\mathbf{10^{-n} = \frac{1}{10^n}}$$

Exemple :
$10^{-5} = \dfrac{1}{10^5} = \dfrac{1}{100\ 000} = 0,00001$

D. Écriture scientifique

L'écriture scientifique d'un nombre décimal est de la forme $\boldsymbol{a \times 10^n}$ dans laquelle a est un nombre décimal ayant un chiffre non nul avant la virgule et n est un nombre entier relatif.

Exemples :
5 432 a pour écriture scientifique $5,432 \times 10^3$,
0,045 a pour écriture scientifique $4,5 \times 10^{-2}$.

1 Quel est le résultat de l'opération $\left(3^2\right)^5$?

A) 3^7. B) 3^{10}. C) 3^2. D) 2^{15}.

2 Quel est le résultat de l'opération $7^2 \times 7^3$?

A) 7^5. B) 7^6. C) 49^5. D) 49^6.

3 Quel est le résultat de l'opération $10^3 \times 10^{-2} \times 10^{-4}$?

A) 10^3. B) -10^3. C) 10^{-3}. D) 10^{24}.

4 Quel est le résultat de l'opération $25 \times 10^3 \times 4 \times 10^{-4}$?

A) 0,1. B) 1. C) 10. D) 100.

5 Quel est le résultat de $\dfrac{0,0000008}{0,000004}$?

▶

A) $\dfrac{1}{2}$. B) 2×10^{-1}. C) 2×10^{-2}. D) 2.

6 Le résultat de l'opération $32 \times 10^{-3} - 153 \times 10^{-4} + 1,6 \times 10^{-2}$ est :

▶

A) 0,3207. B) 0,0327. C) 0,30207. D) 0,327.

7 La réduction de $\dfrac{16 \times 10^{14} \times 10^6}{2 \times \left(10^3\right)^7}$ donne :

▶

A) $\dfrac{16}{5}$. B) $\dfrac{8}{7}$. C) 2. D) $\dfrac{4}{5}$.

8 Quel est le résultat de $(243)^{0,6}$?

▶

A) 25,3. B) 26. C) 27. D) 486.

9 L'écriture scientifique du nombre 1 025 est :

A) $1,025 \times 10^{-4}$. B) $1,025 \times 10^{-3}$.

C) $1,025 \times 10^3$. D) $1,025 \times 10^4$.

10 L'écriture scientifique du nombre $0,003 \times 10^{-5}$ est :

A) 3×10^{-3} C) 3×10^{-8}
B) 3×10^{-7} D) 3×10^{-9}

11 Le produit $8 \times 0,125^4$ est égal à :

▶

A) 1. B) 10^4. C) 6^4. D) 0,000625.

12 L'écriture scientifique du nombre $\dfrac{7 \times 10^{-2} \times 15 \times 10^6}{12 \times 10^6}$ est :

A) $8,75 \times 10^{-4}$. B) $\dfrac{35.10^{-2}}{4}$.

C) $\dfrac{35.10^{-4}}{4}$. D) $8,75 \times 10^{-2}$.

13 Quelle est la valeur d'un nombre entier tel qu'en lui ajoutant 12 ou 25, les deux sommes respectivement obtenues soient des carrés parfaits ?

▶

A) 11. B) 24. C) 52. D) 69.

14 On considère deux nombres a et b dont le produit vaut P.
Si on multiplie a par 10^{-3} et b par 10^2 alors leur produit est multiplié par :

A) 10^{-6}. B) 10^{-5}. C) 10^{-1}. D) 10^6.

15 Parmi ces quatre égalités, trois sont fausses. Quelle est la bonne ?

A) $3^4 \times 3^2 = 9^6$. B) $4^5 + 3^5 = 7^5$.

C) $\dfrac{4^5}{4^{-7}} = 4^{-2}$. D) $(2 \times 5)^4 = 10\,000$.

16 On considère un réel strictement positif x.
Parmi les propositions ci-après, quelle est la proposition toujours exacte ?

A) $\sqrt{x} < x$. B) $x^2 > x$. C) $x < x^3$. D) $x\,(x+1) > 0$. E) $\dfrac{1}{x} < x$.

Corrigés

1. (B)
$(3^2)^5 = 3^{2\times 5} = 3^{10}$
2. (A)
$7^2 \times 7^3 = 7^{2+3} = 7^5$
3. (C)
Il s'agit du produit de différentes puissances de 10, l'exposant correct du résultat est la somme des exposants :
$10^3 \times 10^{-2} \times 10^{-4} = 10^{3+(-2)+(-4)} = 10^{-3}$.
4. (C)
$4 \times 25 = 100 = 10^2$ et $10^2 \times 10^3 \times 10^{-4} = 10^{2+3-4} = 10^1 = 10$
5. (B)
$\dfrac{0,0000008}{0,000004} = \dfrac{8 \times 10^{-7}}{4 \times 10^{-6}} = 2 \times 10^{-7-(-6)} = 2 \times 10^{-7+6} = 2 \times 10^{-1}$.
6. (B)
$$\begin{aligned} 32 \times 10^{-3} - 153 \times 10^{-4} + 1,6 \times 10^{-2} &= 10^{-2}\left(32 \times 10^{-1} - 153 \times 10^{-2} + 1,6\right) \\ &= 10^{-2}(3,2 - 1,53 + 1,6) = 10^{-2} \times 3,27 \\ &= 0,0327 \end{aligned}$$
7. (D)
$\dfrac{16 \times 10^{14} \times 10^6}{2 \times (10^3)^7} = \dfrac{8 \times 10^{20}}{10^{21}} = \dfrac{8}{10} = \dfrac{4}{5}$.
8. (C)
$243 = 3^5$ et $0,6 = \dfrac{3}{5}$ donc $243^{0,6} = \left(3^5\right)^{\frac{3}{5}} = 3^{5\times\frac{3}{5}} = 3^3 = 27$.
9. (C)
$1,025 \times 10^3 = 1,025 \times 1\ 000 = 1\ 025$
10. (C)
$0,003 = 3 \times 10^{-3}$
$$\begin{aligned} 0,003 \times 10^{-5} &= 3 \times 10^{-3} \times 10^{-5} \\ &= 3 \times 10^{(-3)+(-5)} \\ &= 3 \times 10^{-8} \end{aligned}$$
11. (A)
$8^4 \times 0,125^4 = (8 \times 0,125)^4 = 1^4 = 1$.
12. (D)
Les réponses B et C ne sont pas sous forme d'écriture scientifique.
$7 \times 15 = 105$; $10^{-2} \times 10^6 = 10^4$
$\dfrac{105}{12} = 8,75$; $\dfrac{10^4}{10^6} = 10^{-2}$.
Le résultat est donc $8,75 \times 10^{-2}$.

13. (B)
$11 + 12 = 23\,;\ 52 + 25 = 77$ et $69 + 25 = 94$.
Les nombres 23, 77 et 94 ne sont pas des carrés parfaits.
$24 + 12 = 36 = 6^2$ et $24 + 25 = 49 = 7^2$.
14. (C)
$a \times 10^{-3} \times b \times 10^2 = ab \times 10^{-3+2} = P \times 10^{-1}$
15. (D)
$3^4 \times 3^2 = 3^6$
$4^5 + 3^5 = 1\,024 + 243 = 1\,267$ et $7^5 = 16\,807$.
$\dfrac{4^5}{4^{-7}} = 4^5 \times 4^7 = 4^{5+7} = 4^{12}$
$(2 \times 5)^4 = 10^4 = 10\,000$
16. (D)
Pour tout réel x tel que $x > 1$ et n entier naturel non nul, on a :
$1 < \sqrt{x} < x < x^2 < x^3 < \cdots < x^n$.
Pour tout réel x tel que $0 < x < 1$ et n entier naturel non nul, on a :
$0 < x^n < x^{n-1} < \cdots < x^3 < x^2 < x < \sqrt{x} < 1$
Les propositions A, B et C ne sont donc pas vraies pour tout réel x strictement positif.
Puisque $x > 0$, $\dfrac{1}{x} < x$ est équivalent à $1 < x^2$, ce qui n'est pas toujours vrai sur l'ensemble des réels positifs.
Si $x > 0$ alors $x + 1 > 1$
Donc, pour tout réel x strictement positif, $x\,(x + 1) > 0$.

4. FRACTIONS

A. Définitions

Une fraction est le quotient d'un nombre entier a par un nombre entier non nul b (a et b peuvent être négatifs ou positifs).

Une fraction s'écrit $\frac{a}{b}$

a est le **numérateur** de la fraction, b est le **dénominateur** de la fraction.

Propriétés

$b \neq 0$: la division par 0 n'est pas définie, on ne peut pas avoir un dénominateur égal à 0, on ne sait pas diviser par 0.

$\frac{0}{b} = 0$: les fractions nulles sont les fractions dont le numérateur est nul.

Lorsque $a \neq 0$, $\quad \frac{a}{a} = 1$.

On peut simplifier : $\quad \frac{a}{1} = a$

Un nombre décimal peut s'écrire sous la forme d'une fraction dont le numérateur est un nombre entier et le dénominateur est 10, 100, 1 000 ...

Exemples : $\quad 0,456 = \frac{456}{1\,000} \quad ; \quad -12,05 = -\frac{1\,205}{100}$.

Le nombre de zéros du dénominateur est égal au nombre de chiffres après la virgule.

B. Opérations sur les fractions

Égalité

$$\boldsymbol{\frac{a}{b} = \frac{c}{d}} \quad \text{si et seulement si} \quad \boldsymbol{ad = bc}.$$

Exemple :

$\frac{3}{4} = \frac{15}{20} \quad$ car on a l'égalité $\quad 3 \times 20 = 4 \times 15$.

On peut multiplier (ou diviser) le numérateur et le dénominateur d'une fraction par un même nombre non nul sans changer la valeur de cette fraction.

Exemples :

$\frac{3}{4} = \frac{3 \times 5}{4 \times 5} = \frac{15}{20}\,;\, \frac{45}{63} = \frac{\frac{45}{9}}{\frac{63}{9}} = \frac{5}{7}$.

5 et 7 n'ont pas d'autre diviseur commun que 1. On ne peut pas simplifier la fraction $\frac{5}{7}$: c'est une **fraction irréductible**.

Réduction au même dénominateur

Exemple :

on considère les deux fractions $\frac{5}{24}$ et $\frac{3}{28}$.

Pour réduire ces deux fractions au même dénominateur, on cherche le PPCM des dénominateurs 24 et 28.

$24 = 2^3 \times 3$ et $28 = 2^2 \times 7$. Leur PPCM est $2^3 \times 3 \times 7$ soit 168.

$168 = 24 \times 7$ et $168 = 28 \times 6$: pour obtenir 128, il faut multiplier 24 par 7 et 28 par 6.

Chaque fraction conserve la même valeur si on multiplie le numérateur et le dénominateur par le même nombre :

$\frac{5}{24} = \frac{5 \times 7}{24 \times 7} = \frac{35}{168}$ et $\frac{3}{28} = \frac{3 \times 6}{24 \times 6} = \frac{18}{168}$.

Les deux fractions ont été réduites au même dénominateur.

Comparaison

Pour comparer deux fractions, on les réduit au même dénominateur. La plus grande est celle qui a le plus grand numérateur.

Exemple :

comme $35 > 18$ on a $\frac{35}{168} > \frac{18}{168}$, donc $\frac{5}{24} > \frac{3}{28}$.

Addition

Exemple :

pour additionner (ou soustraire) les deux fractions $\frac{5}{24}$ et $\frac{3}{28}$,

* On les réduit au même dénominateur : 168,

* leur somme (ou leur différence) est une fraction qui a pour :

- dénominateur le dénominateur commun aux deux fractions,
- numérateur la somme (ou la différence) des numérateurs obtenus après réduction au même dénominateur.

$\frac{5}{24} + \frac{3}{28} = \frac{35}{168} + \frac{18}{168} = \frac{35 + 18}{168} = \frac{53}{168}$.

$\frac{5}{24} - \frac{3}{28} = \frac{35}{168} - \frac{18}{168} = \frac{35 - 18}{168} = \frac{17}{168}$.

Multiplication d'une fraction par un nombre

Pour multiplier une fraction par un nombre, on multiplie le numérateur de la fraction par ce nombre. $\frac{a}{b} \times c = \frac{ac}{b}$

Exemple :
$\frac{5}{24} \times 7 = \frac{5 \times 7}{24} = \frac{35}{24}$.

Multiplication de deux fractions

Le produit de deux fractions est une fraction dont le numérateur est le produit des numérateurs et le dénominateur le produit des dénominateurs.

$$\frac{a}{b} \times \frac{c}{d} = \frac{ac}{bd}$$

Exemple :
$\frac{5}{24} \times \frac{3}{28} = \frac{5 \times 3}{24 \times 28} = \frac{15}{672}$.

Division d'une fraction par un nombre non nul

Pour diviser une fraction par un nombre, on multiplie le dénominateur de la fraction par ce nombre.

$$\frac{\frac{a}{b}}{c} = \frac{a}{bc}$$

Exemple :
$\frac{\frac{5}{24}}{2} = \frac{5}{24 \times 2} = \frac{5}{48}$.

Division d'une fraction par une autre fraction

Pour diviser $\frac{a}{b}$ par $\frac{c}{d}$, on multiplie $\frac{a}{b}$ par la fraction inverse $\frac{d}{c}$.

$$\frac{\frac{a}{b}}{\frac{c}{d}} = \frac{a}{b} \times \frac{d}{c} = \frac{a \times d}{b \times c}$$

Exemple :
$\frac{\frac{5}{7}}{\frac{3}{4}} = \frac{5}{7} \times \frac{4}{3} = \frac{20}{21}$.

C. Suites proportionnelles

Deux suites de nombres réels sont proportionnelles lorsqu'on obtient la deuxième suite en multipliant les termes de la première par un même nombre appelé coefficient de proportionnalité.

Exemple : $(1, 3, 7, 11)$ et $(2, 6, 14, 22)$ sont proportionnelles, le coefficient de proportionnalité est 2. Les rapports $\frac{1}{2}$, $\frac{3}{6}$, $\frac{7}{14}$ et $\frac{11}{22}$ sont égaux.

Propriété 1

Deux suites de trois nombres réels non nuls $(a,\ b,\ c)$ et $(x,\ y,\ z)$ sont proportionnelles lorsque $\frac{a}{x} = \frac{b}{y} = \frac{c}{z}$.

Exemple :
comme $\frac{4}{12} = \frac{5}{15} = \frac{6}{18}$, les suites $(4,\ 5,\ 6)$ et $(12,\ 15,\ 18)$ sont proportionnelles.

Propriété 2

Lorsque $(a,\ b,\ c)$ et $(x,\ y,\ z)$ sont proportionnelles, on peut écrire la suite de rapports égaux suivants :

$$\boldsymbol{\frac{a}{x} = \frac{b}{y} = \frac{c}{z} = \frac{a+b}{x+y} = \frac{a-b}{x-y} = \frac{a+b+c}{x+y+z} = \frac{a-b+c}{x-y+z} = \cdots}$$

Exemples :

$$\frac{4}{12} = \frac{5}{15} = \frac{6}{18} = \frac{4+5+6}{12+15+18} = \frac{15}{45} = \frac{1}{3},$$

$$\frac{4}{12} = \frac{5}{15} = \frac{6}{18} = \frac{-4+5-6}{-12+15-18} = \frac{-5}{-15} = \frac{1}{3}.$$

Quatrième proportionnelle

La proportion : $\boldsymbol{\frac{a}{b} = \frac{c}{d}}$ implique l'égalité : $\boldsymbol{a \times d = b \times c}$.

Exemple :
comme $\frac{9}{1,5} = \frac{18}{3}$, on a : $9 \times 3 = 18 \times 1,5$.

Cette relation permet de déterminer un des quatre nombres d'une proportion connaissant les trois autres.

Exemple :
quelle est la valeur de x dans la proportion $\frac{5}{12} = \frac{9}{x}$?

On peut écrire $5 \times x = 12 \times 9$ soit $x = \frac{12 \times 9}{5}$ donc $x = \frac{108}{5} = 21,6$.

On dit que $\boldsymbol{x}$ **est la quatrième proportionnelle**.

Partages proportionnels

Exemple :

une entreprise fait un bénéfice de 150 000 € qu'elle veut partager entre ses trois actionnaires proportionnellement à leur capital investi. Alain a investi 10 000 €, Bernard 25 000 € et Corinne 15 000 €.

On appelle a, b et c le montant des parts respectives d'Alain, Bernard et Corinne.

Alors $a+b+c = 150\ 000$ et les suites $(a,\ b,\ c)$ et (10 000, 25 000, 15 000) sont proportionnelles. On peut donc écrire :

$$\frac{a}{10\ 000} = \frac{b}{25\ 000} = \frac{c}{15\ 000} = \frac{a+b+c}{10\ 000 + 25\ 000 + 15\ 000} = \frac{150\ 000}{50\ 000} = 3.$$

Donc $\frac{a}{10\ 000} = 3$ soit $a = 30\ 000$ et $\frac{b}{25\ 000} = 3$ soit $b = 75\ 000$

et $\frac{c}{15\ 000} = 3$ soit $c = 45\ 000$.

Donc Alain recevra 30 000 €, Bernard recevra 75 000 € et la part de Corinne sera de 45 000 €.

D. Pourcentages

Déterminer un pourcentage

Exemple :

sur un salaire brut de 980 €, il y a 127,4 € de retenue.

Chercher le pourcentage représenté par la retenue c'est chercher quel serait son montant pour 100 € de salaire brut.

La retenue est proportionnelle au montant du salaire.

Si x est le taux de cette retenue, on peut écrire :

$$\frac{127,4}{980} = \frac{x}{100}, \text{ soit : } x = \frac{127,4 \times 100}{980} = 13.$$

La retenue est donc de 13 % sur le salaire brut.

Appliquer un pourcentage

Pour calculer x % d'un nombre, on le multiplie par $\frac{x}{100}$.

Exemple :

sur les 28 360 électeurs inscrits, 70% d'entre eux sont venus voter.

Le nombre de votants est $28\ 360 \times \frac{70}{100} = 19\ 852$.

Pour augmenter un nombre de x %, on multiplie ce nombre par $1+\dfrac{x}{100}=\dfrac{100+x}{100}$.

Exemple :
une baguette de pain coûte $0,64$ €. Son prix subit une augmentation de 3 %.

Le montant de cette augmentation est $0,64\times\dfrac{3}{100}=0,0192$.

Le nouveau prix de la baguette est de $0,64+0,0192=0,6592$ soit environ 0,66 €.

Calcul direct du nouveau prix : $0,64\times\dfrac{100+3}{100}=\dfrac{0,64\times 103}{100}=0,6592$.

Pour diminuer un nombre a de x %, on multiplie ce nombre par $1-\dfrac{x}{100}=\dfrac{100-x}{100}$.

Exemple :
sur un prix de 35 €, un commerçant fait une remise de 7%.

L'acheteur bénéficie d'une réduction de $35\times\dfrac{7}{100}=2,45$.

Le prix payé est de $35-2,45=32,55$ €.

Calcul direct du nouveau prix : $35\times\dfrac{100-7}{100}=\dfrac{35\times 93}{100}=32,55$.

Remarques

Appliquer un pourcentage, c'est multiplier la valeur initiale par un nombre décimal correspondant au pourcentage :

Prendre 20 % d'un nombre c'est le multiplier par $\dfrac{20}{100}=0,2$.

Ajouter 5 % à un nombre, c'est le multiplier par $1+0,05=1,05$.

Retirer 14 % d'un nombre c'est le multiplier par $1-0,14=0,86$.

Cas particuliers

Prendre 10 % d'un nombre c'est le diviser par 10.
Prendre 20 % d'un nombre c'est le diviser par 5.
Prendre 25 % d'un nombre c'est le diviser par 4.
Prendre 50 % d'un nombre c'est le diviser par 2.

1 Écrire sous la forme d'une fraction aussi simple que possible :

$$\frac{3}{5} - \left(\frac{2}{5} \times \frac{3}{4}\right)$$

A) $\frac{3}{20}$. B) $\frac{3}{10}$. C) $\frac{1}{15}$. D) $\frac{3}{5}$.

2 20 % d'un nombre correspond au :

▶ A) vingtième. B) cinquième. C) vingt dixièmes. D) quart.

3 Le tableau suivant représente deux suites proportionnelles :

5	3	8
20	12	

Quel est le nombre manquant ?

A) 16. B) 24. C) 8. D) 32.

4 Calculer : $\frac{3}{4} - \frac{3}{4}\left(2 - \frac{1}{3}\right)$.

▶ A) 0. B) $-\frac{1}{2}$. C) -1. D) 1.

5 Que vaut le tiers de la moitié du neuvième de 1998 ?

▶ A) 74. B) 27. C) 36. D) 37.

6 Quel est le résultat de l'opération suivante :

▶

$$\left[\left(\frac{1}{2}\right) - \left(\frac{1}{3}\right)^2\right] \times \left[\left(\frac{156}{12}\right) - 1\right] ?$$

A) 3. B) 1,5. C) $\frac{14}{3}$. D) $\frac{6}{5}$.

7 J'ai dépensé les trois quarts des deux tiers de 120 €.
Combien ai-je dépensé ?

A) 120 €. B) 60 €. C) 30 €. D) 90 €.

8 ▶ Un commerçant lance une promotion et propose quatre bouteilles de jus de fruit pour le prix de trois. Cela équivaut à une remise de :

A) 33 %. B) 25 %. C) 4 %. D) 20 %.

9 ▶ Donner la valeur de F sous forme de fraction irréductible :

$$F = 1 + \cfrac{2}{3 - \cfrac{4}{5 + \cfrac{3}{5}}}$$

A) $\frac{15}{8}$. B) $\frac{60}{32}$. C) $\frac{5}{4}$. D) $\frac{4}{15}$.

10 ▶ Quelles sont les résultats des deux additions suivantes :

$$\frac{4}{3} + \frac{1}{6} + \frac{1}{2} \qquad \text{et} \qquad \frac{1}{4} + \frac{1}{2} + \frac{1}{6} + \frac{1}{3}\ ?$$

A) $\frac{1}{2}$ et $\frac{5}{4}$. B) $\frac{1}{2}$ et 1. C) 2 et 1. D) 2 et $\frac{5}{4}$.

11 Une prime de 360 € est partagée entre trois employés (Alain, Bernadette et Clara) proportionnellement à leur nombre d'enfants. Alain a trois enfants, Bernadette a deux enfants et Clara a un enfant.
Quelle est, en euros, la part de chacun ?

A) A : 150 ; B : 100 ; C : 50 . B) A : 180 ; B : 120 ; C : 60.

C) A : 200 ; B : 100 ; C : 60. D) A : 200 ; B : 110 ; C : 50.

12 Dans le calcul de l'impôt il est procédé à deux abattements successifs de 20 % puis de 10 % . Le pourcentage de réduction unique amenant au même résultat est de :

A) 30 %. B) 28 %. C) 20,1 %. D) 18 %.

13 ▶ Trois magasiniers mettent en place 600 boîtes de conserve en 1 h.
Avec une efficacité identique combien faut-il de temps à 5 magasiniers pour mettre en place 2 400 boîtes de conserve ?

A) 4 h. B) 2 h 40 min. C) 2 h 36 min. D) 2 h 24 min.

14 ▶ Au vu du tableau ci contre, indiquer la zone qui a connu le plus forte croissance de sa population au cours du XXème siècle.
(Données exprimées en millons d'habitants)

	Europe	Amérique du nord	Amérique du Sud	Asie
1901	293	94	51	930
1999	582	393	394	3 552

A) Europe. B) Amérique du Nord.

C) Asie. D) Amérique du Sud.

15 Que faut-il enlever à $\frac{2}{3}$ pour obtenir les $\frac{3}{5}$ de $\frac{7}{9}$?

A) $\frac{1}{5}$. B) $\frac{3}{7}$. C) $\frac{5}{7}$. D) $\frac{5}{9}$.

16 ▶ Sachant qu'une viande au prix de 8 € la livre contient 20 % d'os, quelle somme devra-t-on débourser pour obtenir un kilogramme de viande désossée ?

A) 10 €. B) 16 €. C) 20 €. D) 22 €.

17 ▶ La densité moyenne d'une ville est de 1 200 habitants par kilomètre carré. Sachant qu'elle comprend 6 000 000 d'habitants, quelle est sa superficie ?

A) 2 000 km^2. B) 5 000 km^2. C) 20 000 km^2. D) 50 000 km^2.

18 ▶ Donner la valeur de F sous forme de fraction irréductible :

$$F = 2 + \cfrac{2}{9 - \cfrac{4}{\frac{5}{3} + \frac{7}{3}}}$$

A) $\frac{9}{4}$. B) 6. C) 4. D) $\frac{4}{9}$.

19 ▶ On ajoute le même nombre entier aux deux termes de la fraction $\frac{4}{7}$ de façon à obtenir $\frac{2}{3}$. Quel est ce nombre ?

A) 3. B) 1. C) 4. D) 2.

20 ▸ Le prix d'une chemise se décompose comme suit : 60% pour la main d'œuvre et 40 % pour le tissu et les boutons.
La main d'œuvre augmente de 10 % ; le tissu et les boutons augmentent de 30 %.
De combien augmente le prix de revient de la chemise ?

A) 17 %. B) 18 %. C) 20 %. D) 40 %.

21 ▸ Trois collègues Aline, Bernard et Camille ont gagné 9 000 € en jouant 120 € à une loterie. Aline avait misé 70 €, Bernard 30 € et Camille 20 €. Ces trois collègues se partagent ces 9 000 € proportionnellement à leurs mises respectives. Quel est, en euros, le gain net de Camille ?

A) 1 500. B) 1 480. C) 1 800. D) 2 700.

22 ▸ Isabelle doit parcourir quotidiennement 27 km en voiture pour renter à son domicile. Elle a déjà parcouru les $\frac{2}{3}$ de son trajet lorsque sa voiture tombe en panne d'essence. Sachant qu'il y a une station service située aux $\frac{5}{9}$ de son trajet habituel, combien de kilomètres à pied doit-elle parcourir pour avoir un bidon d'essence ?

A) 3. B) 5. C) 7. D) 8.

23 ▸ Au salon de l'agriculture, un concours de tonte de moutons réunit 20 professionnels. Chacun d'eux met en moyenne 1 min 5 s pour tondre un mouton. La tonte de chaque mouton permet de recueillir 5 kg de laine. La compétitiion dure 13 min. Combien de kilogrammes de laine obtiendra-t-on à la fin de la compétition ?

A) 60. B) 240. C) 1 200. D) 1 300.

24 ▸ Pour une promotion de 120 étudiants, le diagramme ci-contre exprime qu'il y a :

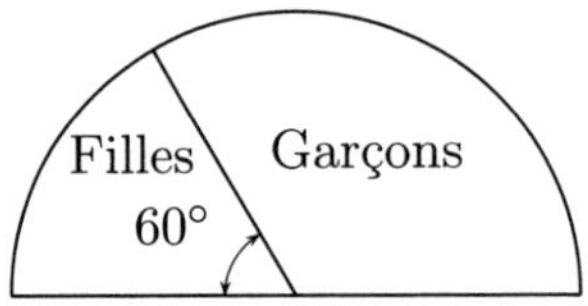

A) 20 filles et 100 garçons. B) 30 filles et 90 garçons.

C) 40 filles et 80 garçons. D) 50 filles et 70 garçons.

25 ▶ Une entreprise fabrique des ordinateurs et des imprimantes. Les imprimantes représentent 40 % de sa production. 80 % des imprimantes fabriquées sont des imprimantes couleurs. Cette entreprise produit 340 imprimantes noir et blanc par mois. Laquelle de ces propositions est vraie ?

A) L'entreprise fabrique plus d'imprimantes que d'ordinateurs.
B) L'entreprise fabrique 1 700 ordinateurs par mois.
C) 35 % des produits fabriqués sont des imprimantes couleurs.
D) L'entreprise fabrique 4 250 produits par mois.

26 ▶ En 1999, la Nièvre comptait 239 400 habitants, $\frac{7}{40}$ de ces habitants résidaient à Nevers. Combien y avait-il d'habitants à Nevers en 1999 ?

A) 23 940. B) 41 895. C) 47 880. D) 136 800.

27 ▶ Un sac de billes comprend $\frac{3}{9}$ de billes bleues, $\frac{1}{4}$ de billes rouges, $\frac{4}{16}$ de billes vertes, $\frac{3}{36}$ de billes jaunes et 78 billes noires.
Quel est le nombre exacte de billes contenues dans le sac ?

A) 536. B) 736. C) 836. D) 936.

28 ▶ Pour la Saint - Valentin, Pierre offre à son épouse un bouquet de fleurs qui lui coûte 50 €. L'année précédente, le même bouquet lui avait coûté 40 €. Si le pourcentage d'augmentation est constant, combien le bouquet lui coûtera-t-il l'année prochaine ?

A) 65 €. B) 62,50 €. C) 60 €. D) 60,50 €.

29 Quelle progression devra obtenir le parti A pour obtenir la majorité absolue dans cette assemblée ?

A) 53 %. B) 44,5 %.

C) 153 %. D) 144,5 %.

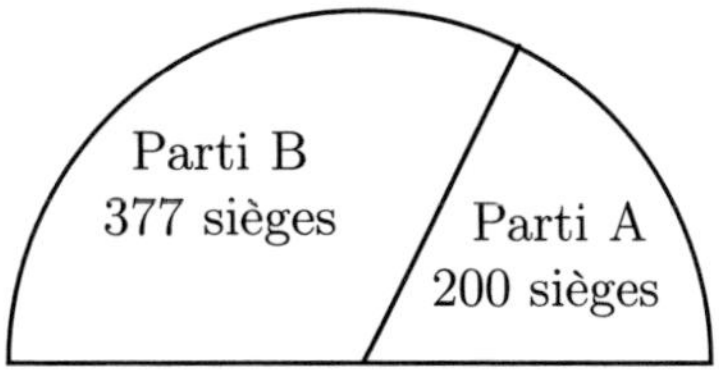

30 ▶ Dans un groupe 40 % des personnes ont une mauvaise vue ; 75 % de celles ayant une mauvaise vue portent des lunettes, les 25 % restant ont des lentilles de contact. Celles qui ont une bonne vue ne portent pas de lunettes. On compte 24 paires de lunettes dans le groupe.
Quelle affirmation est vraie ?

A) 36 personnes ont une mauvaise vue.
B) On compte 90 personnes dans le groupe.
C) 6 personnes portent des lentilles de contact.
D) 48 personnes ont une bonne vue.

31 ▶ 80 % des élèves d'un collège sont répartis au sein de trois ateliers : photo, théâtre, musique. $\frac{1}{3}$ d'entre eux choisissent le théâtre et parmi les autres, $\frac{1}{4}$ optent pour la photo. Sachant que 120 élèves iront à l'atelier de musique, quel est l'effectif total du collège ?

A) 400. B) 300. C) 240. D) 160.

32 ▶ Une bouteille de vin a été vidée de la moitié de sa contenance. Une deuxième bouteille, d'une capacité double de la précédente, est remplie au quart de sa contenance. Pour que ces bouteilles soient entièrement remplies, on décide de les compléter avec de l'eau, avant de les reverser dans un contenant.
Quelle est la proportion de vin dans ce nouveau mélange ?

A) Le tiers. B) Le quart . C) La moitié. D) Les trois quarts.

33 ▶ Une entreprise est implantée sur deux sites A et B. Un audit indique que les hommes représentent respectivement 40 % et 60 % des employés des sites A et B et qu'il y a trois fois plus d'employés sur le site B que sur le site A. Quel est le pourcentage de femmes au sein de cette entreprise de 9 700 salariés ?

A) 42 %. B) 45 %. C) 47 %. D) 49 %.

Corrigés

1. (B)

$$\frac{3}{5}-\left(\frac{2}{5}\times\frac{3}{4}\right)=\frac{3}{5}-\frac{3}{5\times 2}=\frac{6}{10}-\frac{3}{10}=\frac{3}{10}.$$

2. (B)

$20\% = \dfrac{20}{100}=\dfrac{1}{5}$ (un cinquième).

3. (D)

On remarque que si l'on multiplie les nombres de la première ligne par 4, on obtient ceux de la seconde.

Les suites de nombres (5 ; 3 ; 8) et (20 ; 12 ; 32) sont deux suites proportionnelles.

4. (B)

$$2-\frac{1}{3}=\frac{6}{3}-\frac{1}{3}=\frac{5}{3}\,;\ \frac{3}{4}\times\frac{5}{3}=\frac{5}{4}\,;\ \frac{3}{4}-\frac{5}{4}=-\frac{2}{4}=-\frac{1}{2}$$

5. (D)

<u>Première méthode</u> :

Il s'agit de calculer $\dfrac{1}{3}\times\dfrac{1}{2}\times\dfrac{1}{9}\times 1998=\dfrac{11998}{54}=37.$

<u>Deuxième méthode</u> :

$$\frac{1998}{9}=222\,;\ \frac{222}{2}=111\,;\ \frac{111}{3}=37.$$

6. (C)

$$\left(\frac{1}{3}\right)^2=\frac{1}{9}\,;\ \frac{1}{2}-\frac{1}{9}=\frac{9-2}{18}=\frac{7}{18}\,;\ \frac{156}{12}=13 \text{ et } 13-1=12.$$

Donc $\left[\left(\dfrac{1}{2}\right)-\left(\dfrac{1}{3}\right)^2\right]\times\left[\left(\dfrac{156}{12}\right)-1\right]=\dfrac{7}{18}\times 12=\dfrac{14}{3}.$

7. (B)

$\dfrac{3}{4}\times\dfrac{2}{3}=\dfrac{1}{2}$. J'ai donc dépensé la moitié de la somme possédée soit 60 €.

8. (B)

La recette du commerçant pour le lot est, normalement $3p$ et, lors de la campagne de promotion, $4p'$. Donc $p'=\dfrac{3}{4}p$ ou encore $p' = 75\ \% p$.

Il fait donc une remise de 25 %.

9. (A)

On réalise successivement les opérations suivantes :

$$5+\frac{3}{5}=\frac{28}{5}\,;\ \frac{4}{\frac{28}{5}}=\frac{4\times 5}{28}=\frac{5}{7}\,;\ 3-\frac{5}{7}=\frac{16}{7}\,;\ \frac{2}{\frac{16}{7}}=\frac{2\times 7}{16}=\frac{7}{8}\,;\ 1+\frac{7}{8}=\frac{15}{8}.$$

Remarque :

$\dfrac{60}{32}=F$ mais $\dfrac{60}{32}$ n'est pas une fraction irréductible : $\dfrac{60}{32}=\dfrac{15}{8}.$

10. (D)
$\frac{4}{3}+\frac{1}{6}+\frac{1}{2}=\frac{8}{6}+\frac{1}{6}+\frac{3}{6}=\frac{12}{6}=2\,;$

$\frac{1}{4}+\frac{1}{2}+\frac{1}{6}+\frac{1}{3}=\frac{3}{12}+\frac{6}{12}+\frac{2}{12}+\frac{4}{12}=\frac{15}{12}=\frac{5}{4}.$

11. (B)
Il y a 6 enfants, donc le montant de la prime par enfant est : $\frac{360}{6}=60$ €.
Alors Alain obtient $3\times 60=180$ € ; Bernadette obtient $2\times 60=120$ € et Clara obtient $1\times 60=6$ €.

12. (B)
Soit x le montant avant abattement.
Le premier abattement ramène le montant à $x-0,2x=0,8x$.
Le deuxième abattement ramène le montant à :
$0,8x-0,1\times 0,8x=0,8-0,08x=0,72x.$
L'abattement total est donc $x-0,72x=0,28x=\frac{28}{100}x.$

13. (D)
Si 3 magasiniers mettent en place 600 boîtes de conserve en 1 h, un magasinier en met en place 200 en 1 h et 5 magasiniers en mettent en place 1 000 en 1 h. Alors, pour mettre en place 2,4 fois plus de boîtes ($2\,400=1\,000\times 2,4$), il faut aux 5 magasiniers 2,4 fois plus de temps soit 2,4 h ou encore 2 h 24 min. (0,4 h $=0,4\times 60=24$ min)

14. (D)
Taux de croissance de l'Europe : $\frac{582-293}{293}\times 100\approx 98,93\ \%\,;$

Taux de croissance de l'Amérique du Nord : $\frac{393-94}{94}\times 100\approx 318\ \%\,;$

Taux de croissance de l'Amérique du Sud : $\frac{394-51}{51}\approx 672,55\ \%\,;$

Taux de croissance de l'Asie : $\frac{3\,552-930}{930}\approx 281,94\ \%$.

15. (A)
$\frac{3}{5}$ de $\frac{7}{9}$ est égal à $\frac{3}{5}\times\frac{7}{9}=\frac{7}{15}$
Soit f la fraction à retirer.
Alors $\frac{2}{3}-f=\frac{7}{15}$ soit $f=\frac{2}{3}-\frac{7}{15}=\frac{10}{15}-\frac{7}{15}=\frac{10-7}{15}=\frac{3}{15}=\frac{1}{5}.$

16. (C)
Une livre est égale à 0,5 kg. Sur une livre de viande non désossée, il reste 80 % de viande désossée soit 0,4 kg, coûtant 8 €. Pour avoir 1 kg de viande

désossée, il faut 2,5 fois plus de viande donc on paiera 2,5 fois plus soit $2,5 \times 8 = 20$ €.

17. (B)

La superficie est de $\dfrac{6\,000\,000}{1\,200} = \dfrac{60\,000}{12} = 5\,000$ km^2.

18. (A)

$\dfrac{5}{3} + \dfrac{7}{3} = \dfrac{12}{3} = 4\,;\ 9 - \dfrac{4}{\dfrac{5}{3} + \dfrac{7}{3}} = 9 - \dfrac{4}{4} = 8\,;\ \dfrac{2}{8} = \dfrac{1}{4}\,;\ 2 + \dfrac{1}{4} = \dfrac{8}{4} + \dfrac{1}{4} = \dfrac{9}{4}.$

19. (D)

Soit n le nombre ajouté. On obtient $\dfrac{4+n}{7+n} = \dfrac{2}{3}$ soit $3\,(4+n) = 2\,(7+n)$ ce qui est équivalent à $12 + 3n = 14 + 2n$ donc $n = 2$.
(On peut aussi tester successivement les différentes propositions).

20. (B)

Augmentation du prix de la main d'œuvre :
$\dfrac{60}{100} \times \dfrac{10}{100} = \dfrac{6}{100}$ du prix de la chemise.
Augmentation des fournitures : $\dfrac{40}{100} \times \dfrac{30}{100} = \dfrac{12}{100}$ du prix de la chemise.
Augmentation du prix de la chemise : 6% + 12 % = 18 %

21. (B)

Soit a la part d'Aline, b la part de Bernard et c celle de Camille.
Alors $\dfrac{a}{70} = \dfrac{b}{30} = \dfrac{c}{20} = \dfrac{a+b+c}{70+30+20} = \dfrac{9\,000}{120} = 75$.
Donc $\dfrac{c}{20} = 75$ donc $c = 20 \times 75 = 1\,500$.
Son gain net est donc $1\,500 - 20 = 1\,480$ €.

22. (A)

Distance parcourue : $\dfrac{2}{3} \times 27 = 18$ km.
Distance à laquelle se trouve la sation service : $\dfrac{5}{9} \times 27 = 15$ km.
Elle a donc 3 km à parcourir.

23. (C)

Temps de tonte : 13 min = 12×1 min 5s.
Donc chaque compétiteur tond, en moyenne, 12 moutons.
Alors 20 compétiteurs tondent en moyenne 240 moutons et recueillent $240 \times 5 = 1\,200$ kg de laine.

24. (C)

60° représentent $\dfrac{1}{3}$ du demi cercle, donc $\dfrac{1}{3}$ des étudiants sont des filles.
Il y a donc 40 filles et 80 garçons.

25. (D)

Les imprimantes noir et blanc représentent 20 % des imprimantes fabriquées donc le nombre d'imprimantes couleurs est 4 fois plus grand soit $340 \times 4 = 1\,360$ et le nombre total d'imprimantes est 5 fois plus grand soit $340 \times 5 = 1\,700$. Ce nombre représente 40 % de la production donc le nombre total de produits fabriqués est de $\frac{1\,700 \times 100}{40} = 4\,250$.

Le nombre total d'ordinateurs fabriqués est de $4\,250 - 1\,700 = 2\,550$.

26. (B)

$\frac{7}{40} \times 239\,400 = 41\,895$.

27. (D)

Soit n le nombre de billes dans le sac, n est un nombre entier naturel.

On peut écrire $n = \frac{3n}{9} + \frac{n}{4} + \frac{4n}{16} + \frac{3n}{36} + 78$ soit, en simplifiant les fractions, $n = \frac{n}{3} + \frac{n}{4} + \frac{n}{4} + \frac{n}{12} + 78$ soit $n = \frac{4n}{12} + 2 \times \frac{3n}{12} + \frac{n}{12} = 78$ donc $n = \frac{11n}{12} + 78$. Alors $\frac{n}{12} = 78$ soit $n = 78 \times 12 = 936$.

28. (B)

Le pourcentage d'augmentation du bouquet est de $\frac{50 - 40}{40} \times 100 = 25$ %.

L'an prochain le bouquet lui coûtera $50 \times \frac{125}{100} = 62,5$ €.

29. (D)

Il y a 577 sièges donc la majorité absolue est de 289 sièges. Le parti A doit donc gagner $289 - 200 = 89$ sièges pour avoir la majorité absolue.

Le pourcentage de gain à réaliser est $\frac{89}{200} \times 100 = 44,5$.

Le parti A doit donc progresser de 144,5 %.

30. (D)

Les 24 paires de lunettes sont portées par 75 % des 40 % des personnes du groupe, soit $\frac{75}{100} \times \frac{40}{100} = \frac{30}{100} = 30\%$ de l'effectif du groupe.

L'effectif du groupe est donc : $\frac{100}{30} \times 24 = 80$ personnes.

Parmi ces 80 personnes 60 % ont une bonne vue, soit 48 personnes.

31. (B)

Parmi les 80% des élèves qui vont dans un atelier, $\frac{1}{3}$ choisissent le théâtre donc il en reste $\frac{2}{3}$ pour les deux autres ateliers.

Parmi ceux-ci $\frac{1}{4}$ vont vers la photo ce qui représente $\frac{1}{4} \times \frac{2}{3} = \frac{2}{12} = \frac{1}{6}$ des élèves.

$\frac{1}{3} + \frac{1}{6} = \frac{2}{6} + \frac{1}{6} = \frac{3}{6} = \frac{1}{2}$ donc la moitié des 80 % des élèves font soit du

théâtre soit de la photo. Ceux qui font de la musique représentent donc la moitié des élèves qui pratiquent un atelier.
Les élèves qui pratiquent un atelier sont donc 240.
Soit n le nombre d'élèves du collège alors n est un nombre entier naturel et l'on peut écrire : $0,8n = 240$ soit $n = \frac{240}{0,8} = 300$.

32. (A)

Soit c la capacité de la première bouteille, la seconde bouteille a alors une capacité de $2c$.

Dans la première bouteille il y a $\frac{c}{2}$ de vin donc $\frac{c}{2}$ d'eau.

Dans la seconde bouteille il y a $\frac{2c}{4} = \frac{c}{2}$ de vin et $2c - \frac{c}{2} = \frac{3c}{2}$ d'eau.

Si l'on met ensemble ces deux mélanges on obtient :
pour le vin : $\frac{c}{2} + \frac{c}{2} = c$, pour l'eau : $\frac{c}{2} + \frac{3c}{2} = 2c$.

Le volume total de mélange représente $3c$ et celui du vin le tiers de ce volume.

33. (B)

Soit n le nombre entier naturel indiquant le nombre d'employés du site A, alors sur le site B il y a $3n$ employés et le nombre total d'employés sur les deux sites est $n + 3n = 4n$.

Première méthode :

$4n = 9\,700$ donc sur le site A il y a $n = \frac{9\,700}{4} = 2\,425$ employés et ils sont 7 275 sur la site B.
Sur A il y a 40 % d'hommes donc 60 % de femmes.
Donc il y a $2\,425 \times 0,6 = 1\,455$ femmes sur le site A.
Sur B il y a 60 % d'hommes donc 40 % de femmes.
Donc il y a $7\,275 \times 0,4 = 2\,910$ femmes sur le site B.
Au total, le nombre de femmes de l'entreprise est $1\,455 + 2\,910 = 4\,365$, ce qui représente un pourcentage de $\frac{4\,365}{9\,700} \times 100 = 45$ %.
Il y a 45% de femmes dans l'entreprise.

Deuxième méthode :

Le nombre de femmes sur le site A est $0,6n$ et $0,4 \times 3n = 1,2n$ sur le site B, ce qui représente pour l'entreprise $1,8n$ femmes au total.
Le nombre d'employés est $4n$ donc le pourcentage de femmes dans l'entreprise est : $\frac{1,8n}{4n} = 0,45 = 45$ %.

5. RACINES CARRÉES

A. Définition

Soit a un nombre réel positif ($a \geqslant 0$).

La racine carrée de a est le nombre réel positif b tel que $b^2 = a$.

Ce nombre est noté $\sqrt{a}$.
Pour tout nombre réel $a \geqslant 0$, $\sqrt{a} \geqslant 0$.

Exemples :
$\sqrt{4} = 2 \quad (2^2 = 4)$; $\sqrt{169} = 13 \quad (13^2 = 169)$;
$\sqrt{2,1025} = 1,45 \quad (1,45^2 = 2,1025)$.

B. Propriétés

Pour tout nombre réel a positif :

$$\sqrt{a} \geqslant 0 \qquad (\sqrt{a})^2 = a \qquad \sqrt{0} = 0 \qquad \sqrt{1} = 1.$$

Si a et b sont des nombres réels positifs :

$$\sqrt{a \times b} = \sqrt{a} \times \sqrt{b} \qquad \sqrt{\frac{a}{b}} = \frac{\sqrt{a}}{\sqrt{b}} \qquad (b \neq 0)$$

Exemples :
$\sqrt{9 \times 4} = \sqrt{9} \times \sqrt{4} = 3 \times 2 = 6$; $\sqrt{48} = \sqrt{16 \times 3} = \sqrt{16} \times \sqrt{3} = 4\sqrt{3}$.
$\sqrt{\frac{9}{4}} = \frac{\sqrt{9}}{\sqrt{4}} = \frac{3}{2}$.

Remarques

• Il n'y a pas de propriété remarquable concernant $\sqrt{a+b}$ et $\sqrt{a-b}$, il faut d'abord calculer la somme (ou la différence) des deux nombres avant d'en extraire la racine carrée.

• **La racine nième** d'un nombre réel positif a est le nombre réel positif b tel que $b^n = a$. On note $\sqrt[n]{a} = b$.

Exemples :
$\sqrt[3]{27} = 3 \quad (3^3 = 27)$; $\sqrt[4]{16} = 2 \quad (2^4 = 16)$;
$\sqrt[6]{1\,000\,000} = 10 \quad (10^6 = 1\,000\,000)$.

1 Quelle est la valeur de $\sqrt{(21+4)}$?

A) 8,58. B) 5. C) 6,58. D) 21,4.

2 Quel est l'intrus ?

A) $\sqrt{49}$. B) 7. C) $\dfrac{35}{5}$. D) $\dfrac{42}{7}$.

3 Les nombres réels a et b étant strictement positifs ($a > 0$, $b > 0$), quelle est la proposition fausse ?

A) $\sqrt{a}+\sqrt{b}=\sqrt{a+b}$

B) $\sqrt{a \times b}=\sqrt{a}\times\sqrt{b}$

C) $\sqrt{\dfrac{a}{b}}=\dfrac{\sqrt{a}}{\sqrt{b}}$

D) $\sqrt{a^2}=a$

4 Lequel de ces nombres est un entier naturel ?

A) $\sqrt{200}$. B) $\sqrt{300}$. C) $\sqrt{400}$. D) $\sqrt{500}$.

5 Quelle est la valeur de $\sqrt{169-144}$?

A) 1. B) $\sqrt{5}$. C) 5. D) 25.

6 ▶ L'expression $\sqrt{32+(-7)^2}-\sqrt{(-6)^2-(-3)^2-2}$ est égale à :

A) 4. B) 5. C) 6. D) 13.

7 Quel est l'intrus ?

A) $\dfrac{39}{91}$. B) $\sqrt{\dfrac{3^2}{7^2}}$. C) $\dfrac{\sqrt{3}}{\sqrt{91}}\times\sqrt{\dfrac{39}{7}}$. D) $\dfrac{\sqrt{3}}{\sqrt{7}}$.

8 ▶ L'expression $\sqrt{27}\times\sqrt{3}$ a pour résultat :

A) 9. B) $3\sqrt{3}$. C) 27. D) $\left(\sqrt{3}\right)^3$.

9 ▶ En réduisant l'expression $\sqrt{\dfrac{49}{400}} + \dfrac{(\sqrt{3})^2}{10}$, on obtient :

A) $\dfrac{13}{20}$. B) 1. C) $\dfrac{7}{20}$. D) 9.

10 ▶ L'opération $\sqrt{75} - \sqrt{27} + \sqrt{192}$ a pour résultat :

A) $16\sqrt{2}$. B) 18. C) $10\sqrt{3}$. D) 12.

11 Associer les propositions qui sont de même valeur :

1) $\sqrt{\dfrac{5}{4}}$ 2) $\sqrt{4}\sqrt{7}$ 3) $5\sqrt{63}$ 4) $\dfrac{\sqrt{50}}{\sqrt{2}}$.

a) $2\sqrt{7}$ b) 5 c) $15\sqrt{7}$ d) $\dfrac{\sqrt{5}}{2}$.

A) 1d–2a–3c–4b. B) 1b–2c–3d–4a.

C) 1c–2d–3a–4b. D) 1b–2d–3c–4a.

12 ▶ Laquelle des propositions suivantes est vraie ?

A) $\sqrt{0,04} = 0,02$

B) $\sqrt{10^{16}} = 10^4$

C) $\sqrt{180} - \sqrt{80} = 10$

D) $\dfrac{\sqrt{300}}{\sqrt{3}} = 10$

13 ▶ Soit $A = x^2 + 3x - 10$. Calculer A pour $x = 2\sqrt{5}$.

A) $7\sqrt{5} - 10$. B) $6\sqrt{5}$. C) $10 + 6\sqrt{5}$. D) $6\sqrt{5} - 10$.

14 ▶ Classer ces expressions de la plus petite à la plus grande :

$E_1 = \dfrac{\sqrt{49+32}}{3^2}$ $E_2 = \sqrt{\dfrac{16}{9}} - \dfrac{\sqrt{4}}{3}$

$E_3 = 2 - \sqrt{\dfrac{4}{9}} + \left(\dfrac{1}{2}\right)^2$ $E_4 = \dfrac{5}{4} - \sqrt{\dfrac{30}{2 \times 3 \times 5}}$.

A) $E_1 < E_2 < E_3 < E_4$. B) $E_4 < E_2 < E_3 < E_1$.

C) $E_1 < E_4 < E_3 < E_2$. D) $E_4 < E_3 < E_2 < E_1$.

15 Soit $\alpha = \dfrac{5}{\sqrt{2}}$. Laquelle des propositions suivantes est fausse ?

A) $\alpha = \sqrt{\dfrac{25}{2}}$. B) $\alpha = \dfrac{5\sqrt{2}}{2}$. C) $\alpha = \dfrac{5\sqrt{2}}{4}$. D) $\alpha = \dfrac{\sqrt{50}\sqrt{2}}{2\sqrt{2}}$.

16 Dans l'ensemble des nombres réels positifs, une expression simplifiée de $3\sqrt{49} + \sqrt{27x^3} + \sqrt{144x^2}$ est :

A) $33 + 3x\sqrt{3}$. B) $21 + 3\sqrt{3x^3} + 12x^2$.

C) $21 + 3x\sqrt{3x} + 12x$. D) $21 + 9\sqrt{3x} + 12x$.

17 La racine cubique de 216 est :

▶ A) 6. B) 8. C) 12. D) 16.

18 L'écriture du nombre $\sqrt{147}$ sous la forme $a\sqrt{b}$, a et b étant deux entiers naturels est :

A) $3\sqrt{49}$. B) $49\sqrt{3}$. C) $7\sqrt{3}$. D) $3\sqrt{7}$.

19 Le nombre $\sqrt{8} - \sqrt{2}$ est égal à :

A) $\sqrt{2}$. B) $\sqrt{6}$. C) $2\sqrt{2}$. D) 2.

20 Le nombre $2\sqrt{45} - 3\sqrt{5} + \sqrt{20}$ est égal à :

A) $10\sqrt{3} - 3\sqrt{5} + 5\sqrt{2}$. B) 5. C) $5\sqrt{5}$. D) $11\sqrt{5}$.

Corrigés

1. (B)
$\sqrt{(21+4)} = \sqrt{25} = 5$
2. (D)
$\sqrt{49} = 7\,;\ \dfrac{35}{5} = 7\,;\ \dfrac{42}{7} = 6$
3. (A)
Voir fiche de cours
4. (C)
$\sqrt{200} = \sqrt{2 \times 100} = 10\sqrt{2}\,;\ \sqrt{300} = 10\sqrt{3}\,;\ \sqrt{400} = 10\sqrt{4} = 20\,;$
$\sqrt{500} = 10\sqrt{5}$ et $\sqrt{5}$ n'est pas un nombre entier naturel.
5. (C)
$169 - 144 = 25$ donc $\sqrt{169 - 144} = \sqrt{25} = 5$
6. (A)
$\sqrt{32 + (-7)^2} - \sqrt{(-6)^2 - (-3)^2 - 2} = \sqrt{32+49} - \sqrt{36 - 9 - 2}$
$= \sqrt{81} - \sqrt{25} = 9 - 5 = 4$
7. (D)
$\dfrac{39}{91} = \dfrac{3 \times 13}{7 \times 13} = \dfrac{3}{7}\,;\ \sqrt{\dfrac{3^2}{7^2}} = \dfrac{3}{7}\,;\ \dfrac{\sqrt{3}}{\sqrt{91}} \times \sqrt{\dfrac{39}{7}} = \sqrt{\dfrac{3 \times 39}{91 \times 7}} = \sqrt{\dfrac{3^2 \times 13}{7^2 \times 13}} = \dfrac{3}{7}\,;$
$\dfrac{\sqrt{3}}{\sqrt{7}} = \sqrt{\dfrac{3}{7}}.$
8. (A)
$\sqrt{27} \times \sqrt{3} = \sqrt{27 \times 3} = \sqrt{81} = \sqrt{9^2} = 9$
ou bien $\sqrt{27} \times \sqrt{3} = \sqrt{9 \times 3} \times \sqrt{3} = 3\sqrt{3} \times \sqrt{3} = 3 \times 3 = 9.$
9. (A)
$\sqrt{\dfrac{49}{400}} + \dfrac{\left(\sqrt{3}\right)^2}{10} = \dfrac{\sqrt{49}}{\sqrt{400}} + \dfrac{3}{10} = \dfrac{7}{20} + \dfrac{6}{20} = \dfrac{13}{20}.$
10. (C)
$\sqrt{75} - \sqrt{27} + \sqrt{192} = \sqrt{3 \times 5^2} - \sqrt{3^3} + \sqrt{2^6 \times 3} = 5\sqrt{3} - 3\sqrt{3} + 8\sqrt{3} = 10\sqrt{3}.$
11. (A)
$\sqrt{\dfrac{5}{4}} = \dfrac{\sqrt{5}}{\sqrt{4}} = \dfrac{\sqrt{5}}{2}$ donc 1d ; $\sqrt{4}\sqrt{7} = 2\sqrt{7}$ donc 2a ;
$63 = 9 \times 7$ donc $5\sqrt{63} = 15\sqrt{7}$ soit 3c ;
$\dfrac{\sqrt{50}}{\sqrt{2}} = \dfrac{\sqrt{2 \times 25}}{\sqrt{2}} = \dfrac{5\sqrt{2}}{\sqrt{2}} = 5$ soit 4b.
12. (D)
$0,04 = 4 \times 10^{-2}$ donc $\sqrt{0,04} = 2 \times 10^{-1} = 0,2\,;\ \sqrt{10^{16}} = \sqrt{(10^8)^2} = 10^8\,;$
$\sqrt{180} - \sqrt{80} \neq \sqrt{100}\,;\ \dfrac{\sqrt{300}}{\sqrt{3}} = \dfrac{\sqrt{3} \times \sqrt{100}}{\sqrt{3}} = 10.$

13. (C)

$A = (2\sqrt{5})^2 + 3(2\sqrt{5}) - 10 = 4 \times 5 + 6\sqrt{5} - 10 = 10 + 6\sqrt{5}$.

14. (B)

$E_1 = \dfrac{\sqrt{49+32}}{3^2} = \dfrac{\sqrt{81}}{9} = 1$; $E_2 = \sqrt{\dfrac{16}{9}} - \dfrac{\sqrt{4}}{3} = \dfrac{4}{3} - \dfrac{2}{3} = \dfrac{2}{3}$;

$E_3 = 2 - \sqrt{\dfrac{4}{9} + \left(\dfrac{1}{2}\right)^2} = 2 - \dfrac{3}{2} + \dfrac{1}{4} = \dfrac{8-6+1}{4} = \dfrac{3}{4}$;

$E_4 = \dfrac{5}{4} - \sqrt{\dfrac{30}{2 \times 3 \times 5}} = \dfrac{5}{4} - \sqrt{1} = \dfrac{5}{4} - 1 = \dfrac{1}{4}$.

$\dfrac{1}{4} < \dfrac{2}{3} < \dfrac{3}{4} < 1$ soit $E_4 < E_2 < E_3 < E_1$.

15. (C)

$\sqrt{\dfrac{25}{2}} = \dfrac{\sqrt{25}}{\sqrt{2}} = \dfrac{5}{\sqrt{2}}$; $\dfrac{5\sqrt{2}}{2} = \dfrac{5\sqrt{2}}{\sqrt{2} \times \sqrt{2}} = \dfrac{5}{\sqrt{2}}$; $\dfrac{5\sqrt{2}}{4} = \dfrac{5}{2\sqrt{2}}$;

$\dfrac{\sqrt{50}\sqrt{2}}{2\sqrt{2}} = \dfrac{\sqrt{2 \times 25}}{2} = \dfrac{5\sqrt{2}}{2} = \dfrac{5}{\sqrt{2}}$.

16. (C)

$3\sqrt{49} = 3 \times 7 = 21$; $\sqrt{27x^3} = \sqrt{9x^2 \times 3x} = 3x\sqrt{3x}$;

$\sqrt{144x^2} = \sqrt{(12x)^2} = 12x$.

Donc $3\sqrt{49} + \sqrt{27x^3} + \sqrt{144x^2} = 21 + 3x\sqrt{3x} + 12x$.

17. (A)

216	2
108	2
54	2
27	3
9	3
3	3
1	

$216 = 2^3 \times 3^3 = (2 \times 3)^3 = 6^3$ donc $\sqrt[3]{216} = 6$

18. (C)

$147 = 3 \times 49 = 3 \times 7^2$ donc $\sqrt{147} = 7\sqrt{3}$.

19. (A)

$8 = 2 \times 4$ donc $\sqrt{8} = 2\sqrt{2}$. Ainsi $\sqrt{8} - \sqrt{2} = 2\sqrt{2} - \sqrt{2} = \sqrt{2}$.

20. (C)

$2\sqrt{45} - 3\sqrt{5} + \sqrt{20} = 2\sqrt{9 \times 5} - 3\sqrt{5} + \sqrt{4 \times 5} = 6\sqrt{5} - 3\sqrt{5} + 2\sqrt{5} = 5\sqrt{5}$.

6. CALCULS ALGÉBRIQUES

A. Expressions littérales

Une formule générale, comme $S = L \times l$, est une expression dans laquelle les lettres représentent des valeurs numériques.
Pour transformer des expressions littérales, on utilise des méthodes algébriques.

Ploynômes

Un **monôme** est une expression algébrique de la forme ax^n, a, nombre réel, est le coefficient du monôme, n, entier naturel, est le degré du monôme.
Un **polynôme** est la somme de plusieurs monômes, le degré du polynôme est le degré du monôme de plus haut degré.
Exemple :
$4x^5 + 2x^2 - x\sqrt{3} + \frac{1}{2}$ est un polynôme de degré 5.

Développement

On développe un produit de facteurs pour obtenir une expression sous la forme de somme de termes, sans parenthèses.
Exemple :
en développant et simplifiant $(2x+1)(x-4)$, on obtient :

$$\begin{aligned}(2x+1)(x-4) &= (2x+1)x + (2x+1) \times (-4) \\ &= 2x^2 + x - 8x - 4 \\ &= 2x^2 - 7x - 4\end{aligned}$$

Les termes de l'expression obtenue ont été regroupés et rangés suivant les puissances de x.
On dit que l'expression est développée, réduite et ordonnée.

Remarque :
on pouvait aussi commencer le développement de cette façon
$(2x+1)(x-4) = 2x\,(x-4) + 1\,(x-4) = 2x^2 - 8x + x - 4$.

Factorisation

Factoriser une expression algébrique, c'est l'écrire sous la forme d'un produit de facteurs. On utilise les facteurs communs à chaque terme.

Exemple :
dans l'expression $2x^3 - 4x^2 + 6x$, $2x$ est un facteur commun.
En mettant $2x$ en facteur, on obtient :

$$\begin{aligned}2x^3 - 4x^2 + 6x &= 2x \times x^2 - 2x \times 2x + 2x \times 3 \\ &= 2x(x^2 - 2x + 3)\end{aligned}$$

B. Identités remarquables

Les identités remarquables permettent soit de développer une expression factorisée, soit de factoriser une expression développée, il faut les apprendre par cœur.

$$(a+b)^2 = a^2 + 2ab + b^2$$

$$(a-b)^2 = a^2 - 2ab + b^2$$

$$(a+b)(a-b) = a^2 - b^2$$

1 ▶ L'expression $(9 - x^2)$ est égale à :

A) $(x+3)(x-3)$. B) $(3-x)(3+x)$.

C) $(3-x)^2$. D) $(3-x)(3-x)$.

2 ▶ L'expression $(3x-1)^2 + 3(1-3x)(x+2)$ a pour résultat :

A) $7 - 21x$. B) $6x + 3$. C) $-6x - 2$. D) $x^2 + 6$.

3 ▶ $100\,001^2 - 99\,999^2$ est égal à

A) 400 000. B) 4. C) 20 000. D) 2 000.

4 $1001^2 - 1002 \times 1003$ est égal à :

A) 3 005. B) −3 005. C) 2 007 007. D) − 5 005.

5 Le développement et la réduction de l'expression $F = (x+1)^2 - (x+2)(x+3)$ a pour résultat :

A) $2x^2 + 7x + 7$. B) $7x + 7$. C) $-3x - 5$.
D) $-5x - 5$. E) $2x^2 - 3x - 5$.

6 ▶ Quel est le résultat factorisé de l'expression suivante ?

$$(x-3)(2x+5) + (x-3)(x+1) + (3-x)(4x-2)$$

A) $-x^2 + 11x - 21$. B) $x^2 - 11x - 21$.

C) $(x-3)(-x+8)$. D) $(3-x)(-x+8)$.

7 ▶ L'expression $5 - 3(x-2)(2x-5)$ a pour forme développée :

A) $x + 27$. B) $-6x^2 + 27x - 25$.

C) $3x^2 - 9x + 15$. D) $7x^2 - 3x + 1$.

8 La factorisation de $(x+7)^2 - 36$ donne :

▶

A) $(x+7)(x-6)$. B) $12(x+7)$.

C) $(x+1)(x+13)$. D) $(x+3)(x-6)$.

9 Laquelle des écritures suivantes ne correspond pas au même polynôme que les trois autres ?

▶

A) $(x+2)\left(x^2-5x+4\right)$. B) $(x-3)\left(x^2-6\right)-10$.

C) x^3-3x^2-6x+8. D) $(x+4)\left(x^2-x+2\right)$.

10 L'expression $3x^2 - 3 + (2x+5)(x-1)$ a pour factorisation :

▶

A) $3x^2+2x+1$. B) $(x-1)(5x+8)$.

C) $(3x-5)(x+2)$. D) $5x^2-x+1$.

11 $4y^2 + 8xy + 4$ est la forme développée de :

▶

A) $(x-y)^2+4(x+1)(y+1)$. B) $(2x+2y)^2-4(x+1)(x-1)$.

C) $(2x+y)^2-2(2x+2)(x+1)$. D) $(x+2y)^2+(x+2)(y+2)$.

12 Parmi les développements suivants, combien y-a-t-il exactement d'expressions erronées ?

- $6(x-7) = 6x-7$
- $(x+3)(x-2) = x^2+5x-6$
- $(3x-2)(2x-1x) = 5x^2+2$
- $(a+b)(y+b) = ay+ab+by+2b$

A) 1. B) 2. C) 3. D) 4.

13 Parmi les propositions suivantes, laquelle est exacte ?

▶

A) $5x^3-14x^2-3x = x(5x-1)(x+3)$.
B) $5x^3-14x^2-3x = 5x(x-1)(x+3)$.
C) $5x^3-14x^2-3x = 5x(x+1)(x-3)$.
D) $5x^3-14x^2-3x = x(5x+1)(x-3)$.

14 Soit $E = (2x - 1)^2 - (2x - 1)(x - 3)$.
▶ Quel est le résultat d'une factorisation de E ?

A) $(2x - 2)(x + 2)$. B) $(2x - 1)(3x - 4)$.

C) $(2x - 2)(x + 1)$. D) $(2x - 1)(x + 2)$.

15 Quelle est la simplification de $\dfrac{1}{x-1} - \dfrac{1}{x+1} - \dfrac{1}{x^2-1}$?
▶

A) $\dfrac{4}{2x-3}$. B) $\dfrac{1}{x^2-1}$. C) $\dfrac{3x^2}{x-1}$. D) $\dfrac{x}{x^2+1}$.

16 Si $a = 2004^2$ et si $b = 2003 \times 2005$, quelle relation y a-til entre a et b ?

A) $a^2 = b^2 - 1$. B) $b = a + 1$. C) $a = b + 1$. D) $a = 2b$.

17 La factorisation de $E = (2x + 5)^2 - (x - 3)(2x + 5)$ donne :

A) $2x^2 + 21x + 40$. B) $(2x + 5)(4 - x)$.

C) $(2x + 5)(x + 8)$. D) $(2x + 5)(x + 2)$.

Corrigés

1. (B)

On utlise l'identité remarquable : $a^2 - b^2 = (a-b)(a+b)$.

$(9 - x^2) = 3^2 - x^2 = (3-x)(3+x)$

2. (A)

$(3x-1)^2 + 3(1-3x)(x+2) = (3x-1)^2 - 3(3x-1)(x+2)$

$= (3x-1)[3x-1-3(x+2)] = (3x-1)[3x-1-3x-6]$

$= -7(3x-1) = 7 - 21x$.

3. (A)

On utilise l'identité remarquable $a^2 - b^2 = (a+b)(a-b)$

$100\,001^2 - 99\,999^2 = (100\,001 - 99\,999)(100\,001 + 99\,999)$

$= 2 \times 200\,000 = 400\,000$.

4. (B)

On utilise l'identité remarquable $(a+b)^2 = a^2 + 2ab + b^2$

$1001^2 - 1002 \times 1003 = (1000+1)^2 - (1000+2)(1000+3)$

$= 10^6 + 2 \times 1000 + 1 - (10^6 + 2 \times 1000 + 3 \times 1000 + 6)$

$= 2\,001 - 5\,006$

$= -3\,005$.

5. (C)

$(x+1)^2 - (x+2)(x+3) = (x^2 + 2x + 1) - (x^2 + 2x + 3x + 6)$

$= x^2 + 2x + 1 - x^2 - 5x - 6 = -3x - 5$.

6. (C)

Les expressions A et B ne peuvent convenir, ce sont des expressions développées et non factorisées.

$(x-3)(2x+5) + (x-3)(x+1) + (3-x)(4x-2)$

$= (x-3)(2x+5) + (x-3)(x+1) - (x-3)(4x-2)$

$= (x-3)[2x+5+x+1-4x+2] = (x-3)(-x+8)$.

7. (B)

$5 - 3(x-2)(2x-5) = 5 - 3(2x^2 - 5x - 4x + 10)$

$= 5 - 6x^2 + 27x - 30 = -6x^2 + 27x - 25$.

8. (C)

$(x+7)^2 - 36 = (x+7)^2 - 6^2 = (x+7-6)(x+7+6) = (x+1)(x+13)$.

9. (D)

$(x+2)(x^2 - 5x + 4) = x^3 - 5x^2 + 4x + 2x^2 - 10x + 8 = x^3 - 3x^2 - 6x + 8$.

$(x-3)(x^2 - 6) - 10 = x^3 - 6x - 3x^2 + 18 - 10 = x^3 - 3x^2 - 6x + 8$.

$(x+4)(x^2 - x + 2) = x^3 - x^2 + 2x + 4x^2 - 4x + 8 = x^3 + 3x^2 - 2x + 8$.

10. (B)

$3x^2 - 3 + (2x+5)(x-1) = 3(x^2 - 1) + (2x+5)(x-1)$

$= 3(x-1)(x+1) + (2x+5)(x-1) = (x-1)(3x+3+2x+5)$

$= (x-1)(5x+8)$.

11. (B)
Les propositions A et D sont à écarter, leur développement conserve un terme en x^2.
$(2x+y)^2 = 4x^2 + 4xy + y^2$ les termes en xy et y^2 n'apparaissant pas dans la suite du développement, la proposition C ne convient pas.
$(2x+2y)^2 - 4(x+1)(x-1) = 4x^2 + 8xy + 4y^2 - 4\left(x^2-1\right)$
$= 4x^2 + 8xy + 4y^2 - 4x^2 + 4 = 4y^2 + 8xy + 4.$
12. (D)
$6(x-7) = 6x - 42$ donc l'expression donnée est fausse.
$(x+3)(x-2) = x^2 - 2x + 3x - 6 = x^2 + x - 6$, expression donnée fausse.
$(3x-2)(2x-1x) = (3x-2)x = 3x^2 - 2x$, expression donnée fausse.
$(a+b)(y+b) = ay + ab + by + b^2$, expression donnée fausse.
13. (D)
En dévelopant chacune des expressions il vient :
$x(5x-1)(x+3) = \left(5x^2 - x\right)(x+3) = 5x^3 + 14x^2 - 3x.$
$5x(x-1)(x-3) = 5x^3 - 20x^2 + 15x.$
$5x(x+1)(x-3) = 5x^3 - 10x^2 - 15x.$
$x(5x+1)(x-3) = 5x^3 - 14x^2 - 3x.$
14. (D)
$$\begin{aligned} E &= (2x-1)^2 - (2x-1)(x-3) \\ &= (2x-1)(2x-1-(x-3)) \\ &= (2x-1)(2x-1-x+3) \\ &= (2x-1)(x+2) \end{aligned}$$
15. (B)
$x^2 - 1 = (x+1)(x-1)$ donc
$$\frac{1}{x-1} - \frac{1}{x+1} - \frac{1}{x^2-1} = \frac{x+1}{x^2-1} - \frac{x-1}{x^2-1} - \frac{1}{x^2-1}$$
$$= \frac{x+1-x+1-1}{x^2-1} = \frac{1}{x^2-1}$$
16. (C)
$b = 2003 \times 2005 = (2004-1)(2004+1) = 2004^2 - 1 = a - 1$. Donc $a = b + 1$.
17. (C)
$E = (2x+5)^2 - (x-3)(2x+5)$.
On met $2x+5$ en facteur : $E = (2x+5)[2x+5-(x-3)]$ donc, en tenant compte de la règle des signes, $E = (2x+5)(2x+5-x+3)$ et, en réduisant, $E = (2x+5)(x+8)$.

7. ÉLÉMENTS DE GÉOMÉTRIE

A. Figures planes

Cercle

Le **cercle** de centre O et de rayon R est l'ensemble des points du plan situés à la distance R du point O.

Triangles

Triangle : figure fermée à 3 côtés dont la somme des mesures de ses trois angles est égale à un angle plat (180° ou π radians).

Triangle isocèle : triangle dont deux côtés sont de même longueur.
Le troisième côté s'appelle la base, il est opposé au sommet principal.

Dans un triangle isocèle les angles formés par la base et les deux autres côtés sont égaux.

Triangle équilatéral : triangle dont les 3 côtés sont de même longueur et les 3 angles égaux à 60° ou $\pi/3$ radian.

Triangle rectangle
Un triangle rectangle a deux côtés perpendiculaires.

Le troisième côté est l'hypoténuse.

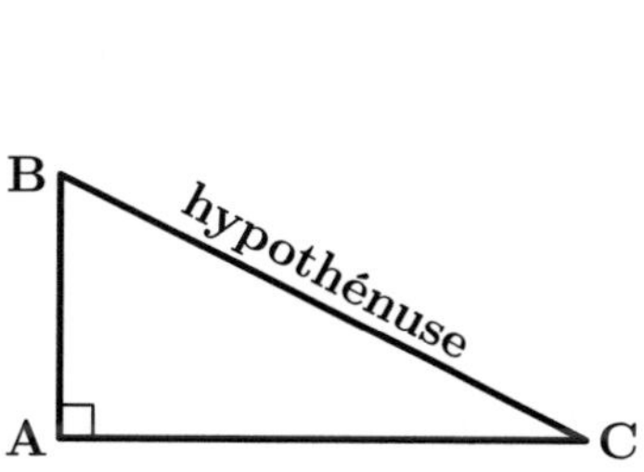

Théorème de Pythagore
Dans un triangle rectangle le carré de la longueur de l'hypoténuse est égal à la somme des carrés des longueurs des deux côtés de l'angle droit.

$$AB^2+AC^2=BC^2.$$

Quadrilatères

Un quadrilatère est une figure fermée de 4 côtés.

Diagonale : segment de droite joignant deux sommets opposés.

Parallélogramme : quadrilatère qui possède des côtés opposés parallèles et égaux deux à deux.
Dans un parallélogramme les diagonales se coupent en leur milieu.

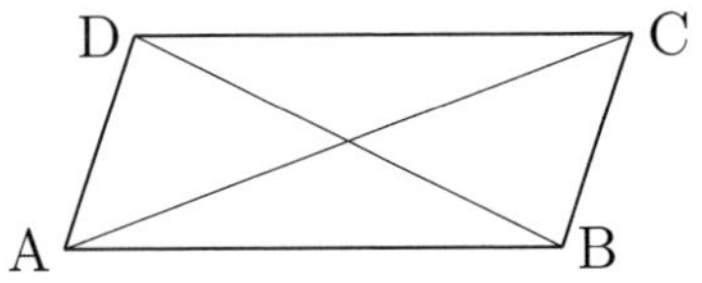

Rectangle : parallèlogramme qui possède quatre angles droits.
Dans un rectangle les diagonales sont de même longueur.

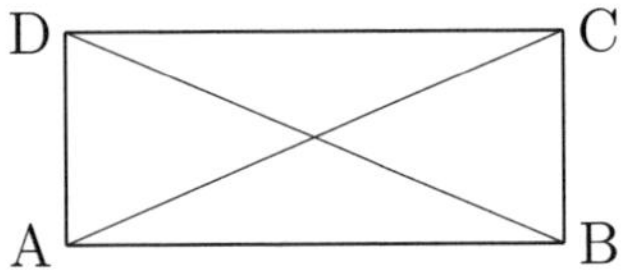

Losange : parallélogramme dont les quatre côtés sont de même longueur.
Dans un losange les diagonales sont perpendiculaires.

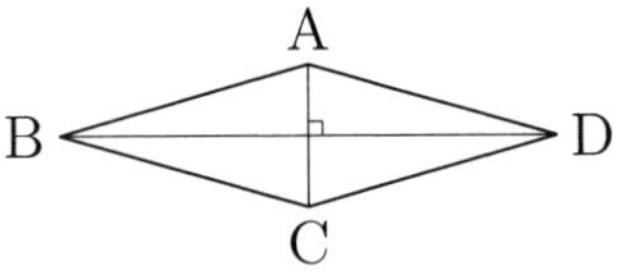

Carré : parallèlogramme qui possède quatre angles droits et dont les côtés sont de même longueur.
Un carré est un losange dont les diagonales sont de même longueur.
Un carré est un rectangle dont les diagonales sont perpendiculaires.

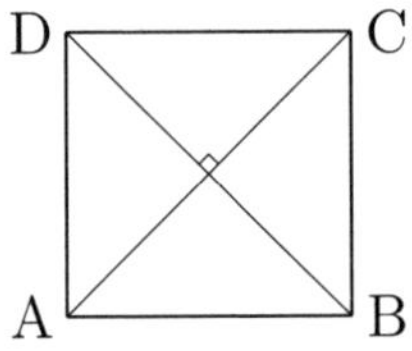

B. Droites remarquables dans un triangle

Médiatrice : droite qui coupe un segment $[AB]$ perpendiculairement en son milieu.
C'est aussi l'ensemble des points équidistants des deux extrémités du segment et l'ensemble des centres des cercles passant par A et B.
Dans un triangle il y a trois médiatrices qui se coupent en un point O centre du cercle circonscrit au triangle (les sommets du triangle sont sur ce cercle).

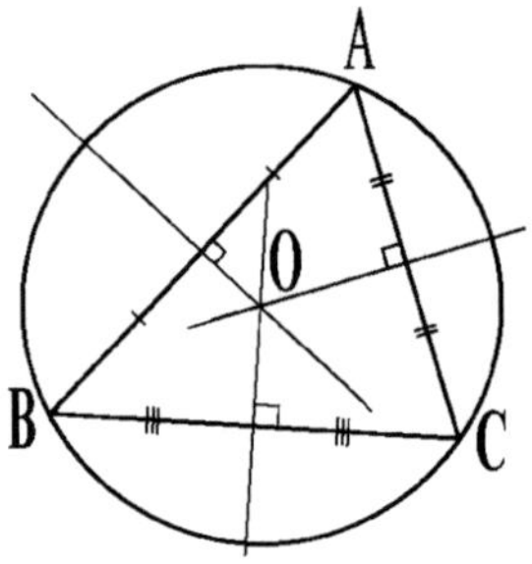

Bissectrice : droite qui partage un secteur angulaire en deux secteurs égaux.
C'est aussi l'ensemble des points équidistants des deux côtés de l'angle et l'ensemble des centres des cercles tangents aux deux côtés de l'angle.
Un triangle a trois bissectrices qui se coupent en un point I centre du cercle inscrit dans le triangle (ce cercle est tangent intérieurement aux trois côtés du triangle).

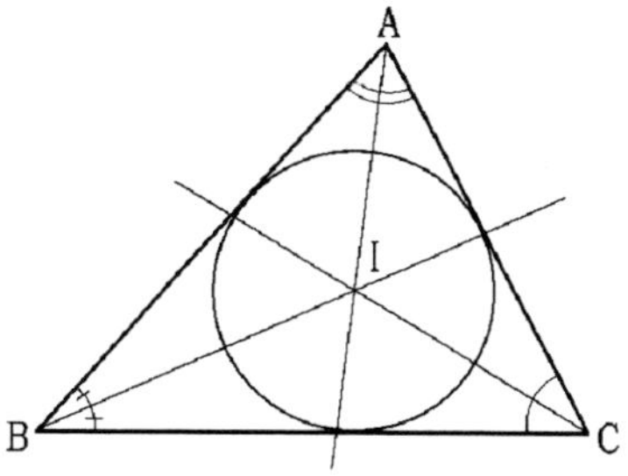

Hauteur : droite issue d'un sommet et perpendiculaire au côté opposé.

Un triangle a trois hauteurs qui se coupent en un point H, orthocentre du triangle.

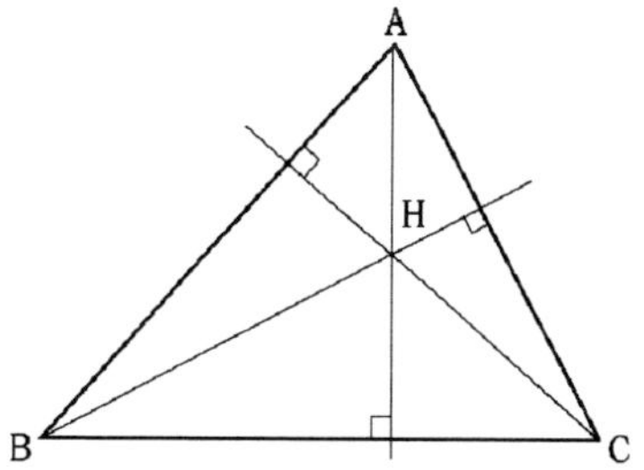

Médiane : droite issue d'un sommet et passant par le milieu du côté opposé.

Un triangle a trois médianes qui se coupent en un point G, centre de gravité (isobarycentre) du triangle.

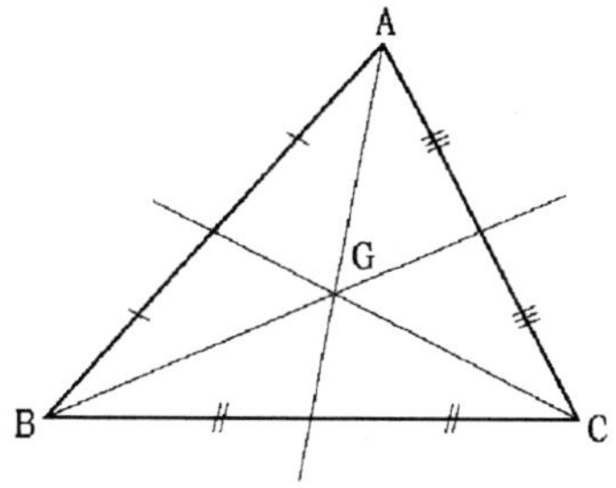

Dans un triangle isocèle, la hauteur relative à la base (la hauteur principale) est aussi médiane, bissectrice et médiatrice.

Dans un triangle équilatéral, les 3 hauteurs sont aussi médianes, bissectrices et médiatrices.

Dans un triangle rectangle, le centre du cercle circonscrit est le milieu de l'hypoténuse.

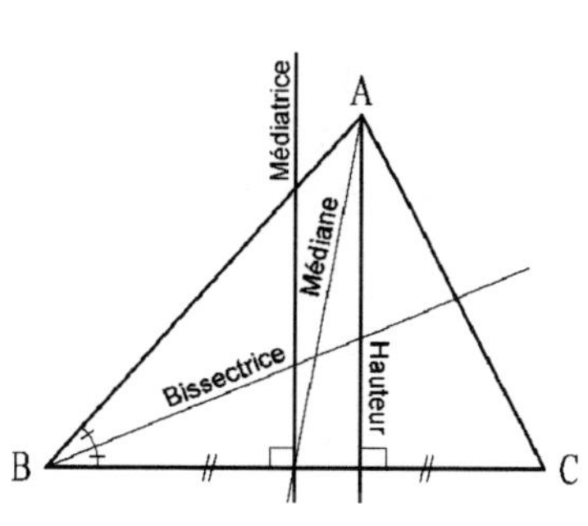

1 Dans un triangle quelconque, elles sont issues d'un sommet et perpendiculaires au côté opposé. Il s'agit :

A) des hauteurs. B) des bissectrices.

C) des médianes. D) des médiatrices.

2 Un triangle équilatéral :

A) a deux côtés égaux. B) des diagonales égales.

C) possède un angle droit. D) a trois angles égaux.

3 Laquelle de ces affirmations est fausse :
Un triangle rectangle

A) peut être isocèle.
B) est inscriptible dans un demi-cercle.
C) peut être équilatéral.
D) possède un angle droit.

4 ▶ Quelle est la mesure de l'angle formé par les deux aiguilles d'une horloge, lorsqu'elles indiquent 3 h 30 ?

A) 45°. B) 60°. C) 75°. D) 90°.

5 Si dans un triangle ABC on peut écrire la relation $AC^2 = AB^2 + BC^2$, le triangle est :

A) rectangle en A. B) rectangle en B.

C) rectangle en C. D) équilatéral.

6 ▶ Dans un triangle isocèle avec un angle de 80 ° adjacent à la base, la mesure de l'angle au sommet est :

A) 20°. B) 30°. C) 45°. D) 50°.

7 ▶ Les angles aigus d'un triangle rectangle sont :

A) alternes. B) supplémentaires.

C) complémentaires. D) correspondants.

8 ► Parmi les quatre affirmations concernant le polygone régulier, laquelle est inexacte ?

A) Un polygone régulier est inscriptible dans un cercle.
B) Un ploygone est régulier lorsque ses côtés ont même longueur et ses angles onr même mesure.
C) Un carré est un polygone régulier.
D) Le losange est un polygone régulier.

9 ABC est un triangle isocèle de base [BC]. L'angle A vaut 18°, quelle est une valeur de l'angle B ?

A) 163°. B) 83°. C) 81°. D) 56°.

10 ► Que signifie le nombre π ?

A) le rayon d'un cercle de circonférence 1.
B) le diamètre d'un cercle de circonférence 1.
C) la circonférence d'un cerce de diamètre 1.
D) la circonférence d'un cercle de rayon 1.

11 ► Le quadrilatère ABCD est un rectangle de longueur AB = 10 cm et de largeur BC = 8 cm. Soit J le point du segment DA tel que DJ = 3 cm et soit K le point du segment [DC] tel que DK = 4 cm et JK = 5 cm. Le triangle BJK est :

A) isocèle. B) équilatéral. C) rectangle. D) quelconque.

12 ► Un cône a pour surface de base 432 cm^2. La longueur du sommet à un point quelconque de la circonférence de base est 13 cm. Quelle est la hauteur de ce cône ? (On admettra que $\pi = 3$).

A) 5 cm. B) 8 cm. C) 12,5 cm. D) 25 cm.

13 ▶ Quelle figure de coupe générera le plan parallèle à l'arête [BF], passant par A et C, dans le parallélépipède ci-contre ?

A) Le rectangle ABCD
B) Le rectangle ACGE
C) Le triangle ACF
D) Le triangle BCG

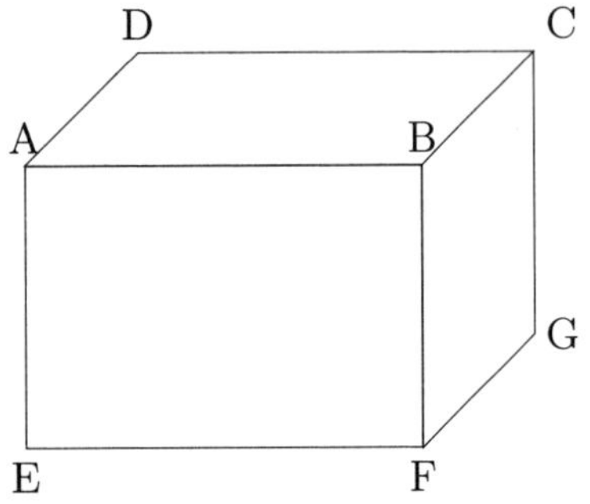

14 ▶ Dans le triangle ci-contre, quelle est la valeur de BC ?

A) $2\sqrt{3}$. B) 4,5. C) 5. D) 6.

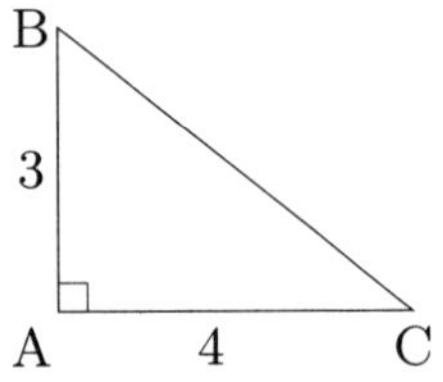

15 ▶ Dans le schéma ci-contre, AB est :

A) le rayon de $\mathcal{C}$
B) la médiatrice de (d)
C) l'hypoténuse du triangle OAB
D) aucune de ces trois propositions

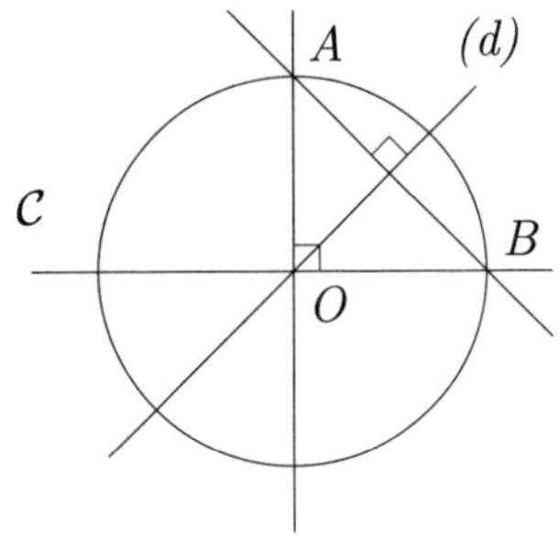

16 ▶ Soient un triangle ABC quelconque, A' le milieu de [BC], B' le milieu de [AC], C' le milieu de [AB] et G le centre de gravité de ce triangle. Parmi ces quatre propositions, combien sont exactes ?

- GA = GB = GC.
- G ∈ BB' et $GB = \frac{2}{3}BB'$.
- G ∈ AA' et 2GA = 3GA'.
- G est le milieu de [C'B']

A) 1. B) 2. C) 3. D) 4.

17 ▶ Une boule de verre de 10 cm de rayon est partiellement enfouie dans la terre. Elle dépasse de 2 cm du niveau du sol qui est parfaitement plat.
Le rayon HM du cercle de section de la boule avec la surface de la terre (en négligeant l'épaisseur du verre) est de :

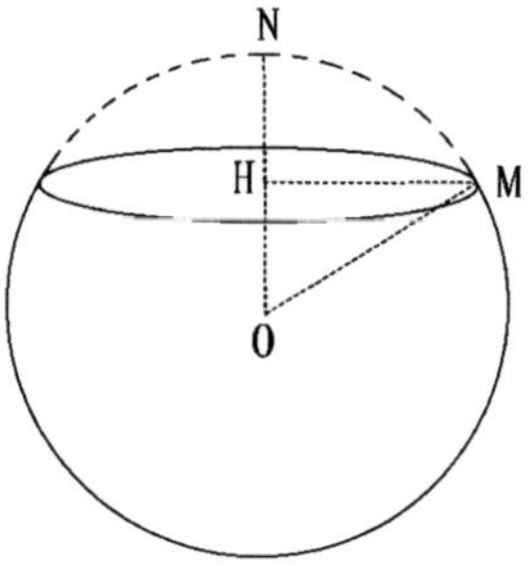

A) 4 cm. B) 5 cm. C) 6 cm. D) 7 cm.

18 ▶ En utilisant le schéma ci-contre, indiquer laquelle des propositions suivantes illustre la propriété :
≪ la mesure d'un angle inscrit dans un cercle est égale à la moitié de la mesure de l'angle au centre qui intercepte le même arc≫ .

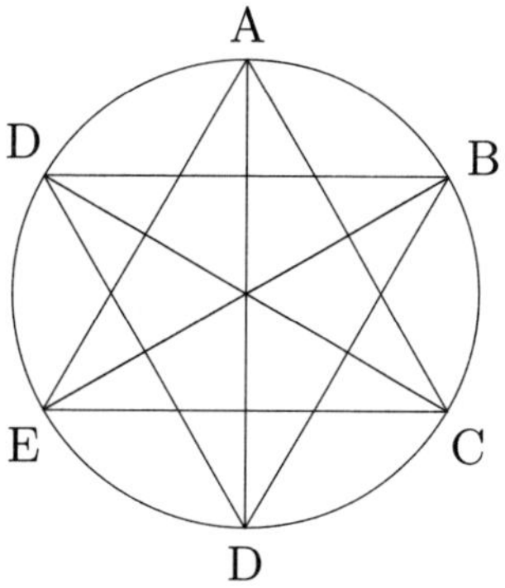

A) $\widehat{EBD} = \frac{1}{2}\widehat{FBD}$

B) $\widehat{FAO} = \frac{1}{2}\widehat{FAC}$

C) $\widehat{FBD} = \frac{1}{2}\widehat{FOD}$

D) $\widehat{EOD} = \frac{1}{2}\widehat{EOC}$

19 ▶ Un triangle ABC est rectangle en A. Quelle est l'affirmation correcte ?

A) $\widehat{B} + \widehat{C} = \widehat{A}$.
B) le côté AB et le côté AC ont même longueur.
C) le côté AC est l'hypothénuse.
D) l'angle $\widehat{A}$ mesure 45°.

Corrigés

1. (A)
Voir la définition des hauteurs.
2. (D)
Un triangle qui a trois côtés égaux est équilatéral, il possède aussi trois angles égaux. Si l'un des angles du triangle est droit, le triangle est rectangle. Il n'y a pas de diagonale dans un triangle.
3. (C)
Un triangle rectangle possède un angle droit et est inscriptible dans un demi-cercle centré au milieu de l'hypothénuse. S'il est isocèle les deux côtés de l'angle droit sont égaux,
Un triangle équilatéral possède trois angles égaux à 60°, il ne peut donc pas être rectangle.
4. (C)
À 3 h 30 la grande aiguille est sur le 6 et la petite aiguille a parcouru la moitié du chemin qui sépare le 3 et le 4.
Il y a 12 heures pour 360° donc pour une heure la petite aiguille couvre un angle de $360°/12 = 30°$.
Angles parcourus en une heure : $\widehat{BOC} = \widehat{COD} = 30°$.
Angle parcouru en une demi-heure : $\widehat{AOB} = 15°$.
L'angle formé par les deux aiguilles est égal à $30° + 30° + 15° = 75°$.

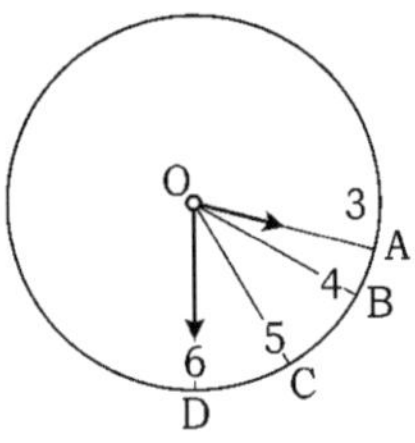

5. (B)
Le triangle est rectangle en B
6. (A)
Dans un triangle isocèle les deux angles à la base sont égaux.
Dans ce triangle, les deux angles mesurent 80 ° et la somme de leurs mesures est égale à 160°.
La somme des mesures des trois angles d'un triangle est égale à 180° donc la mesure de l'angle au sommet est 20°.
7. (C)
Deux angles sont complémentaires si la somme de leurs mesures est égale à 90°.
Deux angles sont supplémentaires si la somme de leurs mesures est égale à 180°
La somme des mesures des angles d'un triangle vaut 180°, il reste 90° pour la somme des mesures des deux angles aigus d'un triangle rectangle.
8. (D)
Un losange n'est pas inscriptible dans un cercle passant par ses quatre sommets (les diagonales ne sont pas de même longueur), ses angles n'ont

pas la même mesure mais ses côtés ont même longueur.
Remarque : Le rectangle est inscriptible dans un cercle, ses diagonales ont même longueur, ses angles sont tous égaux mais ses côtés ne sont pas de meme longueur, ce n'est pas un polygone régulier.

9. (C)
La somme des mesure des angles d'un triangle est égale à 180°. Les angles à la base d'un triangle isocèle sont égaux donc une valeur de l'angle B est $\frac{180-18}{2} = \frac{162}{2} = 81°$.

10. (C)
La circonférence d'un cerclce de rayon R est $\mathcal{C} = 2\pi R = \pi D$ avec $D = 2R$.

11. (C)
Calculons les longueurs des côtés du triangle BJK.
JK = 5 cm.
Le triangle KCB est rectangle en C donc
$KB^2 = KC^2 + BC^2 = (10-4)^2 + 64 = 36 + 64 = 100$.
Le triangle BAJ est rectangle en A donc
$BJ^2 = BA^2 + AJ^2 = 10^2 + (8-3)^2 = 100 + 25 = 125$.
Alors $BJ^2 = JK^2 + KB^2$. Le triangle BKK est rectangle en K.

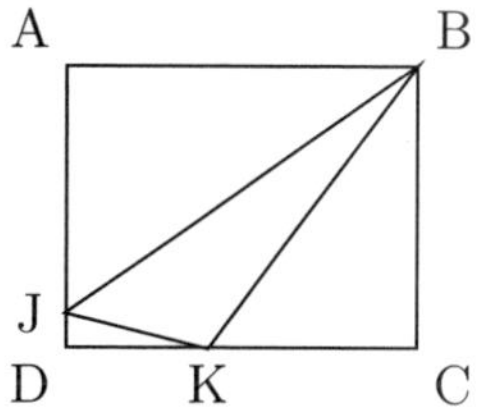

12. (A)
La surface de base du cône est un cercle. Son rayon est tel que $\pi R^2 = 432$ soit
$R^2 = \frac{432}{\pi} = \frac{432}{3} = 144$. Donc $R = 12$ cm.
Le triangle ABC est rectangle en A avec AB = 12 cm, BC = 13 cm et AC = h donc $13^2 = 12^2 + h^2$ soit $h^2 = 169 - 144 = 25$ donc $h = 5$ cm.

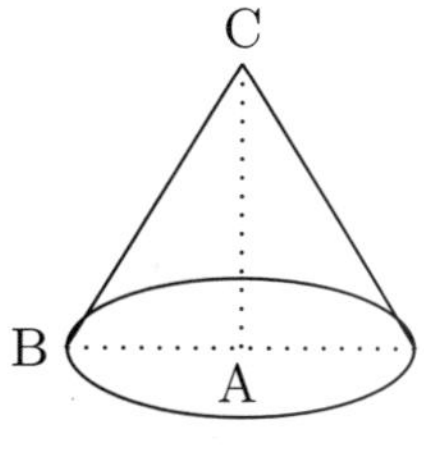

13. (B)

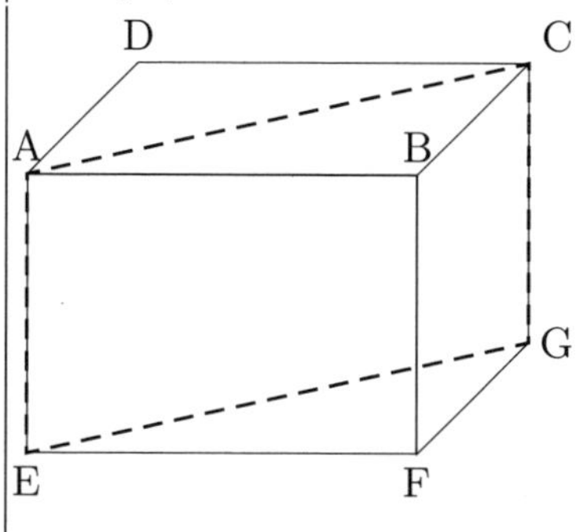

Les arêtes [CG] et [AE] sont parallèles à [BF], [AC] et [EG] sont parallèles.

14. (C)
On applique le théorème de Pythagore : $AB^2 + AC^2 = BC^2$ soit $9 + 16 = 25$ donc BC = 5.

15. (C)
Il n'y a pas de médiatrice d'une droite mais d'un segment, (d) est la médiatrice de [AB] mais AB n'est pas la médiatrice de (d). Le triangle OAB est rectangle en O.
16. (A)
Le centre de gravité du triangle est le point de concours des médianes.
La première proposition est fausse, le centre du cercle passant par les trois sommets est le point de concours des médiatrices.
[BB'] est une médiane et le centre de gravité est situé aux deux tiers de cette médiane en partant du sommet donc la deuxième proposition est vraie.
[AA'] est une médiane mais GA= $\frac{2}{3}$AA', GA'= $\frac{1}{3}$AA' donc GA'=2GA, la troisième proposition est fausse.
C' et B' sont les milieux des côtés donc, en applicant le théorème de Thalès, la droite (C'B') passe par le milieu de [AA'] or G n'est pas le milieu de [AA'] donc la quatrième proposition est fausse.
17. (C)
La boule dépasse du sol de 2 cm donc HN = 2.
ON = 10 donc OH = 8 et OM = 10.
On applique le théorème de Pythagore dans le triangle OHM soit
$OH^2 + HM^2 = OM^2$ donc $HM^2 - OH^2 = 100 - 64 = 36$. Alors HM = 6.
18. (C)
L'angle $\widehat{FBD}$ est inscrit dans le cercle et intercepte l'arc d'extrêmités F et D. L'angle $\widehat{FOD}$ est un angle au centre qui intercepte le même arc.
19. (A)
La somme des mesures des angles d'un triangle est égale à 180°.
$\widehat{A} = 90°$ donc $\widehat{B} + \widehat{C} = \widehat{A} = 90°$.
Remarques :
— B est fausse si le triangle n'est pas isocèle.
— L'hypothénuse est BC donc C est fausse.
— $\widehat{A} = 90°$ donc D est fausse.

8. THÉORÈME DE THALÈS

A. Théorème général

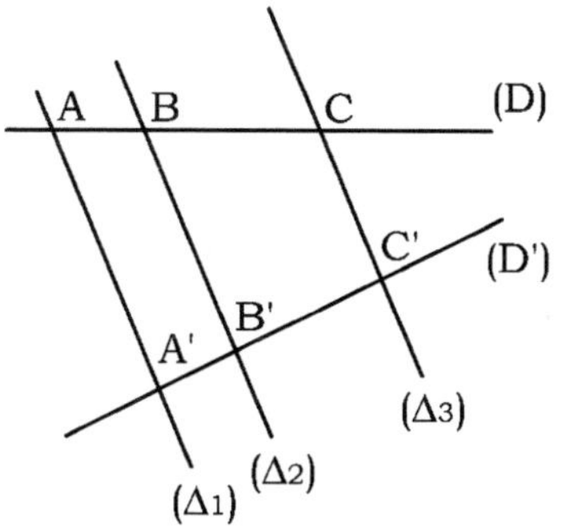

Les deux droites du plan (D_1) et (D_2) sont coupées par trois droites (Δ_1), (Δ_2) et (Δ_3) (figure ci-contre).

Si les trois droites (Δ_1), (Δ_2) et (Δ_3) sont parallèles,

alors on a les égalités suivantes :

$$\frac{AB}{A'B'} = \frac{BC}{B'C'} = \frac{AC}{A'C'}$$

B. Dans un triangle

Théorème

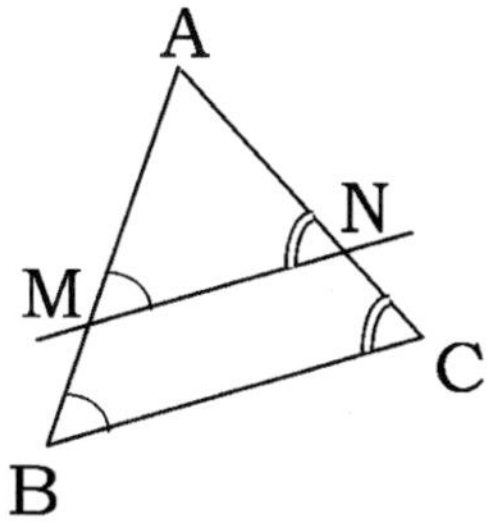

Si dans le triangle ABC, la droite (MN) est parallèle à la droite (BC),

alors on a les égalités suivantes :

$$\frac{AM}{AB} = \frac{AN}{AC} = \frac{MN}{BC}$$

(Pour écrire les rapports, on associe les sommets des angles égaux dans chaque triangle.)

Réciproque

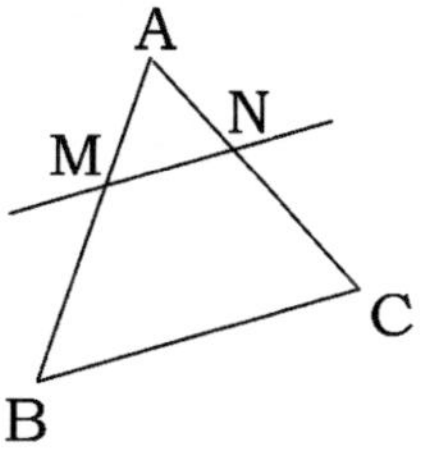

Si dans le triangle ABC, on a une des relations suivantes :

$$\frac{AM}{AB} = \frac{AN}{AC} \quad \text{ou} \quad \frac{AM}{AB} = \frac{MN}{BC}$$

alors les droites (MN) et (BC) sont parallèles.

C. Droite des milieux

Théorème

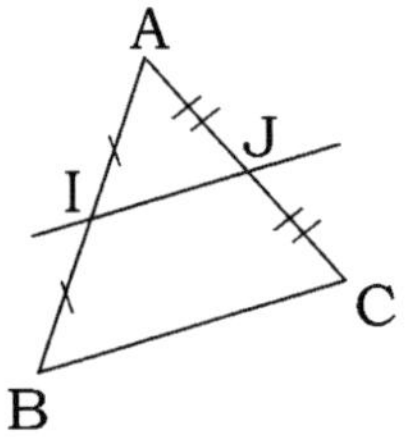

Si dans le triangle ABC, I est le milieu de $[AB]$, J est le milieu de $[AC]$,

alors :

- la droite (IJ) est parallèle à la droite (BC)

- $IJ = \frac{1}{2}BC$.

Réciproque

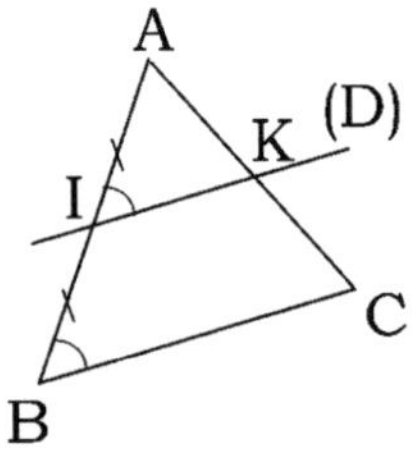

Si I est le milieu du segment $[AB]$, alors la droite (D) parallèle à (BC) passant par I coupe le troisième côté au point K, milieu du segment $[AC]$.

D. Partage d'un segment

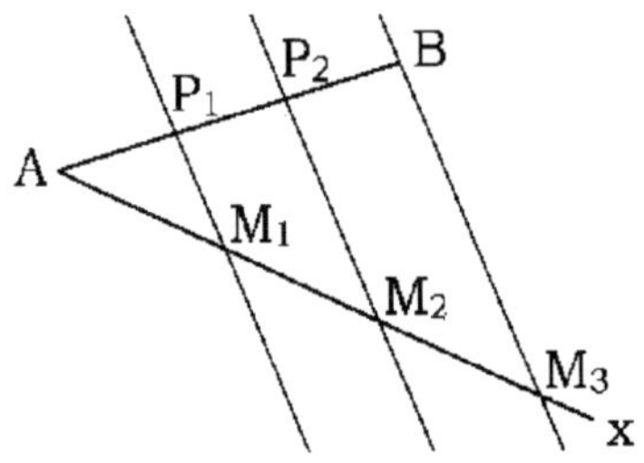

Exemple :

On doit partager le segment $[AB]$ en trois parties égales par une construction géométrique.
On trace une demi droite (Ax), d'origine A et un point M_1 sur cette demi-droite.
On reporte 2 fois la longueur AM_1 pour obtenir M_2 et M_3.
On trace la droite BM_3, puis ses parallèles passant par M_1 et M_2, qui coupent $[AB]$ en P_1 et P_2.

Le théorème de Thalès montre que les longueurs AP_1, P_1P_2 et P_2B sont égales. On a ainsi partagé le segment $[AB]$ en trois parties égales, sans en connaître la longueur.

1 Dans un triangle quelconque ABC, I est le milieu de $[AB]$, J le milieu de $[BC]$ et K le milieu de $[AC]$. Le quadrilatère $IBJK$ est :

A) un carré. B) un rectangle.

C) un parallèlogramme. D) un losange.

2 Dans un triangle quelconque ABC, I est le milieu de $[AB]$, J le milieu de $[BC]$ et K le milieu de $[AC]$. Si le quadrilatère $IBJK$ est un losange, alors :

A) ABC est rectangle en B.
B) ABC est isocèle de sommet principal B.
C) ABC est équilatéral.
D) ABC est isocèle de sommet principal C.

3 Dans un triangle quelconque ABC de périmètre p, I est le milieu de $[AB]$, J le milieu de $[BC]$ et K le milieu de $[AC]$. Le périmètre du triangle IJK est égal à :

A) $\frac{1}{2}p$. B) $\frac{1}{8}p$. C) $\frac{1}{3}p$. D) $\frac{1}{4}p$.

4 Dans le quadrilatère $ABCD$ dont les diagonales sont de longueurs différentes, I est le milieu de $[AB]$, J le milieu de $[BC]$, K le milieu de $[CD]$ et L le milieu de $[DA]$:

A) (IL) n'est pas parallèle à (JK).
B) (IJ) n'est pas parallèle à (LK).
C) $IJKL$ est n'est pas un losange.
D) $IJKL$ est n'est pas un parallèlogramme.

5 Les droites (AA'), (BB') et (CC') sont parallèles. $AB = 1\,cm$, $AC = 3\,cm$ et $B'C' = 4\,cm$.
La distance $A'B'$ est égale à :

A) 1 cm. B) $\frac{1}{2}$ cm.

C) $\frac{4}{3}$ cm. D) 2 cm.

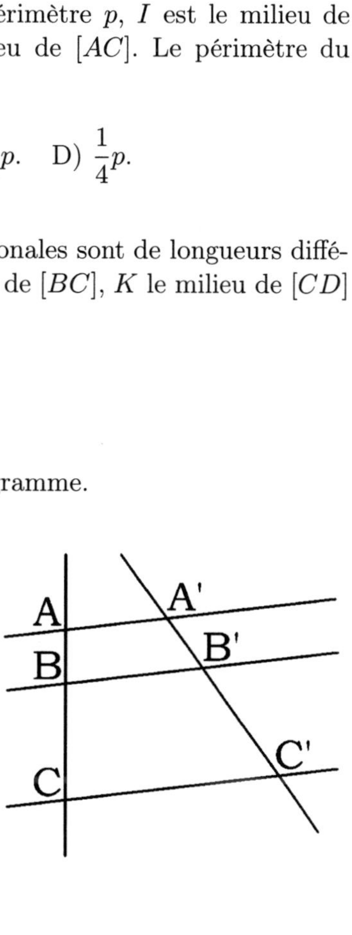

6 Les droites (BC) et (MN) sont parallèles.
$AM = 1\,cm$, $AB = 3\,cm$ et
$MN = 2\,cm$.
La distance BC est égale à :

A) 6 cm. B) $\frac{2}{3}$ cm.

C) $\frac{3}{2}$ cm. D) $\frac{1}{3}$ cm.

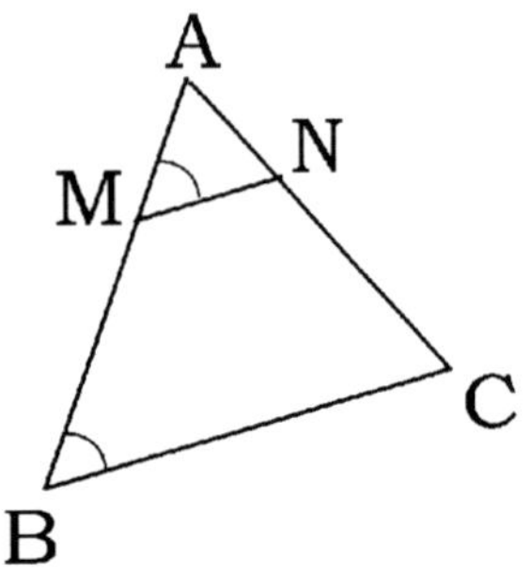

7 ▶ Si deux triangles ABC et AMN ont un angle identique en A, et si les côtés (BC) et (MN) sont parallèles, que nous dit le théorème de Thalès ?

A) $\frac{AC}{AB} = \frac{AM}{AN}$. B) $\frac{AB}{AC} = \frac{AN}{AM}$.

C) $\frac{AM}{AB} = \frac{AC}{AN}$. D) $\frac{AM}{AB} = \frac{AN}{AC}$.

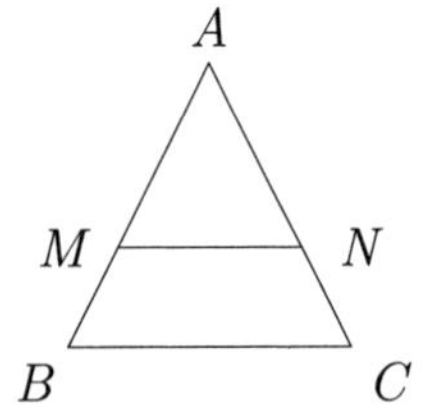

8 Assis sur un banc situé à 160 m d'un immeuble parisien, on voit dépasser le sommet de la tour Eiffel par dessus le toit.
L'immeuble comporte 5 étages de 3,20 m de haut. En supposant que le banc, le pied de l'immeuble et celui de la tour Eiffel sont sur un même plan horizontal et que la tour Eiffel mesure 320 m de haut, quelle est, à vol d'oiseau, la distance séparant le banc de la tour Eiffel ?

A) 1 500 m. B) 1 600 m. C) 3 000 m. D) 3 200 m.

9 ▶ Sachant que (BC) est parallèle à (IJ), AB = 12 cm, AI = 3 cm et BC = 9 cm, quelle est la valeur de AJ en cm ?

A) $\frac{3}{4}\sqrt{17}$. B) $\frac{27}{4}$.

C) $\frac{15}{4}$. D) $\frac{3}{4}\sqrt{10}$.

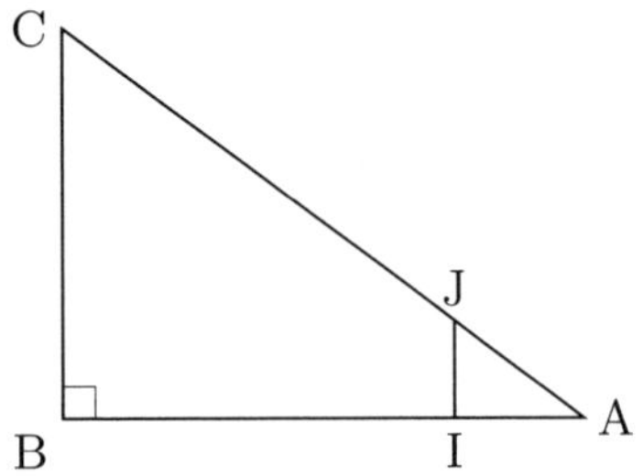

Corrigés

1. (C)

On fait une figure pour éclairer le raisonnement.

La droite (IK) est une droite des milieux du triangle ABC, donc (IK) est parallèle à (BJ).

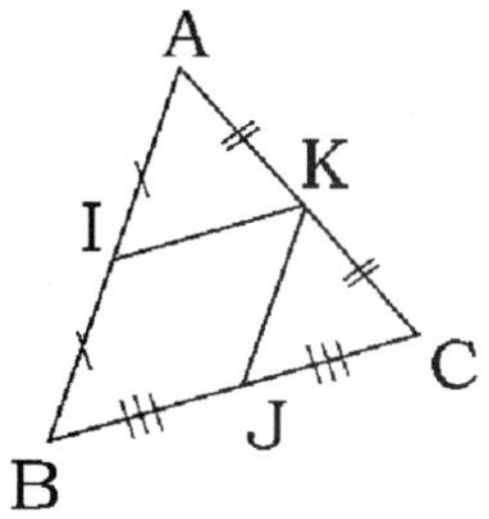

La droite (JK) est une droite des milieux du triangle ABC, donc (JK) est parallèle à (BI).

Le quadrilatère $IBJK$ a ses côtés parallèles deux à deux : c'est un parallélogramme.

2. (B)

On fait une figure.

$IBJK$ est un losange, ses quatre côtés sont égaux :

$BJ = JK = KI = IB$.

La droite (IK) est une droite des milieux du triangle ABC, donc

$IK = \frac{1}{2}BC$.

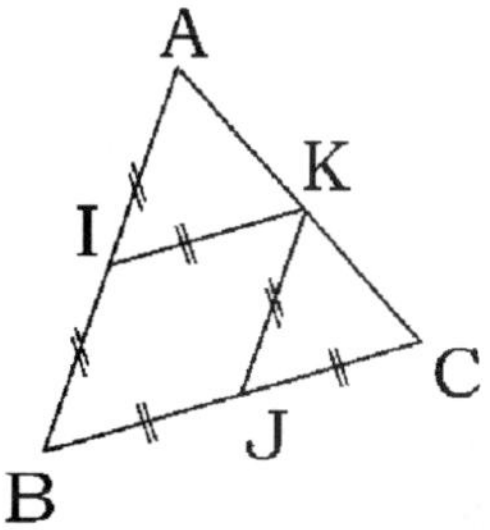

La droite (JK) est une droite des milieux du triangle ABC, donc

$KJ = \frac{1}{2}AB$.

On sait que $IK = KJ$, on en déduit $\frac{1}{2}BC = \frac{1}{2}AB$, donc $BC = AB$.

Le triangle ABC est isocèle, de sommet principal B.

3. (A)

On fait une figure.

La droite (IK) est une droite des milieux du triangle ABC, donc

$IK = \frac{1}{2}BC$.

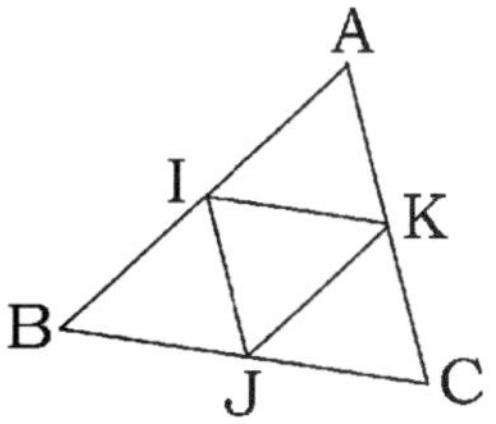

La droite (JK) est une droite des milieux du triangle ABC, donc

$KJ = \frac{1}{2}AB$.

La droite (IJ) est une droite des milieux du triangle ABC,

donc $IJ = \frac{1}{2}AC$.

Le périmètre de IJK est égal à :

$$IK + KJ + JI = \frac{1}{2}BC + \frac{1}{2}BA + \frac{1}{2}AC = \frac{1}{2}(BC + AB + AC) = \frac{1}{2}p.$$

4. (C)

On fait une figure, on trace les diagonales $[AC]$ et $[BD]$.

La droite (IL) est une droite des milieux du triangle ABD, donc (IL) est parallèle à (BD).

La droite (JK) est une droite des milieux du triangle CBD, donc (JK) est parallèle à (BD).

On en déduit que les droites (IL) et (JK) sont parallèles.

De plus, $IL = JK = \frac{1}{2}BD$.

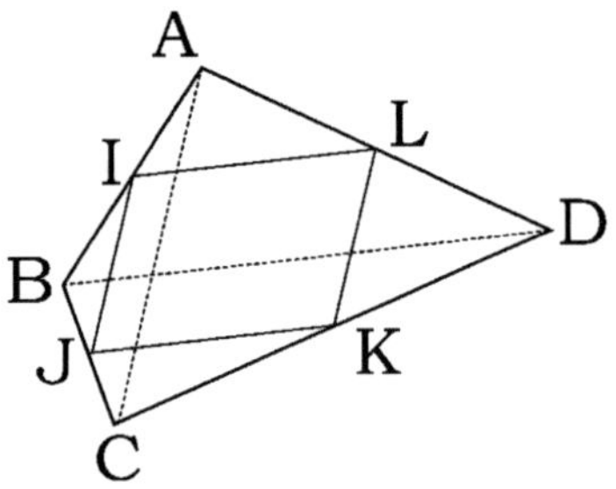

La droite (IJ) est une droite des milieux du triangle BCA, donc (IJ) est parallèle à (AC).

La droite (LK) est une droite des milieux du triangle ACD, donc (LK) est parallèle à (AC).

On en déduit que les droites (IJ) et (LK) sont parallèles.

De plus, $IJ = LK = \frac{1}{2}AC$.

Le quadrilatère $IJKL$ a ses côtés deux à deux parallèles : c'est un parallélogramme.

Les longueurs des diagonales sont différentes : $BD \neq AC$, donc $IJ \neq IL$, le quadrilatère $IJKL$ n'est pas un losange.

Note : $IJKL$ est le parallélogramme de Varignon.

(Pierre Varignon, mathématicien français : 1654 - 1722.)

5. (D)

En appliquant le théorème de Thalès, on obtient :

$\frac{A'B'}{AB} = \frac{B'C'}{BC}$, donc $\frac{A'B'}{1} = \frac{4}{2}$. Conclusion : $A'B' = 2\,cm$.

6. (A)

En appliquant le théorème de Thalès dans le triangle ABC avec les parallèles (MN) et (BC), on obtient :

$\frac{AM}{AB} = \frac{MN}{BC}$, donc $\frac{1}{3} = \frac{2}{BC}$. On en déduit : $\frac{BC}{3} = \frac{2}{1}$, soit $BC = 3 \times 2 = 6$.

Conclusion : $BC = 6\,cm$.

7. (D)

Voir la fiche de cours

8. (D)

On peut visualiser la situation à l'aide d'un dessin :

AB = 160 m, BC = $3,2 \times 5$ = 16 m ;

DE = 320 m.

Les côtés BC et DE sont parallèles, on applique le théorème de Thalès :

$\frac{AD}{AB} = \frac{DE}{BC}$ soit $\frac{AD}{160} = \frac{320}{16} = 20$

donc AD = 160×20 = 3 200 m

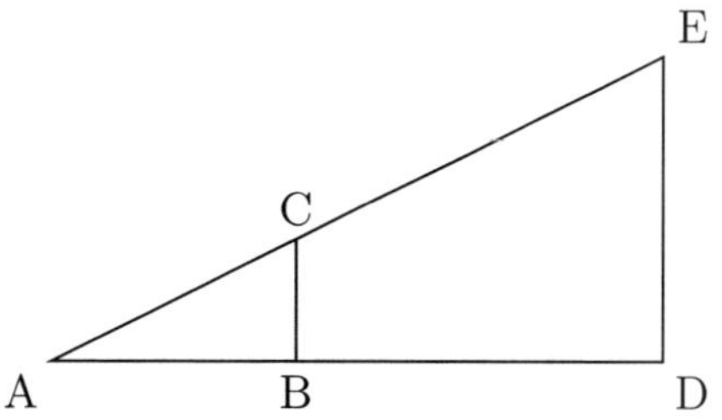

9. (C)

Le triangle ABC étant rectangle en B, on applique le théorème de Pythagore

$AC^2 = AB^2 + BC^2 = 144 + 81 = 225 = 15^2$, donc AC = 15 cm.

(BC) et (IJ) étant parallèles, on peut appliquer le théorème de Thalès :

$\frac{AI}{AB} = \frac{AJ}{AC} = \frac{IJ}{BC}$ donc $AJ = \frac{AI \times AC}{AB} = \frac{3 \times 15}{12} = \frac{15}{4}$.

9. REPÈRE SUR LA DROITE

A. Droite graduée

On définit une graduation sur une droite en choisissant un point d'origine O et un point I pour déterminer l'unité. Le sens positif va de O vers I. Ainsi O est associé à 0 et I est associé à 1.

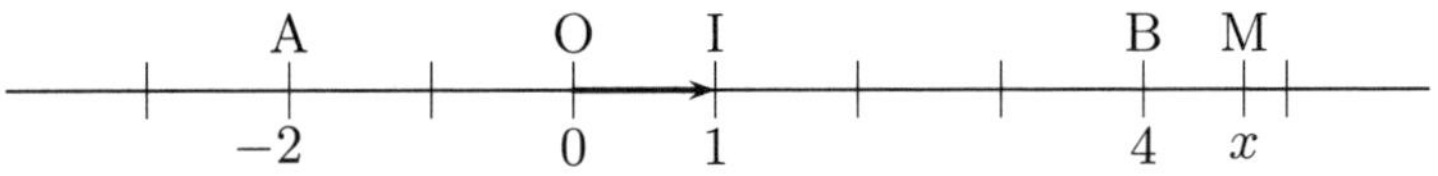

Chaque point de la droite correspond à une valeur sur la graduation : cette valeur est l'abscisse du point.

Exemple :
B a pour abscisse 4, A a pour abscisse -2.

Le point M de la figure est du côté positif, **son abscisse $\boldsymbol{x}$ est égale à la longueur OM** (en prenant comme unité $\mathrm{OI} = 1$).

B. Valeur absolue

La valeur absolue, notée $|\boldsymbol{x}|$, d'un nombre x est toujours positive.
Quand x est positif, $|x|$ est égale à x
(Si $\boldsymbol{x \geqslant 0}$ alors $\boldsymbol{|x| = x}$).
Quand x est négatif, $|x|$ est égale à $-x$, l'opposé de x
(Si $\boldsymbol{x \leqslant 0}$ alors $\boldsymbol{|x| = -x}$).
Exemples :
$|5| = 5$, $|-4| = -(-4) = 4$.
Remarque :
lorsque x est négatif, $-x$ est positif.

Propriété :
$|x| = \sqrt{x^2}$.

C. Distance sur une droite graduée

Sur la droite graduée, si x est l'abscisse d'un point M, alors $|\boldsymbol{x}|$ **est la distance OM**.

Si les points A et B ont pour abscisses x_{A} et x_{B}, la distance entre A et B est égale à : $\mathbf{AB} = |\boldsymbol{x}_{\mathrm{B}} - \boldsymbol{x}_{\mathrm{A}}|$

D. Milieu d'un segment

Les points A et B ayant pour abscisses x_{A} et x_{B}, le segment [AB] a pour milieu le point I d'abscisse : $\boldsymbol{x_{\text{I}} = \dfrac{x_{\text{A}} + x_{\text{B}}}{2}}$.

E. Intervalle

Un intervalle $[a, b]$ est l'ensemble des réels compris entre a et b.

On distingue plusieurs types d'intervalles :

$[a, b]$ contient aussi les nombres a et b, c'est un intervalle fermé,
$]a, b[$ ne contient ni a ni b, c'est un intervalle ouvert,
$[a, b[$ contient a et ne contient pas b.
$[a, +\infty[$ contient tous les nombres supérieurs ou égaux à a,
$]a, +\infty[$ contient tous les nombres supérieurs à a et ne contient pas a,
$]-\infty, a]$ contient tous les nombres inférieurs ou égaux à a,
$]-\infty, a[$ contient tous les nombres inférieurs à a et ne contient pas a.

Sur une droite graduée, deux points A et B sont les extrémités d'un segment [AB]. Si les points A et B ont pour abscisses a et b, les abscisses des points du segment [AB] constituent l'intervalle $[a, b]$.

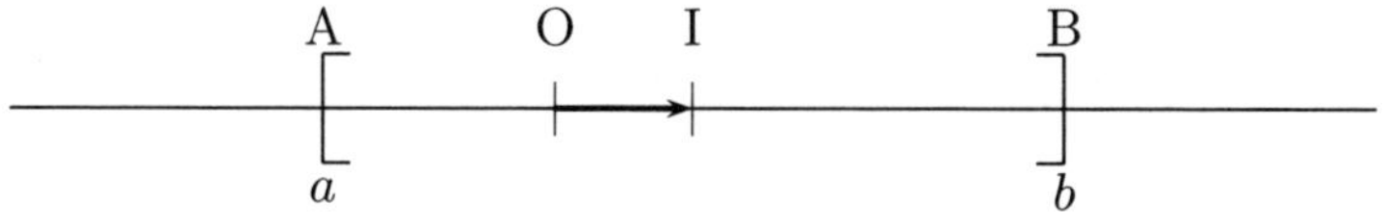

Intersection de deux intervalles

L'intersection des deux intervalles $[a, b]$ et $[c, d]$ est l'intervalle contenant tous les nombres communs à $[a, b]$ et $[c, d]$. Elle est notée $\boldsymbol{[a, b] \cap [c, d]}$.

Exemple : $[-2, 5] \cap [3, 7] = [3, 5]$.

Si les deux intervalles n'ont pas d'élément commun, alors leur intersection est vide. On note $\boldsymbol{[a, b] \cap [c, d]} = \varnothing$.

Exemple : $[-2, 3] \cap [5, 7] = \varnothing$.

Réunion de deux intervalles

La réunion de deux intervalles $[a, b]$ et $[c, d]$ est l'ensemble des nombres contenus dans $[a, b]$ ou dans $[c, d]$. Elle est notée $\boldsymbol{[a, b] \cup [c, d]}$.

Exemples : $[-2, 5] \cup [3, 7] = [-2, 7]$.
$[-2, 5] \cup [3, 7]$ est l'ensemble des nombres réels x tels que $-2 \leqslant x \leqslant 3$ ou $5 \leqslant x \leqslant 7$.

F. Inégalité

Lorsque le nombre a est plus petit que le nombre b (a est inférieur à b), on écrit : $a < b$.
Si les points A et B ont pour abscisses a et b, l'inégalité $a < b$ est vérifiée lorsque le point A est avant le point B, par rapport à l'orientation de la droite.

Exemple : 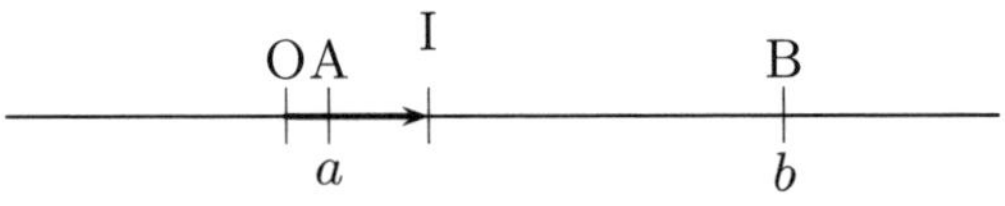

$a < b$

Les nombres x qui vérifient l'inégalité $x < a$ sont les nombres de l'intervalle $]-\infty, a[$.
Les nombres x qui vérifient l'inégalité $x \leqslant a$ sont les nombres de l'intervalle $]-\infty, a]$.
Les nombres x qui vérifient la double inégalité $a < x < b$ sont les nombres de l'intervalle (ouvert) $]a, b[$.
Les nombres x qui vérifient la double inégalité $a \leqslant x \leqslant b$ sont les nombres de l'intervalle (fermé) $[a, b]$.

Transformations des inégalités

On peut ajouter un même nombre aux deux membres d'une inégalité :

$$\boldsymbol{a < b} \quad \textbf{équivaut à :} \quad \boldsymbol{a + c < b + c}.$$

On peut retrancher un même nombre aux deux membres d'une inégalité :

$$\boldsymbol{a < b} \quad \textbf{équivaut à :} \quad \boldsymbol{a - c < b - c}.$$

On peut multiplier les deux membres d'une inégalité par un même nombre strictement positif :

$$\textbf{si } \boldsymbol{c > 0}\textbf{, alors } \boldsymbol{a < b} \quad \textbf{équivaut à :} \quad \boldsymbol{ac < bc}.$$

Quand on multiplie les deux membres d'une inégalité par un même nombre strictement négatif, l'inégalité change de sens :

$$\textbf{si } \boldsymbol{c < 0}\textbf{, alors } \boldsymbol{a < b} \quad \textbf{équivaut à :} \quad \boldsymbol{ac > bc}.$$

Les nombres x dont la valeur absolue $|x|$ est inférieure à un nombre positif a sont les nombres compris entre $-a$ et a, c'est-à-dire les nombres de l'intervalle $]-a, a[$.

$\boldsymbol{(a > 0)}$ $\quad \boldsymbol{|x| < a}$ **équivaut à :** $\boldsymbol{-a < x < a}$

1 L'inégalité $|2x+1|<3$ est équivalente à :

A) $-1<x<2$. B) $-2<x<4$. C) $-2<x<1$. D) $x>0$.

2 Sur une droite graduée d'origine O, le point A a pour abscisse $2,5$.
Si AM $=4$, une des affirmations suivantes est fausse :

A) Il y a deux points M possibles.
B) Le point M_1 d'abscisse $-1,5$ convient.
C) Le point M_2 d'abscisse $6,5$ convient.
D) Le point M_3 d'abscisse $-6,5$ convient.

3 L'égalité $|x+1|=x+1$ est équivalente à :

A) $x\geqslant -1$. B) $x=-1$. C) $x\leqslant 1$. D) $x<1$.

4 Sur une droite graduée d'origine O, le point A a pour abscisse 4 et le point B a pour abscisse -3. Le milieu du segment [AB] a pour abscisse :

A) 0. B) -0,5. C) 0,5. D) 3,5.

5 Quand $x\geqslant 2$, $\sqrt{(x-2)^2}$ vaut :

A) $2-x$. B) $x-2$. C) $x+2$. D) 0.

6 L'équation $\sqrt{x^2}=9$

A) n'a aucune solution.
B) a une seule solution $x=3$.
C) a deux solutions $x_1=81$ et $x_2=-81$.
D) a deux solutions $x_1=3$ et $x_2=-3$.

7 ▶ Parmi les propositions suivantes, laquelle n'est pas toujours vraie, pour tous réels x, y et z ?

A) $|x-y|\leqslant|x|+|y|$.
B) $|2x+y|\leqslant 2|x|+|y|$.
C) $|x+y+z|\leqslant|x|+|y|+|z|$.
D) $|x+y-z|\leqslant|x|+|y|-|z|$.

8 Quand $|x| < 4$:

A) $-2 < x+2 < 6$ C) $-6 < x+2 < 6$
B) $-6 < x+2 < 2$ D) $-2 < x+2 < 2$

9 Sur une droite graduée d'origine O, le point I a pour abscisse 1 et le point M a pour abscisse 5. I est le milieu du segment MN. Le point N a pour abscisse :

A) 0. B) -3. C) -2. D) -1.

10 À quoi équivaut $]-\infty, -3] \cap [-2, +2[$?

▶ A) $[-3, -2]$. B) $[-2, +2]$. C) $\varnothing$. D) $(-3, +2)$.

11 Quel est l'intervalle I tel que $I = [-6; 1[\cap[0; 6[$?

▶ A) $I = [-6; 0]$. B) $I = [-6; 1[$. C) $I = [0; 1[$. D) $I =]1; 6[$.

12 Sur une droite graduée, le point M d'abscisse -2 est le milieu d'un segment [PQ] où P est le point d'abscisse 2.
Quelle est l'abscisse de Q ?

A) -6. B) 6. C) -2. D) 2.

13 L'ensemble des solutions de l'inéquation $|2x - 1| > 3$ est

A) $]-\infty\,; -1[$. B) $]-\infty\,; -1[\,\cup\,]2\,; +\infty[$.

C) $]2\,; +\infty[$. D) $[2\,; +\infty[$.

14 $x^2 \geqslant 1$ est équivalent à :

A) $x \geqslant 1$. B) $x \geqslant -1$. C) $-1 \leqslant x \leqslant 1$. D) $x \geqslant 1 \text{ou} x \leqslant -1$.

15 Sur une droite graduée, A a pour abscisse 2. La distance AB vaut 5.
Le point B peut avoir pour abscisse :

A) 5. B) 3 ou -7. C) -3 ou 7. D) -7.

Corrigés

1. (C)
On sait que $|a| < 3$ s'écrit $-3 < a < 3$, donc, (en remplaçant a par $2x+1$), $|2x+1| < 3$ s'écrit : $-3 < 2x+1 < 3$.
En enlevant 1 à chacun des membres de cette double inégalité, on obtient : $-3-1 < 2x < 3-1$, donc $-4 < 2x < 2$.
En divisant par 2 chacun des membres de cette double inégalité, on obtient : $-2 < x < 1$.

2. (A)
Notons x l'abscisse du point M. La distance AM est égale à $|x-2,5|$, donc $|x-2,5| = 4$. Il y a deux nombres dont la valeur absolue est 4 : 4 et -4.
Premier cas : $x - 2,5 = 4$. En ajoutant $2,5$ à chaque membre de l'égalité, on obtient : $x = 6,5$.
Deuxième cas : $x-2,5 = -4$. En ajoutant $2,5$ à chaque membre de l'égalité, on obtient : $x = -1,5$.
Il y a donc deux points M possibles : $\mathrm{M}_1\,(6,5)$ et $\mathrm{M}_2\,(-1,5)$.

3. (A)
On sait que $|a| = a$ uniquement si $a \geqslant 0$. En remplaçant a par $x+1$, on obtient : $x+1 \geqslant 0$, soit $x \geqslant -1$.

4. (C)
Les points A et B ont pour abscisses $x_{\mathrm{A}} = 4$ et $x_{\mathrm{B}} = -3$, le segment [AB] a pour milieu le point d'abscisse : $x = \dfrac{x_{\mathrm{A}}+x_{\mathrm{B}}}{2} = \dfrac{4+(-3)}{2} = \dfrac{1}{2} = 0,5$.

5. (B)
On sait que $\sqrt{a^2} = |a|$, donc $\sqrt{(x-2)^2} = |x-2|$. Lorsque $x \geqslant 2$, on a $x-2 \geqslant 0$ et par conséquent $|x-2| = x-2$.

6. (D)
On sait que $\sqrt{x^2} = |x|$, l'équation s'écrit donc $|x| = 3$. Il y a deux nombres dont la valeur absolue est 3 : 3 et -3.

7. (D)
$|x+y-z| \leqslant |x|+|y|+|z|$.

8. (A)
$|x| < 4$ équivaut à $-4 < x < 4$. En ajoutant 2 à chaque membre de la double inégalité, on obtient $-4+2 < x+2 < 4+2$, soit $-2 < x+2 < 6$.

9. (B)
Les points I et M ont pour abscisses $x_{\mathrm{I}} = 1$ et $x_{\mathrm{M}} = 5$, l'inconnue est l'abscisse x_{N} du point N. Le segment [MN] a pour milieu le point I : $x_I = \dfrac{x_{\mathrm{M}}+x_{\mathrm{N}}}{2}$, donc $1 = \dfrac{5+x_{\mathrm{N}}}{2}$, soit $2 = 5+x_{\mathrm{N}}$, ce qui donne $x_{\mathrm{N}} = -3$.

10. (C)
$]-\infty, -3] \cap [-2, +2[$ est l'ensemble des éléments communs aux intervalles $]-\infty, -3]$ et $[-2, +2[$. On peut représenter ces deux intervalles sur une droite et déterminer leur intersection :

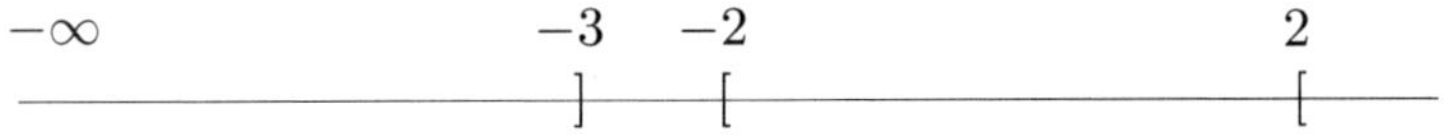

Il n'y a pas d'élément commun, l'intersection est l'ensemble vide ($\varnothing$).

11. (C)
Il s'agit de trouver tous les nombres communs aux intervalles $[-6\ ;\ 1[$ et $[0\ ;\ 6[$. Ce sont tous les nombres compris entre 0 et 1.
0 est compris dans les deux intervalles donc l'intervalle cherché est fermé de ce côté.
1 n'est pas compris dans $[-6\ ;\ 1[$ donc l'intervalle cherché est ouvert à droite.
Donc $[-6; 1[\cap[0; 6[= [0\ ;\ 1\,[$.

12. (A)
$x_{\text{M}} = \dfrac{x_{\text{P}} + x_{\text{Q}}}{2}$ donc $-2 = \dfrac{2 + x_{\text{Q}}}{2}$ donc $2 + x_{\text{Q}} = -4$ soit $x_{\text{Q}} = -6$.

13. (B)
$|2x - 1| > 3$ est équivalent à $2x - 1 > 3$ ou $2x - 1 < -3$ soit $2x > 4$ ou $2x < -2$ donc $x > 2$ ou $x < -1$.
L'ensemble des solutions est donc $]-\infty\,; -1[\cup]2\,; +\infty[$.

14. (D)
$x^2 \geqslant 1 \iff x \geqslant 1 \,\text{ou}\, x \leqslant -1$.

15. (C)
$|x_{\text{A}} - x_{\text{B}}| = 5$ soit $|2 - x_{\text{B}}| = 5$ donc $2 - x_{\text{B}} = 5$ ou $2 - x_{\text{B}} = -5$ donc $x_{\text{B}} = -3$ ou $x_{\text{B}} = 7$

10. ÉQUATIONS, INÉQUATIONS

A. Équations à une inconnue

Une équation est une égalité entre deux expressions algébriques, contenant une lettre représentant **l'inconnue**.
Quand on remplace l'inconnue par certaines valeurs numériques, l'égalité est vérifiée : ces valeurs sont **les solutions de l'équation**.
Exemple : notons (E) l'équation $2x + x^2(x+1) - 1 = x(x^2+2)$.
-1 vérifie l'équation (E) : $2 \times (-1) + (-1)^2 \times (-1+1) - 1 = -3$
et $(-1) \times \left((-1)^2 + 2\right) = -3$
(-1) est donc solution de l'équation (E).

Résoudre une équation, c'est déterminer toutes ses solutions.

Équations du premier degré à une inconnue

Une équation d'inconnue x qui peut s'écrire, après transformations, sous la forme générale $ax = b$ est du premier degré.

Exemple : l'équation $2x = 5$ a pour solution $\frac{5}{2}$.
On obtient cette solution en divisant chaque terme par 2.

B. Inéquations à une inconnue

Une inéquation est une inégalité contenant une lettre représentant **l'inconnue**.
Les intervalles de solutions de l'inéquation contiennent les valeurs numériques qui vérifient cette inégalité.
Exemple : les solutions de l'inéquation $x^2 < 1$ sont les nombres compris entre -1 et 1 : $-1 < x < 1$.
L'ensemble des solutions est l'intervalle $]-1;1[$.

Résoudre une inéquation, c'est déterminer les intervalles de solutions.

Inéquations du premier degré à une inconnue

Une inéquation d'inconnue x qui peut s'écrire, après transformations :
- soit sous la forme générale d'une inégalité stricte $ax < b$ ou $ax > b$,
- soit sous la forme générale d'une inégalité large $ax \leqslant b$ ou $ax \geqslant b$,
est une inéquation du premier degré.

Exemple : l'inéquation $3x \leqslant 4$ qui s'écrit $x \leqslant \frac{4}{3}$ en divisant chaque terme par 3, a pour intervalle de solutions $\left]-\infty; \frac{4}{3}\right]$.

Signe d'une expression du premier degré

Exemple : l'expression $2x+1$ est strictement positive lorsque l'inéquation $2x+1>0$ est vérifiée, ce qui donne $x>-0,5$. Ainsi $2x+1$ est positive lorsque $x>-0,5$ et $2x+1$ est négative lorsque $x<-0,5$.

On utilise l'étude du signe d'une expression dans des inéquations factorisées.

Exemple : $(x+3)(x-1)>0$. On affiche le signe de chaque facteur dans un tableau, puis on utilise la règle des signes d'un produit pour obtenir le signe de $(x+3)(x-1)$ et résoudre l'inéquation :

x		-3		1	
$x+3$	$-$	0	$+$	|	$+$
$x-1$	$-$	|	$-$	0	$+$
$(x+3)(x-1)$	$+$	0	$-$	0	$+$

L'inéquation étant $(x+3)(x-1)>0$, les solutions sont dans l'intervalle où le produit est strictement positif : $]-\infty;-3[\cup]1;+\infty[$.

Systèmes de plusieurs inéquations

Exemple : $\begin{cases} 2x+3 > 0 \\ x-4 \leqslant 0 \end{cases}$

La première inéquation s'écrit $x>-1,5$ et la deuxième s'écrit $x\leqslant 4$. Les solutions du système vérifient les deux conditions, ce qui donne la double inégalité $-1,5<x\leqslant 4$. L'intervalle des solutions est : $]-1,5\,;\,4]$.

C. Systèmes de deux équations à deux inconnues

Un système d'équations à deux inconnues x et y est du premier degré lorsqu'il peut s'écrire sous la forme générale : $\begin{cases} ax+by = c \\ a'x+b'y = c' \end{cases}$

Exemple : $\begin{cases} 2x-5y = 36 \\ 7x+2y = 9 \end{cases}$

Quand on remplace les deux inconnues par deux valeurs numériques associées, les deux égalités sont vérifiées : ces deux valeurs numériques forment **un couple solution du système**.

D. Méthodes de résolution des systèmes

Méthode par substitution

On choisit une des inconnues que l'on exprime en fonction de l'autre à partir d'une des équations. Dans l'autre équation, on remplace l'inconnue choisie par l'expression obtenue. Cette équation devient alors une équation à une seule inconnue que l'on résoud.

Exemple : $\begin{cases} 5x+3y &= 11 \\ x-4y &= 16 \end{cases}$

On calcule x en fonction de y dans la deuxième équation $x - 4y = 16$, ce qui donne $x = 4y + 16$.
On remplace x par $4y + 16$ dans la première équation $5x + 3y = 11$, ce qui donne $5(4y + 16) + 3y = 11$, qui s'écrit $80 + 20y + 3y = 11$, après simplification, on obtient : $23y = -69$.
La valeur de y est donc $y = -\dfrac{69}{23} = -3$.
Pour obtenir la valeur de x du couple solution, on reporte la valeur de y dans l'expression de x en fonction de y :
$x = 4y + 16 = 4 \times (-3) + 16 = -12 + 16 = 4$.
Le couple $(4, -3)$ est solution du système $\begin{cases} 5x+3y &= 11 \\ x-4y &= 16 \end{cases}$

Méthode par combinaisons

On multiplie les deux membres de chacune des équations par un nombre (bien choisi) pour éliminer une des inconnues en ajoutant les deux équations obtenues.

Exemple : $\begin{cases} 5x+3y &= 11 \\ x-4y &= 16 \end{cases}$

Pour éliminer y, on multiplie les termes de la première équation par 4 et ceux de la deuxième par 3, on obtient alors :

$\begin{cases} 20x+12y &= 44 \\ 3x-12y &= 48 \end{cases}$ par addition : $\begin{array}{rcl} 20x+12y &=& 44 \\ 3x-12y &=& 48 \\ \hline 23x+0 &=& 92 \end{array}$

On obtient $23x = 92$, donc $x = \dfrac{92}{23} = 4$.
Pour calculer y :
- soit on élimine x par la même méthode,
- soit on remplace x par sa valeur dans une des équations.

En prenant la première équation, on obtient $5 \times (4) + 3y = 11$, donc $3y = -9$, qui donne $y = -3$.

E. Systèmes particuliers

Calcul de deux nombres connaissant leur somme et leur quotient

Exemple : $\begin{cases} x+y &= 3 \\ \dfrac{x}{y} &= \dfrac{2}{3} \end{cases}$

La deuxième équation s'écrit aussi $\dfrac{x}{2} = \dfrac{y}{3} = \dfrac{x+y}{3+2} = \dfrac{3}{5}$.

On en déduit : $\dfrac{x}{2} = \dfrac{3}{5}$, soit $x = \dfrac{6}{5}$ et $\dfrac{y}{3} = \dfrac{3}{5}$, soit $y = \dfrac{9}{5}$.

$\left(\dfrac{6}{5}, \dfrac{9}{5}\right)$ est le couple solution.

F. Problèmes du premier degré

Certains exercices demandent de calculer des valeurs inconnues en utilisant les renseignements que contient l'énoncé.

Exemple : peut-on dépenser complétement une somme de 3 000 € en achetant 8 livres, les uns coûtant 500 €, les autres 300 € ?
La démarche à suivre comporte quatre étapes :

1. Choix des inconnues

On doit distinguer ce que donne l'énoncé et ce qu'il demande. On est alors amené à donner un nom (x, y, ...) aux valeurs inconnues.

Dans l'exemple, on désigne par x le nombre de livres qui coûtent 500 €.
Le nombre de livres à 300 € est donc égal à $8 - x$.

2. Mise en équation

On traduit les données de l'énoncé par des équations et des inéquations.

Dans l'exemple, on sait que le nombre x est un entier compris entre 0 et $8 : 0 \leqslant x \leqslant 8$.
Le coût des livres à 500 € est $500 \times x$, le coût des livres à 300 € est $300 \times (8 - x)$.

Les équations du problèmes sont donc : $\begin{cases} 0 \leqslant x \leqslant 8 \\ 500x + 300(8 - x) = 3\,000 \end{cases}$

3. Résolution

On résoud les équations du problème.

Dans l'exemple, on a l'équation $500x + 300(8 - x) = 3\,000$, qui s'écrit : $500x + 300 \times 8 - 300x = 3\,000$.
En simplifiant, on obtient $200x = 600$, ce qui donne $x = \dfrac{600}{200} = 3$.
Cette valeur entière de x vérifie la condition des inégalités $0 \leqslant x \leqslant 8$, c'est donc une bonne solution.

4. Réponses aux questions du problème : conclusion

On utilise la solution pour formuler une réponse au problème.

Dans l'exemple, on peut dépenser une somme de 3 000 € en achetant 3 livres à 500 € et 5 livres à 300 € $(3 \times 500 + 5 \times 300 = 3\,000)$.

1 ▶ Les solutions de l'inéquation $2x - 5 \geqslant 3x + 1$ sont les nombres x tels que :

A) $x \geqslant -6$. B) $x \leqslant -6$. C) $x \geqslant 0$. D) $x \leqslant 0$.

2 ▶ Parmi les propositions suivantes, quelle équation a deux solutions dans l'ensemble des réels ?

A) $\dfrac{4x+1}{3} = x - 1$. B) $\dfrac{1-3x}{5} = \dfrac{3x-13}{7}$.

C) $\dfrac{3-8x}{7} - \dfrac{x-4}{2} = 1 - 2x$. D) $|x+3| = 5$.

3 ▶ Soit le système de deux équations à deux inconnues $\begin{cases} 2x - 5y = 12 \\ 3x + 4y = -5 \end{cases}$
Quel est le couple solution de ce système ?

A) $(-2\,;\,1)$. B) $(0\,;\,0)$. C) $(1\,;\,-2)$. D) $(1\,;\,1)$.

4 ▶ Une fermière a vendu une première fois 3 canards et 4 poulets pour 41 €, puis une deuxième fois 2 canards et trois poulets pour 29 €. Quel est le prix de chacune des volailles ?

A) 6 € le canard ; 5,25 € le poulet.
B) 7,5 € le canard ; 4,5 € le poulet.
C) 6,5 € le canard ; 5 € le poulet.
D) 7 € le canard ; 5 € le poulet.

5 ▶ Quelle est la solution du système d'équations suivant : $\begin{cases} 7x - y = 16 \\ 2y = 3x + 1 \end{cases}$

A) $(\sqrt{3}\,,\,5)$. B) $(-3\,,\,-\sqrt{7})$. C) $(3\,,\,5)$. D) $(-1\,,\,2)$.

6 Pierre et Jean pèsent ensemble 113 kg. Pierre pèse 17 kg de plus que Jean. Quel est le poids de chacun ?

A) Pierre 48 kg et Jean 65 kg. B) Pierre 73,5 kg et Jean 39,5 kg.

C) Pierre 67 kg et Jean 50 kg. D) Pierre 65 kg et Jean 48 kg.

7 ▶ Pierre habite à Paris, près du périphérique, et son lieu de travail se trouve à une sortie d'autoroute, en banlieue. Pour aller travailler, il part chaque matin à 7 h 10 par le boulevard périphérique (vitesse moyenne 30 km/h), puis, après l'échangeur, il prend l'autoroute (vitesse moyenne 90 km/h).
Il arrive à son bureau à 7 h 50 après avoir parcouru 30 km.
La matin, quand il passe sur l'échangeur, il est :

A) 7 h 25. B) 7 h 30. C) 7 h 35. D) 7 h 40.

8 ▶ Parmi les propositions suivantes, dans l'ensemble des nombres réels, quelle affirmation est erronée ?

A) L'équation $-2x + 22 = 0$ a une solution unique $x = 11$.
B) L'équation $3\,(2x + 5) = 2\,(5x - 2) - (4x - 1)$ n'a aucune solution.
C) Tout nombre réel est solution de l'équation $10\,(x + 1) - 3\,(x + 8) = 2\,(6x + 1) - 5\,(x + 4)$.
D) Pour l'équation $\dfrac{5}{2}\,(3 - x) + x = 1,5\,(5 - x)$ la seule solution est $x = 3$.

9 ▶ Dans une salle de cinéma 2/3 des sièges sont inoccupés en début de séance. En cours de séance, des personnes arrivent. En fin de séance, il reste 20 sièges libres et la salle est deux fois plus remplie qu'au début. Combien cette salle de cinéma comporte t-elle de places assises ?

A) 30. B) 60. C) 90. D) 120.

10 Lors d'une compétion par équipes, une victoire rapporte 3 points, un match nul rapporte deux points et une défaite compte pour 1 point. Au bout de 14 rencontres, une équipe totalise 29 points. Sachant qu'elle n'a réalisé qu'un seul match nul, combien a-t-elle remporté de victoires ?

A) 5. B) 6. C) 7. D) 8.

11 ▶ Un nombre c vérifie $(2c - 3)\,(c + 1) = 0$.
Une solution de cette équation est :

A) $c = 1$. B) $c = -1,5$. C) $c = 1,5$. D) $c = 3$.

12 Un commerçant fait 20 % de remise. Le client paie 16 €.
Quel est le montant de la remise ?

A) 1,6 €. B) 3,20 €. C) 4 €. D) 20 €.

13 Un conseil d'administration doit choisir son président entre deux candidats A et B. Au premier tour il y a égalité de voix entre les deux candidats. Au second tour deux aministrateurs portent leurs voix sur le candidat A. Celui-ci est alors élu avec le double des voix obtenues par B. Sachant qu'il n'y a pas eu d'abstention, quel est le nombre d'administrateurs participant au scrutin ?

A) 6. B) 8. C) 12. D) 24.

14 ▶ Dans le système $\begin{cases} 3\,(m+1)\,x + (m-5)\,y = 4m-2 \\ (m-5)\,x + 3\,(m+1)\,y = 7m+10 \end{cases}$ où $m = 2$, les valeurs de x et y sont :

A) $x = \dfrac{1}{4}\,;\, y = \dfrac{1}{2}$. B) $x = \dfrac{7}{4}\,;\, y = \dfrac{13}{4}$.

C) $x = 3\,;\, y = 5$. D) $x = 2\,;\, y = 3$.

15 ▶ Un notaire doit partager une somme de 25 110 € entre trois héritiers : Arnaud, Morgane et Yann. Morgane doit avoir les 3/4 de la part d'Arnaud et Yann les 9/5 de la part de Morgane. La part d'Arnaud, Morgane et Yann doit être respectivement de :

A) (3 500 € ; 2 625 € ; 18 985 €).
B) (11 040 € ; 5 025 € ; 9 045 €).
C) (9 250 € ; 7 140 € ; 8 450 €).
D) (8 100 € ; 6 075 € ; 10 935 €).

16 ▶ Albert n'a que des pièces de 0,20 € et 0,50 €. Il a en tout 11,70 € pour 33 pièces. Combien a-t-il de pièces de 0,20 € et 0,50 € ?

A) 25 pièces de 0,20 € et 8 pièces de 0,50 €.
B) 36 pièces de 0,20 € et 7 pièces de 0,50 €.
C) 13 pièces de 0,20 € et 20 pièces de 0,50 €.
D) 16 pièces de 0,20 € et 17 pièces de 0,50 €.

17 ▶ Quinze amis dînent dans un restaurant. Toutes les filles, sauf trois, prennent un menu à 45 euros. Tous les autres prennent un menu à 37 euros. La note totale s'élève à 595 euros.
Combien ce groupe d'amis compte-t-il de filles ?

A) 5. B) 6. C) 7. D) 8.

18 ▶ On possède une somme dont on place le quart au taux annuel de 4,5 % et le reste au taux annuel de 6 %.
Sachant qu'à la fin d'une année on possédera 45 € de plus, quel est le montant de la somme initiale ?

A) 755 €. B) 800 €. C) 845 €. D) 900 €.

19 ▶ On partage une somme de 6 000 € entre trois personnes de manière que la deuxième ait 200 € de plus que la première et que la part de la troisième soit égale à la somme des deux premières augmentée de 400 €.
Quel est le montant de la troisième part ?

A) 2 800 €. B) 3 000 €. C) 3 200 €. D) 3 400 €.

20 ▶ Parmi les expressions proposées ci-après, choisissez celle qui complète correctement la phrase suivante : « Lorsqu'une parcelle, de forme rectangulaire, a pour périmètre 10 kilomètres et pour surface 600 hectares, la longueur de son plus grand côté est ...... ».

A) comprise entre 2 500 et 3 125 mètres.
B) comprise entre 3 125 et 3 750 mètres.
C) comprise entre 3 750 et 4 375 mètres.
D) comprise entre 4 375 et 5 000 mètres.

21 ▶ Laura est moins grande que Romain, qui est lui-même plus petit qu'Émilie et que Julie.
Louise est plus petite que Julie, mais plus grande qu'Émilie.
Sachant que Thibaut est plus petit que Romain, mais plus grand que Laura, quel est l'enfant le plus grand ?

A) Thibaut. B) Émilie. C) Romain. D) Julie.

Corrigés

1. (B)

$2x - 5 \geqslant 3x + 1$ est équivalent à $-1 - 5 \geqslant 3x - 2x$ soit $-6 \geqslant x$ ou encore $x \leqslant -6$.

2. (D)

Les trois premières équations sont des équations du premier degré à une inconnue, elles admettent, au plus, une solution dans l'ensemble des réels.
$|x+3| = 5$ est équivalent à $x+3 = 5$ ou $x+3 = -5$ soit à $x = 2$ ou $x = -8$.

3. (C)

Multiplions les deux membres de la première équation par 3 et ceux de la deuxième par -2. Il vient :

$$\begin{array}{rcl} 6x - 15y & = & 36 \\ -6x - 8y & = & 10 \\ \hline -23y & = & 46 \end{array} \qquad \text{donc } y = \frac{46}{-23} = -2.$$

On vérifie que $x = 1$ est bien solution du système en remplaçant x par 1 et y par -2 dans chacune des équations : $2 + 10 = 12$ et $3 - 8 = -5$.
Couple solution : $(1\,,\,-2)$

4. (D)

Soit x le prix d'un canard et y celui d'un poulet, x et y sont des réels positifs.
À partir des données de l'énoncé on peut écrire le système suivant :

$$\left\{\begin{array}{l} 3x + 4y = 41 \\ 2x + 3y = 29 \end{array}\right. \quad \text{soit} \quad \begin{array}{rcrr} -6x - 8y & = & - & 82 \\ 6x + 9y & = & & 87 \\ \hline y & = & & 5 \end{array}$$

donc $2x = 29 - 15 = 14$ soit $x = 7$.
Couple solution : $(7\,,\,5)$;
Le prix d'un canard est 7 €et celui d'un poulet est 5 €.

5. (C)

En multipliant les deux membres de la première équation par 2, il vient : $14x - 2y = 32$.
À l'aide de la deuxième équation on peut écrire : $14x - (3x + 1) = 32$ soit $14x - 3x = 33$ donc $x = 3$. Alors $2y = 3 \times 3 = 1 = 10$ donc $y = 5$.
Couple solution : $(3\,,\,5)$

6. (D)

<u>Première méthode</u> : $73,5 - 39,5 \neq 17$, la réponse B ne convient pas.
$67 + 50 = 117$, la réponse C ne convient pas.
Pierre est plus lourd que Jean, la réponse A ne convient pas.
<u>Deuxième méthode</u> : Soit x le poids de Pierre et y le poids de Jean, x et y sont des réels positifs.

Il faut résoudre le système : $\left\{\begin{array}{l} x + y = 113 \\ x = y + 17 \end{array}\right.$

En remplaçant x par sa valeur en fonction de y dans la première équation, il vient : $2y + 17 = 113$ soit $2y = 96$ donc $y = 48$. Alors $x = 48 + 17 = 65$.

7. (D)

Soit t_1 le temps (exprimé en h) passé sur le périphérique et t_2 le temps (exprimé en h) passé sur l'autoroute. Alors $30t_1+90t_2 = 30$ soit $t_1+3t_2 = 1$.
Temps de parcourt : 7 h 50 min − 7 h 10 mn = 40 min.

De plus 40 min $= \frac{2}{3}$ h donc $t_1 + t_2 = \frac{2}{3}$.

Il faut résoudre le système $\begin{cases} t_1 + 3t_2 & = & 1 \\ t_1 + t_2 & = & \frac{2}{3} \end{cases}$

En multipliant la première équation par −1 et la seconde par 3, il vient :

$$\begin{array}{lcr} -t_1 - 3t_2 & = & -1 \\ 3t_1 + 3t_2 & = & 2 \\ \hline 2t_1 & = & 1 \end{array} \quad \text{donc } t_1 = \frac{1}{2} \text{ soit } t_1 = 30 \text{ mn.}$$

Il arrive sur l'échangeur à 7 h 40 min.

8. (C)

A est vraie : $-2 \times 11 + 22 = 0$.

B est vraie. L'équation B est équivalente à : $6x + 15 = 10x - 4 - 4x + 1$ soit $6x + 15 = 6x - 3$, cette équation n'a aucune solution.

D est vraie : $\frac{5}{2}(3 - 3) + 3 = 1{,}5\,(5 - 3)$ est équivalent à $3 = 3$. Donc $x = 3$ est bien solution et l'équation étant du premier degré, c'est l'unique solution.

C est erronée. L'équation C est équivalente à :
$10x + 10 - 3x - 24 = 12x + 2 - 5x - 20$ soit à $7x - 14 = 7x - 18$. Cette équation n'admet aucune solution.

9. (B)

Si $2/3$ des sièges sont inoccupés, alors $1/3$ des sièges sont occupés en début de séance. Soit x le nombre total de sièges, x est un entier naturel. En fin de séance sont occupés $\frac{2x}{3}$ et le nombre total de sièges est $\frac{2x}{3} + 20$. Il faut résoudre l'équation $\frac{2x}{3} + 20 = x$. Il vient $20 = \frac{x}{3}$ soit $x = 60$.

10. (C)

S'il y a eu un match nul en 14 rencontres, pour les 13 autres rencontres, l'équipe totalise 27 points.

Première méthode :

5 victoires : 15 points, 8 défaites : 8 points, total 23 points ;
6 victoires : 18 points, 7 défaites : 7 points, total 25 points ;
7 victoires : 21 points, 6 défaites : 6 points, total 27 points.

Deuxième méthode :

soit x le nombre de victoires et y le nombre de défaites, x et y sont des entiers naturels.
Score : $3x + y = 27$, nombre de rencontres : $x + y = 13$ soit $y = 13 - x$ donc $3x + 13 - x = 27$ soit $2x = 14$ donc $x = 7$.

11. (C)
$(2c-3)(c+1)=0$ si et seulement si $2c-3=0$ ou $c+1=0$ ce qui est équivalent à $c=\frac{3}{2}$ ou $c=-1$. Donc $c=1,5$ est une des solutions de l'équation.

12. (C)
Soit x le prix de vente initial, x est un nombre réel positif.
Alors $x-0,2x=16$ soit $0,8x=16$ donc $x=20$. La remise est donc de $20-16=4$ €.

13. (C)
Soit x le nombre de voix obtenues au premier tour par le candidat A, x est un nombre entier naturel.
Au premier tour : A obtient x voix et B obtient x voix, il y a $2x$ votants.
Au second tour A obtient $x+2$ voix et B obtient $x-2$ voix.
Alors $x+2=2(x-2)$ soit $x+2=2x-4$ donc $x=6$. Il y a 12 votants.

14. (B)
En remplaçant m par 2, le système devient : $\left\{\begin{array}{rcr} 9x-3y & = & 6 \\ -3x+9y & = & 24 \end{array}\right.$ ou encore

$$\begin{array}{rcr} 3x-y & = & 2 \\ -3x+9y & = & 24 \\ \hline 8y & = & 26 \end{array} \qquad \begin{array}{rcr} 9x-3y & = & 6 \\ -x+3y & = & 8 \\ \hline 8x & = & 14 \end{array}$$ donc $x=\frac{7}{4}$ et $y=\frac{26}{8}=\frac{13}{4}$.

15. (D)
Soient a, m et y les parts respectives d'Arnaud, Morgane et Yann ; a, m et y sont des nombres réels positifs. On peut écrire le système suivant :

$$\left\{\begin{array}{l} m=\frac{3}{4}a \\ \\ y=\frac{9}{5}m \\ a+m+y=25\,110 \end{array}\right. \quad \text{équivalent à} \quad \left\{\begin{array}{l} m=\frac{3}{4}a \\ \\ y=\frac{9}{5}m \\ \\ a+\frac{3}{4}a+\frac{9}{5}\left(\frac{3}{4}a\right)=25\,110 \end{array}\right.$$

$$\text{soit} \left\{\begin{array}{l} m=\frac{3}{4}a \\ \\ y=\frac{9}{5}m \\ \\ \frac{62}{20}a=25\,110 \end{array}\right. \quad \text{donc} \quad \left\{\begin{array}{l} a=\frac{25\,100\times 20}{62}=8\,100 \\ \\ m=\frac{3}{4}\times 8\,100=6\,075 \\ \\ y=\frac{9}{5\times}6\,075=10\,935 \end{array}\right.$$

16. (D)

Soient x le nombre de pièces de 0,20 € et y le nombre de pièces de 0,50 €, x et y sont des nombres entiers naturels.

Alors $\left\{\begin{array}{rcl} x+y & = & 33 \\ 0,2x+0,5y & = & 11,7 \end{array}\right.$ ce qui est équivalent à $\left\{\begin{array}{rcl} x+y & = & 33 \\ 2x+5y & = & 117 \end{array}\right.$

donc $\left\{\begin{array}{rcl} y & = & 33-x \\ 2x+5\,(33-x) & = & 117 \end{array}\right.$ soit $\left\{\begin{array}{rcl} y & = & 33-x \\ -3x+165 & = & 117 \end{array}\right.$ donc

$\left\{\begin{array}{rcl} x & = & \dfrac{165-117}{3}=16 \\ y & = & 33-16=17 \end{array}\right.$

17. (D)

Soient f le nombre de filles et g le nombre de garçons du groupe, f et g sont des nombres entier naturels.

Alors $\left\{\begin{array}{l} f+g=15 \\ (f-3)\,45+(g+3)\,37=595 \end{array}\right.$

$\Leftrightarrow \left\{\begin{array}{l} g=15-f \\ (f-3)\,45+(15-f+3)\,37=595 \end{array}\right.$

$\Leftrightarrow \left\{\begin{array}{l} g=15-f \\ 45f-135-37f+666=595 \end{array}\right. \Leftrightarrow \left\{\begin{array}{l} g=15-f \\ 8f=64 \end{array}\right. \Leftrightarrow \left\{\begin{array}{l} f=8 \\ g=7 \end{array}\right.$

18. (B)

Soit x le montant de la somme placée, x est un nombre réel positif.

On place le quart de x au taux annuel de 4,5 % et les trois autres quarts au taux annuel de 6 % donc les intérêts sur une année s'écrivent $\dfrac{x}{4}\times\dfrac{4,5}{100}+\dfrac{3x}{4}\times\dfrac{6}{100}$.

Il faut résoudre l'équation $\dfrac{4,5x}{400}+\dfrac{18x}{400}=45$ qui est équivalente à

$22,5x=45\times 400$ donc à $x=\dfrac{45\times 400}{22,5}=800$ €.

19. (C)

Soit a le montant de la première part, b celui de la deuxième et c celui de la troisième ; a, b et c sont des réels positifs.

Les données de l'énoncé permettent d'écrire le système d'équations suivant :

$$\left\{\begin{array}{rcl} a+b+c & = & 6\,000 \\ b & = & a+200 \\ c & = & a+b+400 \end{array}\right.$$

En transformant la première équation il vient $a+b=6\,000-c$ donc la troisième équation est équivalente à $c=6\,000-c+400$ soit $2c=6\,400$ donc $c=3\,200$ €.

Remarque : si $c=3\,200$ alors $a+b=2\,800$ donc $a+a+200=2\,800$ soit $2a=2\,600$ donc $a=1\,300$ et $b=1\,500$.

20. (A)
Un rectangle de longueur L et de largeur l a pour périmètre $P = 2(L + l)$ et pour surface $S = Ll$.
Le périmètre mesure 10 km donc $L + l = 5$ km soit 5 000 m.
L'aire est de 600 ha et 1 ha = 10 000 m^2 donc $Ll = 600 \times 10^4 = 6.10^6$ m^2.
Première méthode :
Si $2\,500 < L < 3\,125$ alors $-2\,500 > -L > -3\,125$ et
$5\,000 - 2\,500 > 5\,000 - L > 5\,000 - 3\,125$ soit $2\,500 > l > 1\,875$.

On a donc $\begin{cases} 1\,875 < l < 2\,500 \\ 2\,500 < L < 3\,125 \end{cases}$

Donc $1\,875 \times 2\,500 < Ll < 2\,500 \times 3\,125$ soit $4\,687\,500 < Ll < 7\,812\,500$.
L'aire est comprise entre 468,75 ha et 781,25 ha, ce qui encadre bien l'aire de la parcelle considérée.
Deuxième méthode :
$L + l = 5\,000$ m soit $L + l = 5$ km
$Ll = 600$ ha et 1 ha $= 0,1 \times 0,1$ km^2 donc , en km^2, $Ll = 6$.

$\begin{cases} L + l = 5 \\ Ll = 6 \end{cases}$

Alors $L = 3$ km et $l = 2$ km soit $L = 3\,000$ m.

21. (D)
Appelons La, R, E, J, Lo et T les tailles respectives de Laura, Romain, Émilie, Julie, Louise et Thibaut. Laura est moins grande que Romain peut se traduire par $La < R$. Ainsi la première phrase se traduit par $La < R < E$ et $La < R < J$.
La seconde phrase donne $E < Lo < J$ et l'ordre devient
$La < R < E < Lo < J$.
La troisième phrase se traduit par $La < T < R$ et l'ordre des tailles est $La < T < R < E < Lo < J$.
L'enfant le plus grand est Julie.

11. REPÈRE DU PLAN

A. Coordonnées dans un repère orthonormé

Deux axes gradués perpendiculaires de même unité forment un repère orthonormé (ou orthonormal).
L'origine du repère est le point O, intersection de ces axes.
L'axe horizontal est l'axe des abscisses, de vecteur unitaire $\vec{i} = \overrightarrow{OI}$.
L'axe vertical est l'axe des ordonnées, de vecteur unitaire $\vec{j} = \overrightarrow{OJ}$.

Un point M du plan a deux coordonnées :

- l'abscisse x_M sur l'axe horizontal,
- l'ordonnée y_M sur l'axe vertical.

On représente les coordonnées par un couple : $M(x_M, y_M)$.

On peut aussi écrire les coordonnées verticalement : $M \left| \begin{array}{l} x_M \\ y_M \end{array} \right.$

Exemple :

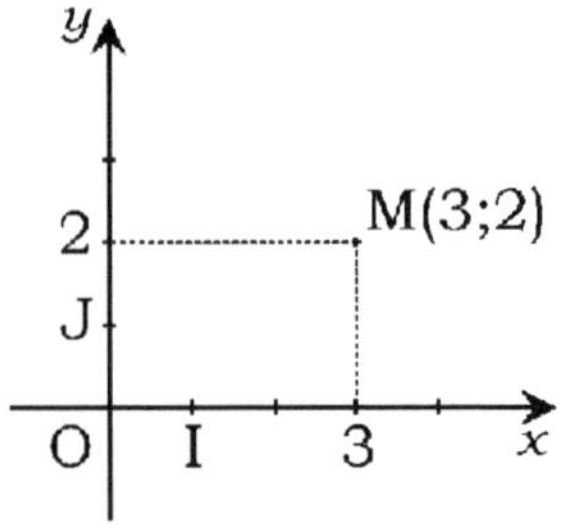

Le point M a pour coordonnées :

$$x_M = 3 \quad \text{et} \quad y_M = 2.$$

Le point I est sur le 1 de la graduation horizontale, le point J est sur le 1 de la graduation verticale.

B. Milieu d'un segment

Les points A et B ayant pour coordonnées $A(x_A; y_A)$ et $B(x_B; y_B)$, le segment $[AB]$ a pour milieu le point I de coordonnées :

$$\boldsymbol{x_I = \frac{x_A + x_B}{2}} \quad \text{et} \quad \boldsymbol{y_I = \frac{y_A + y_B}{2}}.$$

Exemple :
Le point I a pour coordonnées :

$$x_I = \frac{1+5}{2} = 3.$$

$$y_I = \frac{1+3}{2} = 2.$$

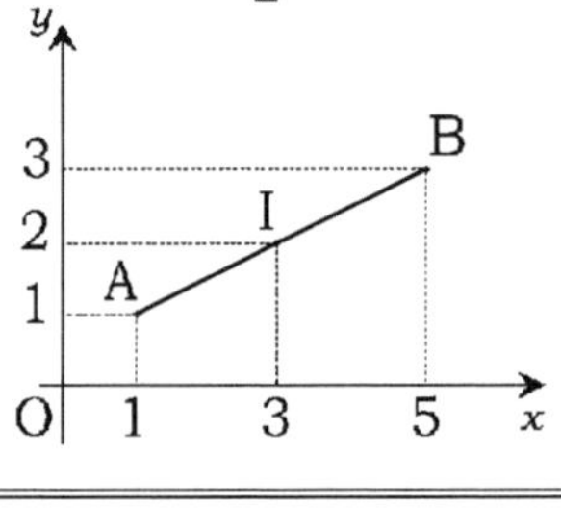

C. Distance entre deux points

Les points A et B ayant pour coordonnées $A(x_A; y_A)$ et $B(x_B; y_B)$, la distance entre les deux points A et B est égale à :

$$\boldsymbol{AB = \sqrt{(x_B - x_A)^2 + (y_B - y_A)^2}}.$$

Exemple :

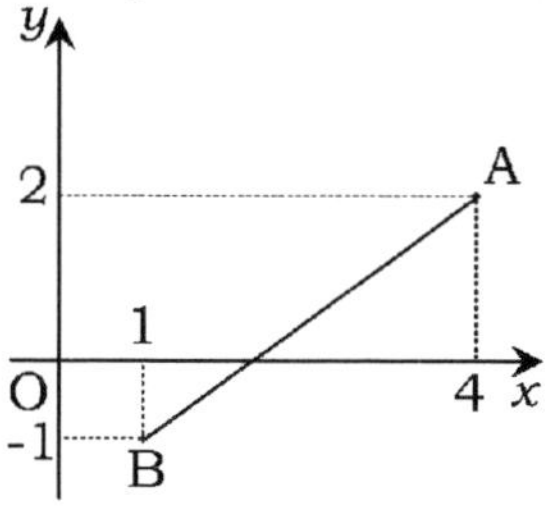

$$(x_A - x_B)^2 = (4-1)^2 = 3^2 = 9$$
$$(y_A - y_B)^2 = (2-(-1))^2 = 3^2 = 9$$
$$AB = \sqrt{9+9} = \sqrt{18}.$$

D. Équation d'une droite

L'équation d'une droite (D) (non verticale) est de la forme :

$$\boldsymbol{y = ax + b}.$$

Cette équation est vérifiée uniquement par les coordonnées de tous les points de la droite.

Le coefficient $\boldsymbol{a}$ **est le coefficient directeur de la droite** (ou la pente).

Le coefficient $\boldsymbol{b}$ est l'ordonnée du point de la droite d'abscisse $x = 0$: b **est l'ordonnée à l'origine**.

L'équation d'une droite verticale est de la forme : $\boldsymbol{x = k}$.

Deux points distincts A et B de la droite définissent un vecteur directeur $\overrightarrow{AB}$ de la droite.

Les points A et B ayant pour coordonnées $A(x_A; y_A)$ et $B(x_B; y_B)$, le vecteur $\overrightarrow{AB}$ a pour coordonnées : $\boldsymbol{\overrightarrow{AB}\left|\begin{array}{l} x_B - x_A \\ y_B - y_A \end{array}\right.}$

Exemple :

la droite (D) d'équation $y = 2x + 1$ a pour coefficient directeur $a = 2$.

Les coordonnées des points $A(0; 1)$ et $B(2; 5)$ vérifient cette équation, A et B sont donc deux points de la droite (D). Ils définissent le vecteur directeur $\overrightarrow{AB}$ de coordonnées : $\overrightarrow{AB}\left|\begin{array}{l} 2-0=2 \\ 5-1=4 \end{array}\right.$, donc $\overrightarrow{AB}\left|\begin{array}{l} 2 \\ 4 \end{array}\right.$.

On peut aussi calculer le coefficient directeur : $a = \dfrac{y_B - y_A}{x_B - x_A}$.

E. Droites parallèles

Deux droites de coefficients directeurs a et a' sont parallèles lorsque

$$\boldsymbol{a = a'}$$

Exemple :
La droite (D) d'équation $y = 3x + 1$ a pour coefficient directeur $a = 3$, la droite (D') d'équation $y = 3x - 5$ a pour coefficient directeur $a' = 3$. Comme $a = a'$, les droites (D) et (D') sont parallèles.

F. Droites perpendiculaires

Deux droites de coefficients directeurs a et a' sont perpendiculaires lorsque

$$\boldsymbol{aa' = -1}$$

Exemple :
Le coefficient directeur de la droite (D) d'équation $y = 2x + 5$ est $a = 2$, le coefficient directeur de la droite (D') d'équation $y = -0,5x + 3$ est $a' = -0,5$. Comme $aa' = 2 \times (-0,5) = -1$, les droites (D) et (D') sont perpendiculaires : $(D) \perp (D')$.

G. Recherche de l'équation d'une droite

Droite passant par un point, parallèle à une droite donnée

Exemple :
on cherche l'équation de la droite (D) passant par $A(-4;3)$ en étant parallèle à (D') d'équation : $y = 4x + 3$. Le coefficient directeur de (D') est $a' = 4$, le coefficient directeur de (D) parallèle à (D') est donc $a = 4$, son équation est de la forme : $y = 4x + b$.
Les coordonnées du point A permettent de calculer b : $3 = 4 \times (-4) + b$, donc $3 = -16 + b$, soit $b = 19$.

La droite (D) a pour équation $y = 4x + 19$.

Droite passant par deux points

Deux points distincts A et B définissent une droite notée (AB).

Exemple :
$A(2;-1)$ et $B(-3;4)$ déterminent la droite (AB).

Cette droite a pour équation : $y = ax + b$.

Première méthode
Les coordonnées de A vérifient cette équation : $-1 = 2a + b$,
les coordonnées de B vérifient cette équation : $4 = -3a + b$.

a et b sont les solutions du système : $\left\{ \begin{array}{rcl} 2a+b & = & -1 \\ -3a+b & = & 4 \end{array} \right.$ Par différence,

on obtient : $$\begin{array}{rcl} 2a+b & = & -1 \\ -3a+b & = & 4 \\ \hline 5a+0 & = & -5 \end{array}$$

on en déduit $a = -1$.
On obtient b à partir de la première équation : $b = -1 - 2a = 1$.

La droite (AB) a pour équation $y = -x + 1$.

Deuxième méthode
On calcule le coefficient directeur : $a = \dfrac{y_B - y_A}{x_B - x_A} = \dfrac{4-(-1)}{-3-2} = -1$.
La droite a une équation de la forme $y = -x + b$.
En remplaçant x et y par les coordonnées du point A, on peut calculer b :
$-1 = -2 + b$, donc $b = 1$.

La droite (AB) a pour équation $y = -x + 1$.

1 On considère les points $A(-1;2)$ et $B(-3;5)$. B est le milieu du segment $[AP]$, les coordonnées du point P sont :

A) (8 ;-5). B) (-5 ;8). C) (-8,5). D) (0 ;0).

2 Le point $A(-1;-5)$ appartient à la droite d'équation :

A) $y = 3x + 2$. B) $y = x + 2$. C) $y = 2x - 3$. D) $y = 3x - 8$.

3 L'équation de la droite qui passe par $A(-1;2)$ et $B(-2;3)$ est :

A) $y = -x + 1$. B) $y = x - 1$. C) $y = 0,5x + 3$. D) $y = -x + 2$.

4 On considère les points $A(3;2)$, $B(7;-3)$, $C(-1;-0,5)$ et $D(1;-3)$. Les droites (AB) et (CD) sont :

A) perpendiculaires. B) sécantes. C) parallèles. D) confondues.

5 On considère les deux droites (D) et (D') d'équations respectives $y = -\frac{\sqrt{3}}{2}x + 1$ et $y = \frac{2\sqrt{3}}{3}x - 1$.
Parmi les propositions suivantes, laquelle est vraie ?

A) (D) et (D') sont perpendiculaires.
B) (D) et (D') sont parallèles.
C) (D) et (D') se coupent au point d'abscisse $x = 0$.
D) (D) et (D') sont confondues.

6 Soit D la droite d'équation $2x - 3y + 6 = 0$.
▶ Parmi les propositions suivantes, laquelle est fausse ?

A) D a pour vecteur directeur le vecteur de coordonnées $(3;2)$.
B) D passe par le point de coordonnées $(-3;0)$.
C) D a pour coefficient directeur $3/2$.
D) D a pour ordonnée à l'origine 2.

7 On considère les points $A(-3;-3)$, $B(1;-3)$ et $C(-1;-1)$ dans un repère orthonormal.
Une des affirmations suivantes est fausse :

A) Le triangle ABC est rectangle.
B) Le triangle ABC est isocèle.
C) Le triangle ABC est un demi-losange.
D) Le triangle ABC est équilatéral.

8 On considère les points P$(-1, -1)$, M$(0,5\,;\,0,5)$ et N$(4, 4)$ dans un repère orthonormal d'origine O.
La plus courte distance du point K$(0;1)$ à l'un des points P, M, N, O est :

A) KP. B) KM. C) KN. D) KO.

9 Dans un repère orthonormal $\left(\mathrm{O}\,;\,\vec{i}\,,\,\vec{j}\right)$, on considère les points A$(2\,,\,4)$ et B$(-2\,,\,8)$.
La distance AB est égale à :

A) 14. B) $\sqrt{128}$. C) $4\sqrt{10}$. D) $4\sqrt{2}$.

10 Dans un repère $\left(\mathrm{O}\,;\,\vec{i}\,,\,\vec{j}\right)$, on donne les points A$(7\,,\,3)$ et B$(1\,,\,-5)$.
Les coordonnées du point M, milieu du segment [AB] sont :

A) $(4\,,\,-1)$. B) $(8\,,\,-2)$. C) $(3\,,\,4)$. D) $(-3\,,\,-4)$.

11 Dans un repère $\left(\mathrm{O}\,;\,\vec{i}\,,\,\vec{j}\right)$, on considère les points A$(-4\,,\,2)$ et B$(8\,,\,-2)$.
Si dans ce repère une droite (D) a pour équation $y = 3x$, alors elle est :

A) parallèle à (AB). B) parallèle à l'axe des abscisses.

C) perpendiculaire à (AB). D) perpendiculaire à l'axe des abscisses.

Corrigés

1. (B)
On pose $P(x;y)$. Les coordonnées du milieu du segment sont les demi-sommes des coordonnées des extrémités, ainsi : $-3 = \dfrac{-1+x}{2}$ et $5 = \dfrac{2+y}{2}$.
On en déduit : $x = -5$ et $y = 8$.
Le point P a pour coordonnées : $P(-5;8)$.

2. (C)
En remplaçant x par l'abscisse (-1) du point A dans chacune des équations :
dans $y = 3x + 2$, on obtient $y = 3 \times (-1) + 2 = -1$,
dans $y = x + 2$, on obtient $y = -1 + 2 = 1$,
dans $y = 2x - 3$, on obtient $y = 2 \times (-1) - 3 = -5$,
dans $y = 3x - 8$, on obtient $y = 3 \times (-1) - 8 = -11$.
L'ordonnée de A est $y = -5$, donc A appartient à la droite d'équation $y = 2x - 3$.

3. (A)
Première méthode.
On regarde si chaque point vérifie chaque équation : dans $y = -x + 1$, avec l'abscisse de A on obtient $y = -(-1) + 1 = 2$, avec l'abscisse de B on obtient $y = -(-2) + 1 = 3$, les deux points sont donc sur cette droite.
(Il est inutile d'essayer les autres.)

Deuxième méthode.
On détermine les coefficients de l'équation de la droite (AB).
Une équation de cette droite est de la forme $y = ax + b$.
Les coordonnées de A vérifient cette équation : $2 = -a + b$,
les coordonnées de B vérifient cette équation : $3 = -2a + b$.

a et b sont les solutions du système : $\begin{cases} -a + b = 2 \\ -2a + b = 3 \end{cases}$

Par différence, on obtient :
$$\begin{array}{rcl} -a + b & = & 2 \\ -2a + b & = & 3 \\ \hline a + 0 & = & -1 \end{array}$$
on en déduit $a = -1$.
On obtient b à partir de la première équation : $b = 2 + a = 1$.
La droite (AB) a pour équation $y = -x + 1$.

4. (C)
Comparons les équations des deux droites.
On détermine les coefficients de l'équation de la droite (AB).
Une équation de cette droite est de la forme $y = ax + b$.
Les coordonnées de A vérifient cette équation : $2 = 3a + b$,
les coordonnées de B vérifient cette équation : $-3 = 7a + b$.

a et b sont les solutions du système : $\begin{cases} 3a+b &= 2 \\ 7a+b &= -3 \end{cases}$

Par différence, on obtient :

$$\begin{array}{rcl} 3a+b &=& 2 \\ 7a+b &=& -3 \\ \hline -4a+0 &=& 5 \end{array}$$

on en déduit $a = -\frac{5}{4} = -1,25$.

On obtient b à partir de la première équation : $b = 2 + 3a = 5,75$.

La droite (AB) a pour équation $y = -1,25x + 5,75$.

On détermine les coefficients de l'équation de la droite (CD).

Une équation de cette droite est de la forme $y = ax + b$.

Les coordonnées de C vérifient cette équation : $-0,5 = -a + b$,

les coordonnées de D vérifient cette équation : $-3 = a + b$.

a et b sont les solutions du système : $\begin{cases} -a+b &= -0,5 \\ a+b &= -3 \end{cases}$

Par différence, on obtient :

$$\begin{array}{rcl} -a+b &=& -0,5 \\ a+b &=& -3 \\ \hline -2a+0 &=& 2,5 \end{array}$$

on en déduit $a = \frac{2,5}{-2} = -1,25$.

On obtient b à partir de la première équation : $b = -0,5 + a = -1,75$.

La droite (CD) a pour équation $y = -1,25x - 1,75$.

Les droites (AB) et (CD) ont le même coefficient directeur $a = -1,25$, elles sont donc parallèles. Elles ont des ordonnées à l'origine différentes $(5,75 \neq -1,75)$, elles ne sont donc pas confondues.

5. (A)

Le produit des coefficients directeurs est égal à $-\frac{\sqrt{3}}{2} \times \frac{2\sqrt{3}}{3} = -1$.

Les deux droites sont perpendiculaires.

Quand on remplace x par 0, la première équation donne $y_1 = 1$, la deuxième $y_2 = -1$, la proposition D est donc fausse.

Deux droites perpendiculaires ne peuvent être ni parallèles, ni confondues.

6. (C)

L'équation s'écrit aussi $y = \frac{2}{3}x + 2$.

L'ordonnée à l'origine vaut 2, donc D est vraie.

Le coefficient directeur est $\frac{2}{3}$, donc C est fausse.

Quand on remplace x par -3, on obtient $y = \frac{2}{3} \times (-3) + 2 = -2 + 2 = 0$, donc B est vraie.

L'équation $2x - 3y + 6 = 0$ donne les coordonnées d'un vecteur directeur sous la forme $(-(-3); 2)$, soit $(3; 2)$, donc A est vraie.

7. (D)
On a :
$AB = \sqrt{(1+3)^2 + (-3+3)^2} = \sqrt{16} = 4$
$CB = \sqrt{(1+1)^2 + (-3+1)^2} = \sqrt{8} = 2\sqrt{2}$
$AC = \sqrt{(-1+3)^2 + (-1+3)^2} = \sqrt{8} = 2\sqrt{2}$
Le triangle ABC a deux côtés égaux : il est isocèle, c'est aussi un demi-losange.
$CB^2 + AC^2 = \left(2\sqrt{2}\right)^2 + \left(2\sqrt{2}\right)^2 = 8 + 8 = 16$, $AB^2 = 4^2 = 16$.
$AB^2 = CB^2 + AC^2$, on peut donc appliquer la réciproque du théorème de Pythagore, le triangle ABC est rectangle en$C$.
Un triangle rectangle ne peut pas être équilatéral : la réponse D est fausse.
8. (B)
On a :

$KP = \sqrt{(-1-0)^2 + (-1-1)^2} = \sqrt{1+4} = \sqrt{5}$

$KM = \sqrt{(0,5-0)^2 + (0,5-1)^2} = \sqrt{0,25+0,25} = \sqrt{0,5}$

$KN = \sqrt{(4-0)^2 + (4-1)^2} = \sqrt{16+9} = 5$

$KO = 1$
9. (D)
AB$= \sqrt{(-2-2)^2 + (8-4)^2} = \sqrt{(-4)^2 + 4^2} = \sqrt{32} = 4\sqrt{2}$.
10. (A)
$$\begin{cases} x_{\text{M}} &= \dfrac{7+1}{2} = 4 \\ y_{\text{M}} &= \dfrac{3-5}{2} = -1 \end{cases}$$
Donc M(4 , −1).
11. (C)
Une droite parallèle à l'axe des abscisses a une équation de la forme $y = k$.
Une droite perpendiculaire à l'axe des abscisses a une équation de la forme $x = c$.
Les propositions B et D sont donc à écarter.
Coefficient directeur de (AB) : $\dfrac{-2-2}{8-(-4)} = \dfrac{-4}{12} = -\dfrac{1}{3}$.
$3 \times \left(-\dfrac{1}{3}\right) = -1$. Les droites (D) et (AB) sont donc perpendiculaires.

12. FONCTIONS

A. Fonction linéaire

a étant un nombre réel, la fonction f qui associe à chaque nombre x le nombre ax est une fonction linéaire. On écrit : $f(x) = ax$.

Exemple :
$f(x) = 3x$ définit une fonction linéaire représentée graphiquement par la droite d'équation $y = 3x$.
Cette droite passe par l'origine O.

B. Fonction affine

a et b étant deux nombres réels, la fonction f qui associe à chaque nombre x le nombre $ax + b$ est une fonction affine. On écrit : $f(x) = ax + b$.

Une fonction affine définie par $f(x) = ax+b$ est représentée graphiquement par la droite d'équation $y = ax + b$.

Lorsque $b = 0$, la fonction affine définie par $f(x) = ax + b$ est la fonction linéaire définie par $f(x) = ax$.

Exemple :
$f(x) = 2x + 1$ définit une fonction affine représentée graphiquement par la droite d'équation $y = 2x + 1$.
Cette droite ne passe pas par l'origine O.

C. Évaluation d'une expression

Calcul de $f(x)$ connaissant x

Exemple :
$f(x) = x^2 + 3x - 1$, on veut calculer $f(2)$.
On remplace tous les x par 2 dans l'expression et on simplifie, ce qui donne :
$f(2) = 2^2 + 3 \times 2 - 1 = 9$.
Le nombre 9 est l'image du nombre 2 par la fonction f.
$f(x)$ est l'image de x par la fonction f.

Calcul de x connaissant $f(x)$

Exemple :
$f(x) = 3x - 1$, on veut calculer x sachant que $f(x) = 2$.
On remplace $f(x)$ par 2 dans l'expression et on obtient l'équation du premier degré $2 = 3x - 1$.
On transforme cette équation : $2 = 3x - 1 \iff 3 = 3x \iff 1 = x$. La solution est donc $x = 1$.

Exemple :
$f(x) = -x^2 + 3$, on veut calculer x sachant que $f(x) = -6$.
On remplace $f(x)$ par -6 dans l'expression et on obtient l'équation :

$$-6 = -x^2 + 3.$$

Cette équation s'écrit : $x^2 - 9 = 0$. 9 est le carré de 3.
L'expression $x^2 - 9 = x^2 - 3^2$ est le premier membre d'une identité remarquable du type $a^2 - b^2 = (a+b)(a-b)$, donc $x^2 - 9 = x^2 - 3^2 = (x+3)(x-3)$.

Il reste à résoudre l'équation $(x + 3)(x - 3) = 0$.
Le produit de facteur est nul lorsque un facteur est nul, les solutions sont donc -3 et 3.

Utilisation de la représentation graphique de la fonction

Exemple :
la fonction définie par $f(x) = 3x - 1$ est représentée par la droite $y = 3x - 1$.

- On connaît $x = 3$,
  on lit graphiquement $f(x) = y = 8$.
- On connaît $f(x) = 2$,
  on lit graphiquement $x = 1$.

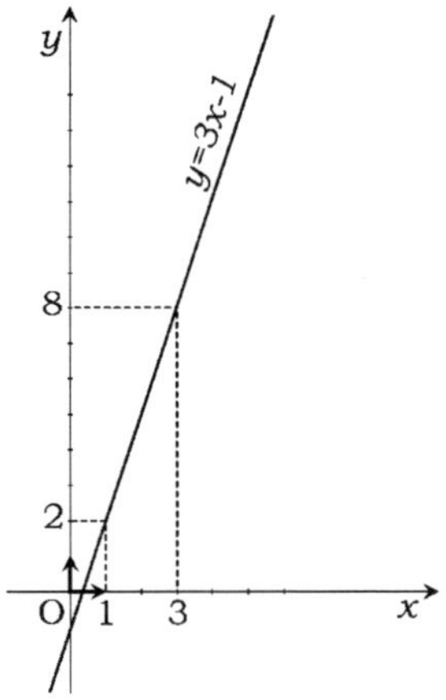

1 Soit f la fonction définie par $f(x) = (2x+3)(4x-5)$.
Alors $f(-2)$ vaut :

A) -13. B) 13. C) -14. D) 14.

2 La fonction f est définie par $f(x) = (x+1)(x-3)$.
L'équation $f(x) = 0$ a pour solution :

A) 0. B) 9. C) 1. D) 4.

3 La fonction f est définie par $f(x) = 4x+1$.
Le nombre 2 est l'image de :

A) $-\dfrac{1}{4}$. B) -2. C) 0,25. D) 9.

4 f est la fonction définie par $f(x) = -x+3$.
On a $f(x) = 5$, calculer x :

A) -2. B) 2. C) 8. D) -8.

5 Parmi les fonctions suivantes, quelle est la fonction affine ?

A) $f(x) = \dfrac{x}{3} - 5$ C) $f(x) = x^2 + 3$

B) $f(x) = (x-1)(x+2)$ D) $f(x) = \dfrac{x-1}{x+1}$

6 Quelle est la fonction affine qui vérifie $f(0) = 5$ et $f(2) = 9$?

A) $f(x) = 9x+5$ C) $f(x) = 2x+5$
B) $f(x) = 5x+9$ D) $f(x) = -5x+2$

7 La représentation graphique de la fonction définie par $f(x) = 3x-1$ est une droite passant par le point de coordonnées :

A) $(0;1)$. B) $(3,8)$. C) $(8,9)$. D) $(-1,0)$.

8 ▶ Le domaine foncé ci-contre est l'ensemble des solutions du système :

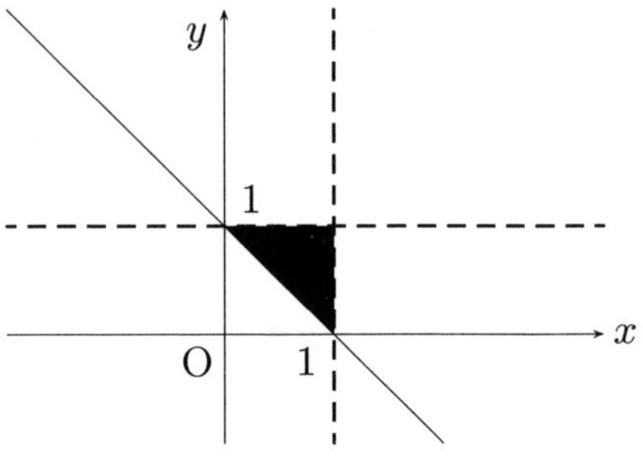

A) $\begin{cases} x+y>1 \\ x-y>1 \end{cases}$. B) $\begin{cases} -x+1>0 \\ y<1 \end{cases}$.

C) $\begin{cases} x<1 \\ y<1 \\ x+y>1 \end{cases}$. D) $\begin{cases} x=y \\ x<1 \\ y<1 \end{cases}$.

9 ▶ $x^2+y^2=r^2$ est l'équation :

A) D'une parabole. B) D'un cercle.

C) D'une hyperbole. D) D'une droite.

10 On considère l'équation $(x-y+1)(2x-y)=0$
Une solution de ce sysytème est :

A) $(1\,,\,0)$. B) $(0\,,\,2)$. C) $(0\,,\,1)$ ou $(0\,,\,0)$. D) $(1\,,\,0)$ ou $\left(0\,,\,\frac{1}{2}\right)$.

Corrigés

1. (B)
Remplaçons tous les x par -2 dans $f(x) = (2x + 3)(4x - 5)$:
$f(-2) = (2\times(-2)+3)(4\times(-2)-5) = (-4+3)(-8-5) = -1\times(-13) = 13$.
2. (C)
Le produit de facteurs $(x + 1)(x - 3)$ est nul quand un des deux facteurs est nul.
Si le premier facteur est nul, on a $x + 1 = 0$, donc $x = -1$.
Si le deuxième facteur est nul, on a $x - 3 = 0$, donc $x = 3$.
Parmi les réponses proposées, il n'y a que 1 qui soit une des solutions.
3. (C)
Il faut résoudre l'équation $f(x) = 2$ ce qui est équivalent à $4x + 1 = 2$ soit $4x = 1$, ce qui donne $x = \dfrac{1}{4} = 0,25$.
4. (A)
En remplaçant $f(x)$ par 5 dans l'expression $f(x) = -x + 3$, on obtient : $5 = -x + 3$, ce qui donne $2 = -x$, donc $x = -2$.
2 est l'image de 0,25 par f.
5. (A)
La seule fonction qui soit de la forme $f(x) = ax + b$ est la fonction définie par : $f(x) = \dfrac{x}{3} - 5 \quad \left(a = \dfrac{1}{3} \text{ et } b = -5\right)$.
6. (C)
Avec $f(x) = 9x + 5$, on a : $f(0) = 0 + 5 = 5$ et $f(2) = 9 \times 2 + 5 = 23$.
Avec $f(x) = 5x + 9$, on a : $f(0) = 0 + 9 = 9$ et $f(2) = 5 \times 2 + 9 = 19$.
Avec $f(x) = 2x + 5$, on a : $f(0) = 0 + 5 = 5$ et $f(2) = 2 \times 2 + 5 = 9$.
Avec $f(x) = -5x + 2$, on a : $f(0) = 0 + 2 = 2$ et $f(2) = -5 \times 2 + 2 = -8$.
7. (B)
La fonction définie par $f(x) = 3x - 1$ est représentée par la droite (D) d'équation $y = 3x - 1$.
En remplaçant x par 0 dans l'équation de (D), on obtient $y = 0 - 1 = -1$.
Comme $-1 \neq 1$, le point de coordonnées (0, 1) n'est pas sur la droite (D).
En remplaçant x par 3 dans l'équation de (D), on obtient $y = 3\times 3-1 = 8$.
Le point de coordonnées (3, 8) est sur la droite (D).
En remplaçant x par 8 dans l'équation de (D), on obtient $y = 3\times 8-1 = 23$.
Comme $23 \neq 9$, le point de coordonnées (8, 9) n'est pas sur la droite (D).
En remplaçant x par -1 dans l'équation de (D), on obtient :
$y = 3 \times (-1) - 1 = -4$. Comme $-4 \neq 0$, le point de coordonnées $(-1, 0)$ n'est pas sur la droite (D).

8. (C)
Le domaine est à gauche de la droite d'équation $x = 1$ donc l'ensemble des points du domaine vérifie $x < 1$.
Le domaine est au-dessous de la droite d'équation $y = 1$ donc l'ensemble des points du domaine vérifie $y < 1$.
Le domaine est au-dessus de la droite d'équation $x + y = 1$ donc l'ensemble des points du domaine vérifie $x + y > 1$.
9. (B)
Une équation de parabole est de la forme $y = ax^2$, celle d'une hyperbole : $y = \dfrac{a}{x}$ et celle d'une droite : $y = ax + b$.
$x^2 + y^2 = r^2$ est l'équation d'un cercle dont le centre est l'origine du repère et dont le rayon est égal à r .
10. (C)
Pour qu'un poduit de facteurs soit nul, il faut et il suffit que l'un des facteurs soit nul.
Donc l'équation $(x - y + 1)(2x - y) = 0$ est équivalente à $x - y + 1 = 0$ ou $2x - y = 0$.
En vérifiant avec les différentes propositions seule C convient.
Remarque :
L'ensemble des solutions de l'équation $(x - y + 1)(2x - y) = 0$ est composé des couples de coordonnées de tous les points des deux droites d'équations respectives $y = x + 1$et $y = 2x$.

13. TRIGONOMÉTRIE

A. Rapports trigonométriques d'un angle aigu

Soit α la mesure de l'angle $\widehat{BAC}$ (comprise entre 0° et 90°).

Cosinus

Le cosinus de α est noté $\cos\alpha$ et

$$\boldsymbol{\cos\alpha = \frac{AB}{AC} = \frac{\text{côté adjacent}}{\text{hypoténuse}}}$$

Sinus

Le sinus de α est noté $\sin\alpha$ et

$$\boldsymbol{\sin\alpha = \frac{BC}{AC} = \frac{\text{côté opposé}}{\text{hypoténuse}}}$$

Tangente

La tangente de α est notée $\tan\alpha$ et

$$\boldsymbol{\tan\alpha = \frac{BC}{AB} = \frac{\sin\alpha}{\cos\alpha} = \frac{\text{côté opposé}}{\text{côté adjacent}}}$$

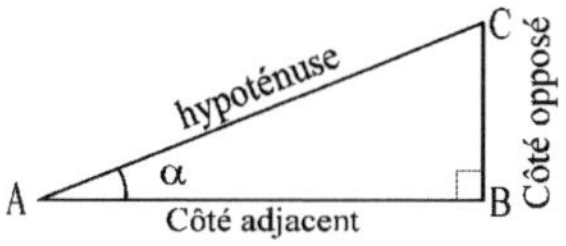

B. Relation fondamentale de la trigonométrie

Pour un angle quelconque de mesure α on a toujours :

$$\boldsymbol{(\sin\alpha)^2 + (\cos\alpha)^2 = 1}$$

Cette relation peut s'écrire : $\boldsymbol{\sin^2\alpha + \cos^2\alpha = 1}$.

Remarque

Pour les angles dont la mesure est comprise entre 0° et 90° $\left(\frac{\pi}{2}\text{ radian}\right)$, on a : $0 \leqslant \cos\alpha \leqslant 1$; $0 \leqslant \sin\alpha \leqslant 1$; $\tan\alpha$ est un nombre réel positif..

C. Valeurs des rapports trigonométriques d'angles remarquables

α en degrés	0	30	45	60	90
α en radians	0	$\frac{\pi}{6}$	$\frac{\pi}{4}$	$\frac{\pi}{3}$	$\frac{\pi}{2}$
$\sin\alpha$	0	$\frac{1}{2}$	$\frac{\sqrt{2}}{2}$	$\frac{\sqrt{3}}{2}$	1
$\cos\alpha$	1	$\frac{\sqrt{3}}{2}$	$\frac{\sqrt{2}}{2}$	$\frac{1}{2}$	0
$\tan\alpha$	0	$\frac{\sqrt{3}}{3}$	1	$\sqrt{3}$	non définie

1 ABC est un triangle rectangle en A. On note $\widehat{B} = x$.
Sachant que $\sin x = \dfrac{\sqrt{2}}{3}$, que vaut $\cos x$?

A) $\dfrac{\sqrt{7}}{3}$. B) $\dfrac{\sqrt{3}}{7}$. C) $-\dfrac{\sqrt{7}}{3}$. D) $-\dfrac{\sqrt{3}}{7}$.

2 Quel est le résultat du calcul suivant ?
$(\cos x + \sin x)^2 + (\cos x - \sin x)^2$.

A) 0. B) -1. C) 1. D) 2.

3 ABC est un triangle rectangle en C tel que $\widehat{CAB} = 30°$; H est le pied de la hauteur issue du sommet C.
Calculer AB sachant que CH$=2$

A) $3\sqrt{2}$. B) $2\sqrt{3}$. C) $\dfrac{2\sqrt{3}}{3}$. D) $\dfrac{3\sqrt{2}}{2}$.

4 ABC est un triangle rectangle en A, H est le pied de la hauteur issue de A. L'expression de AH^2 est :

A) $AH^2 = \dfrac{BH}{HC}$. B) $AH^2 = \dfrac{HC}{BH}$.

C) $AH^2 = BH \times HC$. D) $AH^2 = BH^2 + HC^2$.

5 ABC est un triangle rectangle en A, H est le pied de la hauteur issue de A. L'expression de AB^2 est :

A) $AB^2 = HC \times BC$. B) $AB^2 = BH \times BC$.

C) $AB^2 = AH \times BC$. D) $AB^2 = AC^2 + BC^2$.

6 ► Sur la figure ci-contre, on a BH $=$ 4 cm et AB $=$ 8 cm. Quelle est la valeur de HC en cm ?

A) 4. B) 8. C) 12. D) 16.

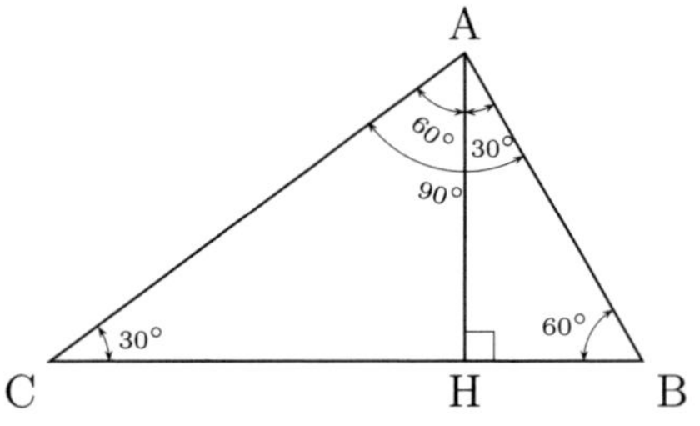

7 ► La zone éclairée par une lampe située à 3,50 m du sol est assimilable à un cône de révolution dont la section au sol est un disque de centre H et de diamètre BC. Quelle est la longueur de [BC] ?
On donne : $\widehat{\text{BAC}}$ est 80° et

	40°	80°
sin	0,643	0,985
cos	0,766	0,174
tan	0,839	5,671

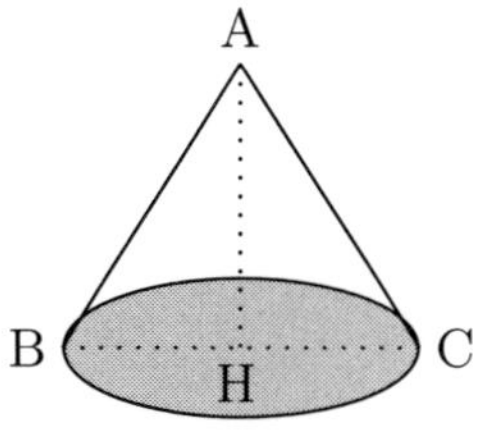

A) 4,50 m. B) 5,36 m. C) 5,87 m. D) 6, 89 m.

8 ► Si $\sin x = \frac{2}{3}$ et $\cos x = \frac{\sqrt{5}}{3}$ alors $\tan x = ?$

A) $\frac{\sqrt{5}}{2}$. B) $\frac{2\sqrt{5}}{9}$. C) $\frac{2\sqrt{5}}{5}$. D) $\frac{4}{5}$.

9 On considère un triangle ABC, rectangle en A.
Si $\cos \widehat{\text{B}} = \frac{\sqrt{3}}{2}$ quelle est, en radians, la mesure de l'angle $\widehat{\text{C}}$?

A) $\frac{\pi}{6}$. B) $\frac{\pi}{3}$. C) $\frac{\pi}{2}$. D) π.

Corrigés

1. (A)

$\cos^2 x + \sin^2 x = 1$ donc $\cos^2 x = 1 - \sin^2 x = 1 - \left(\frac{\sqrt{2}}{3}\right)^2 = 1 - \frac{2}{9} = \frac{7}{9}$

Le cosinus d'un angle aigu est positif, donc $\cos x = \sqrt{\frac{7}{9}} = \frac{\sqrt{7}}{3}$.

2. (D)

$$\begin{aligned}(\cos x + \sin x)^2 + (\cos x - \sin x)^2 \\ &= \cos^2 x + 2\cos x \sin x + \sin^2 x + \cos^2 x - 2\cos x \sin x + \sin^2 x \\ &= \cos^2 x + \sin^2 x + \cos^2 x + \sin^2 x \\ &= 2\end{aligned}$$

3. (B)

La somme des mesures des angles d'un triangle est égale à 180° et le triangle ABC est rectangle en C.
$\widehat{ACB} = 30°$, donc $\widehat{CBA} = 60°$.
Dans le triangle CHA rectangle en H on a : $\tan(\widehat{HAC}) = \frac{CH}{AH} = \frac{2}{AH}$.

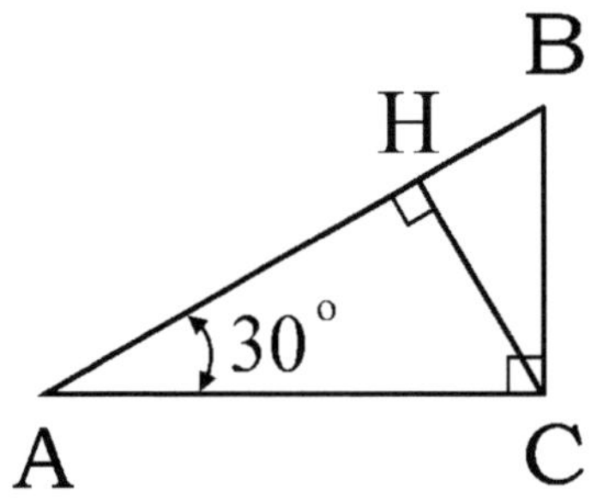

$\tan 30° = \frac{\sqrt{3}}{2}$, donc $\frac{2}{AH} = \frac{\sqrt{3}}{2}$, soit : $AH = \frac{4}{\sqrt{3}} = \frac{4\sqrt{3}}{3}$.
Dans le triangle CHB rectangle en H on a :
$\tan(\widehat{HBC}) = \frac{CH}{BH} = \frac{2}{BH}$.
$\tan 60° = \sqrt{3}$, donc $\frac{2}{BH} = \sqrt{3}$, soit : $BH = \frac{2}{\sqrt{3}} = \frac{2\sqrt{3}}{3}$.
$AB = AH + BH = \frac{4\sqrt{3}}{3} + \frac{2\sqrt{3}}{3} = \frac{6\sqrt{3}}{3} = 2\sqrt{3}$.

4. (C)

Dans le triangle ABH rectangle en H on a : $\tan(\widehat{ABH}) = \frac{AH}{BH}$, donc $AH = BH \times \tan(\widehat{ABH})$.

Dans le triangle AHC rectangle en H on a : $\tan(\widehat{HAC}) = \frac{HC}{AH}$, soit : $AH = \frac{HC}{\tan(\widehat{HAC})}$.

$\widehat{ABC} = 90 - \widehat{ACB}$ et $\widehat{HAC} = 90 - \widehat{ACH}$, de plus $\widehat{ACB} = \widehat{ACH}$, donc $\widehat{ABC} = \widehat{HAC}$.

Ainsi $AH \times AH = BH \times \tan(\widehat{ABH}) \times \dfrac{HC}{\tan(\widehat{ABH})}$, soit : $AH^2 = BH \times HC$.

5. (B)

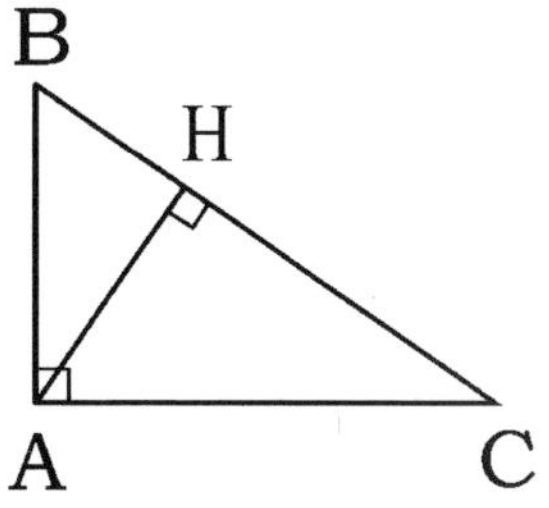

Dans le triangle AHB rectangle en H on a : $\cos(\widehat{ABH}) = \dfrac{BH}{AB}$,
soit : $AB = \dfrac{BH}{\cos(\widehat{ABH})}$.
Dans le triangle ABC rectangle en A on a : $\cos(\widehat{ABC}) = \dfrac{AB}{BC}$,
soit :
$AB = BC \times \cos(\widehat{ABC})$.
Donc $AB \times AB = \dfrac{BH}{\cos(\widehat{ABH})} \times BC \times \cos(\widehat{ABC})$.
Les deux angles $\widehat{ABC}$ et $\widehat{ABH}$ sont égaux, donc $AH^2 = BH \times BC$.

6. (C)

Le triangle ABH est rectangle en H, c'est un demi triangle équilatéral donc
$AH = AB\dfrac{\sqrt{3}}{2} = \dfrac{8\sqrt{3}}{2} = 4\sqrt{3}$.

Le triangle AHC est rectangle en H, on peut donc écrire $\tan \widehat{HCA} = \dfrac{AH}{CH}$

soit $CH = \dfrac{4\sqrt{3}}{\tan 30} = \dfrac{4\sqrt{3}}{\dfrac{\sqrt{3}}{3}} = 12$ cm

7. (C)

Le triangle ABC est isocèle, de base [BC] donc (AH) est la bissectrice de $\widehat{BAC}$. Alors une mesure de $\widehat{BAH}$ est 40°. La droite (AH) est aussi médiatrice de [BC] donc $BH = \dfrac{BC}{2}$.

Le triangle ABH est rectangle en H donc $\tan \widehat{BAH} = \dfrac{BH}{AH}$ soit $\tan 40 = \dfrac{BH}{3,5}$
donc $BH = 3,5 \tan 40 = 3,5 \times 0,839 = 2,9365$ m. Alors $BC = 5,873$ m.

8. (C)

$\tan x = \dfrac{\sin x}{\cos x}$ donc $\tan x = \dfrac{\dfrac{2}{3}}{\dfrac{\sqrt{5}}{3}} = \dfrac{2}{3} \times \dfrac{3}{\sqrt{5}} = \dfrac{2}{\sqrt{5}} = \dfrac{2\sqrt{5}}{5}$.

9. (B)

Si $\cos B = \dfrac{\sqrt{3}}{2}$ alors $\widehat{B} = \dfrac{\pi}{6}$.

$\widehat{B} + \widehat{C} = \dfrac{\pi}{2}$ donc $\widehat{C} = \dfrac{\pi}{2} - \dfrac{\pi}{6} = \dfrac{3\pi}{6} - \dfrac{\pi}{6} = \dfrac{2\pi}{6} = \dfrac{\pi}{3}$.

14. PÉRIMÈTRES, AIRES

A. Définitions

Le périmètre d'une figure plane est la longueur de la courbe fermée formant cette figure.
La surface de la figure plane est la partie de la figure située à l'intérieur de cette courbe fermée. La mesure de cette surface représente l'aire de la figure considérée.

Triangle

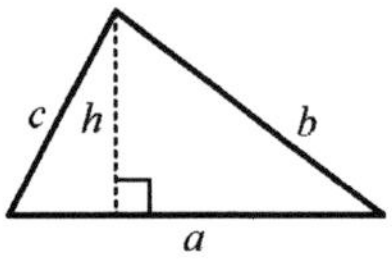

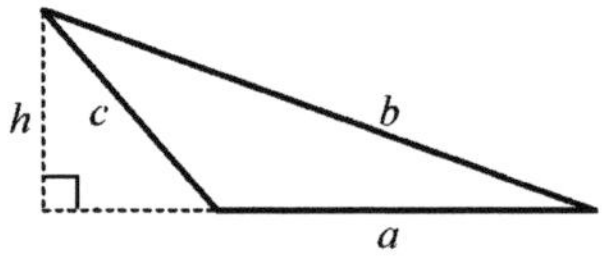

Périmètre : $\boldsymbol{P = a + b + c}$. Aire : $\boldsymbol{A = \frac{1}{2}ah}$.

Carré

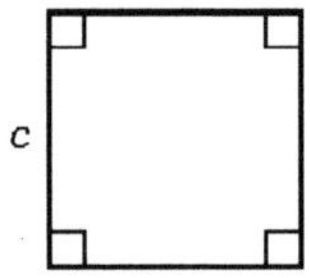

Périmètre : $\boldsymbol{P = 4c}$.
Aire : $\boldsymbol{A = c^2}$.

Rectangle

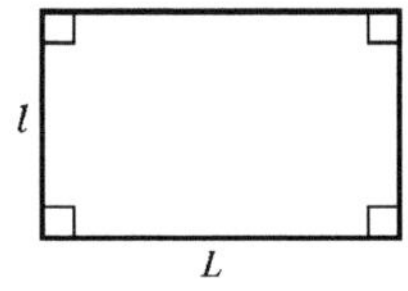

Périmètre : $\boldsymbol{P = 2(L + l)}$. Aire : $\boldsymbol{A = L \times l}$.

Losange

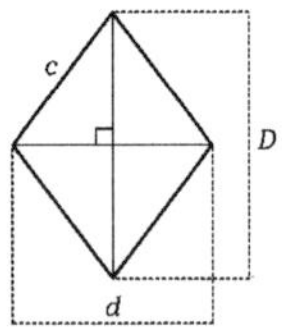

Périmètre : $\boldsymbol{P = 4c}$.
Aire : $\boldsymbol{A = \frac{D \times d}{2}}$.

Parallèlogramme

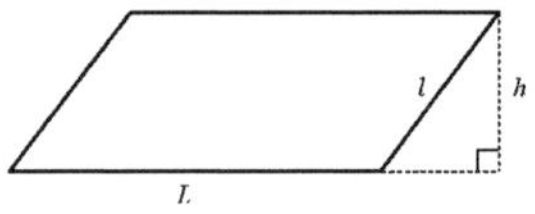

Périmètre : $\boldsymbol{P = 2(L + l)}$.
Aire : $\boldsymbol{A = L \times h}$.

Trapèze

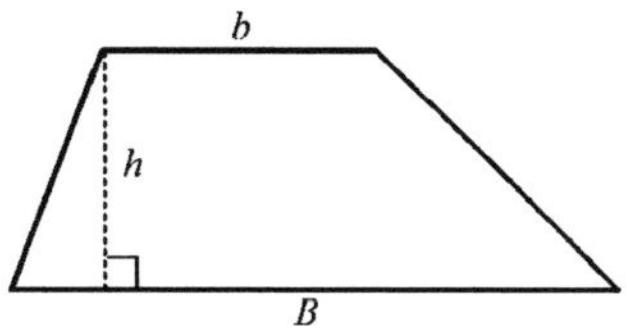

Aire : $\boldsymbol{A = \frac{(B + b) \times h}{2}}$.

Cercle, disque, arc de cercle et secteur angulaire

La circonférence est la longueur du cercle ou le périmètre du disque.

Circonférence : $\boldsymbol{C = 2\pi R = \pi D}$, aire du disque : $\boldsymbol{A = \pi R^2 = \pi \frac{D^2}{4}}$.

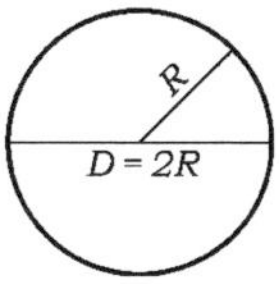

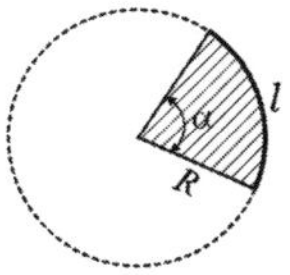

Si l'angle α est mesuré en degrés,

aire du secteur : $\boldsymbol{A = \frac{\pi R^2 \times \alpha}{360}}$, longueur de l'arc : $\boldsymbol{l = \frac{2\pi R \times \alpha}{360}}$.

Si l'angle α est mesuré en radians,

aire du secteur : $\boldsymbol{A = \frac{R^2 \times \alpha}{2}}$, longueur de l'arc : $\boldsymbol{l = R \times \alpha}$.

Aire d'une couronne circulaire

L'aire de la couronne circulaire est la différence entre l'aire du grand disque est l'aire du petit disque.

Aire : $\boldsymbol{A = \pi \left(R^2 - r^2\right)}$.

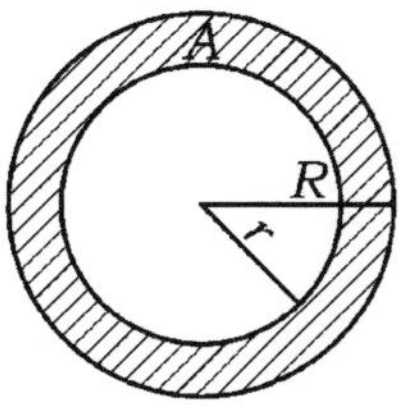

1 Quelle est la longueur du côté d'un carré dont l'aire égale le périmètre ?

A) 1 . B) 2. C) 3. D) 4. E) 5.

2 Quand on augmente de 7 m les longueurs des côtés d'un carré, son aire augmente de 511 m^2. Quelle est la longueur du carré primitif ?

A) 40 m. B) 29,50 m. C) 36,50 m. D) 33 m.

3 Soit un triangle ABC, rectangle en B et tel que AB $=$ 8 cm et AC $=$ 10 cm. Quelle est l'aire de ce triangle ?

A) 44 cm^2. B) 40 cm^2. C) 24 cm^2. D) 20 cm^2.

4 Sachant que le rayon d'un disque mesure 6 cm, quelle est son aire ? $(\pi = 3,14)$

A) 18,84 cm^2. B) 37,68 cm^2. C) 56,52 cm^2. D) 113,04 cm^2.

5 Quelle est l'aire d'un cube dont l'arête mesure 8 cm ?

A) 512 cm^2. B) 288 cm^2. C) 384 cm^2. D) 256 cm^2.

6 Un champ C_1, rectangulaire, mesure 40 m sur 90 m. Un champ carré C_2 est de même aire que le champ C_1. Le prérimètre du champ C_1 est :

A) plus petit que celui de C_2. B) plus grand que celui de C_2.

C) égal à celui de C_2. D) plus petit ou égal à celui de C_2.

7 Quelle est l'aire totale d'un cube ayant 3 cm de côté ?

A) 52 cm^2. B) 54 cm^2. C) 56 cm^2. D) 58 cm^2.

8 Quelle est l'aire de la couronne ?

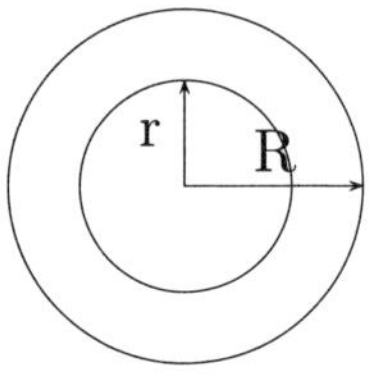

A) $\pi\,(R+r)\,(R-r)$. B) $\pi\,(R-r)\,(R-r)$.

C) $2\pi r$. D) $2\pi R$.

9 ▶ Quelle est l'aire totale des deux carrés représentés sur le schéma ci-contre ?
(NB : ce schéma n'est pas à léchelle)

A) 9 cm^2. B) 18 cm ^{2}.

C) $81\sqrt{2}$ cm^2. D) 81 cm^2.

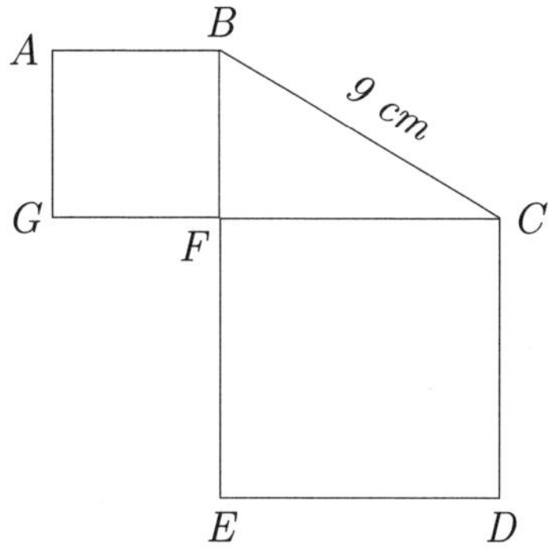

10 ▶ Calculer l'aire de la surface non hachurée sur la figure ci-contre sachant que AB = 1 m :
(On donne $\pi = 3,14$)

A) 0,215 m^2. B) 214 cm^2.

C) 98,43 dm^2. D) 96 860 mm^2.

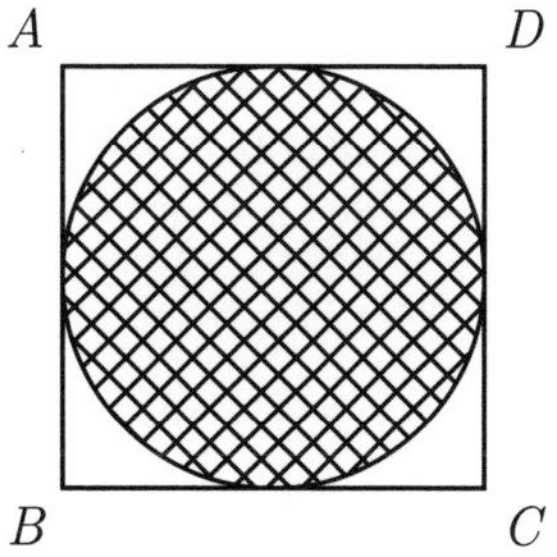

11 On veut tapisser une pièce avec un papier uni, sans raccord, dont les rouleaux mesurent 0,5 m de largeur et 10 m de longueur.
Deux des murs de la pièce ont la forme d'un rectangle de 2,50 m de hauteur et 5 m de largeur, sans ouverture.
Les deux autres murs ont la forme de rectangles de 2,50 m de hauteur et 4,50 m de largeur et sont percés, l'un par une porte de 1 m sur 2 m, l'autre de 2 fenêtres de 1 m de large et 1 m de haut chacune.
Le nombre minimal de rouleaux à prévoir est :

A) 5. B) 7. C) 9. D) 11.

12 La documentation technique d'une meuleuse électrique indique une vitesse de rotation de 6 000 tours par minute. La face du disque de la meule est percée d'un petit trou dont le centre est situé à 4 cm du bord extérieur. Sachant que le diamètre du disque est 20 cm, quelle est la distance parcourue par le centre de ce trou en 20 secondes ?
(On prendra $\pi = 3$).

A) 0,192 km. B) 0,72 km. C) 1,920 km. D) 7,20 km.

13 On suppose que la Terre est une sphère lisse dont le rayon a pour valeur R. On en fait le tour, à pied, au niveau de l'équateur. Si on en fait le tour à deux mètres de hauteur, la distance à parcourir augmente de :

A) 2π. B) 4π. C) $\pi(R+1)$. D) $2\pi(R+1)$.

14 ▶ Quelle est l'aire d'un hexagone régulier dont l'arête vaut 2 ?

A) $3\sqrt{3}$. B) $6\sqrt{3}$. C) $12\sqrt{3}$. D) $24\sqrt{3}$.

15 ▶ Quelle est, en cm^2, l'aire du disque noir, encadré et tangent aux quatre disques blancs, eux-mêmes tangents deux à deux et ayant une aire égale à 3 cm^2 ? (On prendra $\pi = 3$)

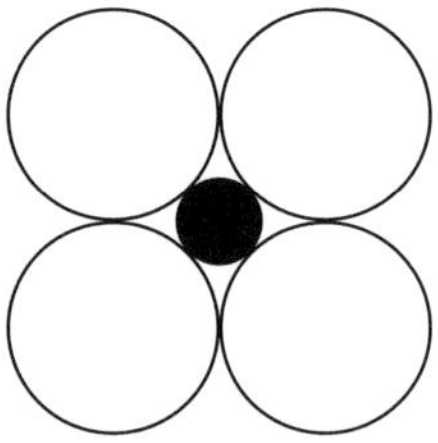

A) $3-2\sqrt{2}$. B) $6-4\sqrt{2}$.

C) $9-6\sqrt{2}$. D) $12-8\sqrt{2}$.

16 ▶ Sur la figure ci-contre, on donne AD = 7, DE = 9 et CE = x. Quelle est la valeur de x sachant que les aires du rectangle ABCD et du triangle rectangle BCE sont égales ?

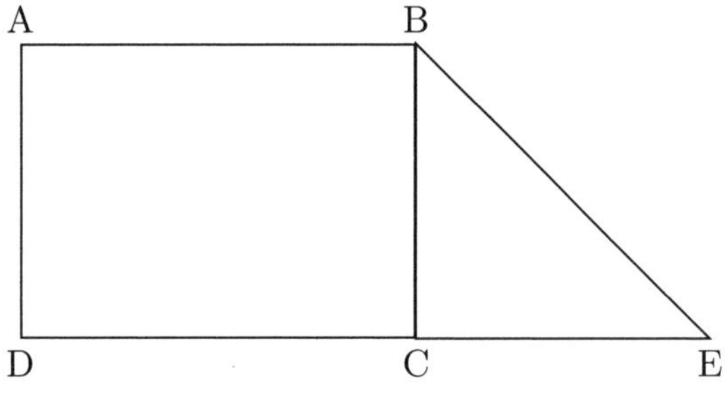

A) 4. B) 6. C) 7. D) 9.

17 ▶ Soit un cercle de rayon $R = 1$. Soit P_C le périmètre du carré tangent au cercle et P_I le périmètre du carré inscrit dans le cercle. Laquelle de ces réponses est vraie ?

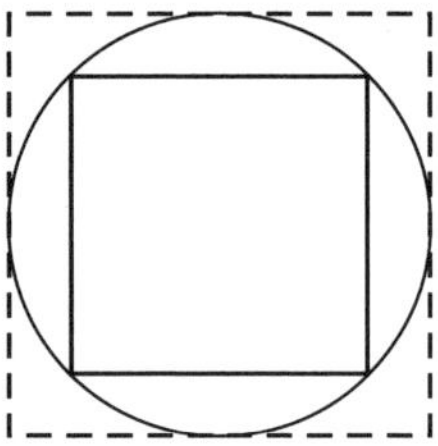

A) $P_C = 4$; $P_I = 4\sqrt{2}$. B) $P_C = 4$; $P_I = 2\sqrt{2}$.

C) $P_C = 8$; $P_I = 4\sqrt{2}$. D) $P_C = 8$; $P_I = 2\sqrt{2}$.

18 ▶ Un cycliste parcourt, à une allure constante, un kilomètre et demi en cinq minutes. La roue avant de sa bicyclette effectue exactement dix tours en trois secondes. Quel est le diamètre de la roue avant de sa bicyclette ? (On prendra $\pi = 3$).

A) 25 cm. B) 50 cm. C) 100 cm. D) 150 cm.

19 ▶ Un cylindre a une aire totale égale à 162 cm^2. Sachant que sa hauteur est égale au diamètre de la base, quel est le rayon de ce cylindre ? (On prendra $\pi = 3$).

A) 3 cm. B) 6 cm. C) 9 cm. D) 12 cm.

20 ▶ Un jardin rectangulaire a une aire totale de 300 m^2. On décide de tracer une allée de 2,50 m de large qui partage le jardin en deux surfaces cultivables rectangulaires ayant même longueur que ce jardin. La surface cultivable totale est alors de 250 m^2.
Quelles sont les dimensions de ce jardin ?

A) 20 m×15 m. B) 30 m×10 m. C) 40 m×7,5 m. D) 50 m×6 m.

21 ▶ La surface de la partie noircie dans le schéma ci-contre est égale à :

A) 27 u^2. B) 18 u^2.

C) 9 u^2. D) 6 u^2.

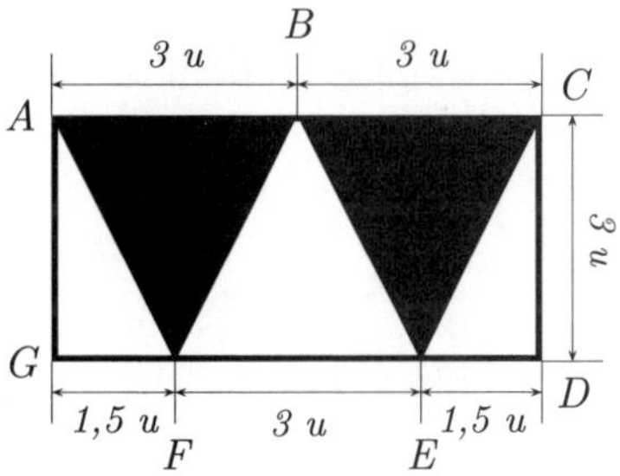

22 ▶ Une chèvre, attachée à un piquet situé dans un champ, peut brouter 10 m^2 d'herbe. On double la longueur de la corde. Dès lors, quelle surface cette chèvre va-t-elle pouvoir brouter ?

A) 20 m^2. B) 30 m^2. C) 40 m^2. D) 100 m^2.

23 ▶ Un rectangle de 25 cm de largeur et 125 cm de longueur a la même aire qu'un triangle rectangle dont l'un des côtés de l'angle droit mesure 100 cm.
Quelle est, en centimètres, la longueur de l'autre côté de l'angle droit ?

A) 3,125. B) 6,25. C) 31,25. D) 62,5.

24 ▶ La petite aiguille d'une énorme horloge mesure 3 m de long.
Quel est le chemin parcouru par l'extrémité de cette aiguille en 1 heure ?

A) 1,57 m. B) 4,71 m. C) 9,42 m. D) 18,84 m.

25 ▶ Une pellicule photographique 24×36 donne un négatif rectangulaire de 24 mm sur 36 mm. Après le développement, on obtient une image de 10 cm sur 15 cm. Quelle est, en mm^2, la différence entre l'aire de l'image et l'aire du négatif ?

A) 14 000 . B) 15 132 . C) 14 136 . D) 18 126 .

26 ▶ Quel est le rayon d'un disque dont l'aire est égale au périmètre ?

A) 2. B) π. C) 1. D) 2π.

27 ▶ Luc est enrhumé. Il utilise des mouchoirs carrés de 25 cm de côté.
En 8 jours il a utilisé 3 m^2 de tissu.
En moyenne, combien a-t-il utilisé de mouchoirs par jour ?

A) 4. B) 6. C) 9. D) 12.

28 Une sphère a pour aire α. On double son rayon. Son aire est alors :

A) 8α. B) 6α. C) 4α. D) 2α.

29 La différence des surfaces de 2 carrés est 423 m^2.
La différence de leurs périmètres est 36 m.
Le total de leurs périmètres est donc de :

A) 204. B) 188. C) 142. D) 320.

30 On aumente de 30 % la longueur des côtés d'un triangle équilatéral.
De quel pourcentage aumente son aire ?

A) 66 %. B) 69 %. C) 30 %. D) 90 %.

Corrigés

1. (D)
Soit a la longueur cherchée, a est un réel positif. Il faut résoudre l'équation $a^2 = 4a$ soit $a^2 - 4a = 0$ donc $a(a-4) = 0$, ce qui est équivalent à $a = 0$ ou $a = 4$. On écarte la valeur $a = 0$ car alors le carré n'existe pas.

2. (D)
Soit x la longueur du côté du carré initial, $x$est un réel positif et l'aire est x^2.

Le nouveau carré a pour côté $x + 7$ et son aire est $(x+7)^2$.

On peut donc écrire : $x^2 + 511 = (x+7)^2$ soit $x^2 + 511 = x^2 + 14x + 49$ donc $462 = 14x$ donc $x = 33$.

3. (C)
Le triangle est rectangle en B, [AC] en est l'hypoténuse.

Donc $BC^2 = AC^2 - AB^2 = 100 - 64 = 36$. Alors BC = 6 cm.

L'aire du triangle est égale à $\dfrac{AB \times BC}{2} = \dfrac{8 \times 6}{2} = 24$ cm^2.

4. (D)
$\mathcal{A} = \pi R^2 = 3,14 \times 36 = 113,04$ cm^2.

5. (C)
Aire d'une face : $8 \times 8 = 64$ cm^2. Il y a 6 faces de même aire donc l'aire totale est $64 \times 6 = 384$ cm^2.

6. (B)
Aire de $C_1 = 90 \times 40 = 3\,600$ m^2, périmètre de $C_1 = 2(90 + 40) = 260$ m. Si c est la mesure du côté du carré alors son aire est $c^2 = 3\,600$ m^2 donc $c = 60$ m. Alors le périmètre de C_2 est $4c = 240$ m.

7. (B)
Un cube a six faces dont chacune est un carré d'aire $3 \times 3 = 9$ cm^2

8. (A)
L'aire est égale à $\pi R^2 - \pi r^2 = \pi\left(R^2 - r^2\right) = \pi(R-r)(R+r)$.

9. (A)
Si x est la mesure du côté d'un carré et y la mesure du côté de l'autre carré alors leur surface totale est $x^2 + y^2$. En appliquant le thérème de Pythagore dans le triangle BFC on a $x^2 + y^2 = 9$

10. (A)
ABCD est un carré de côté 1 m, son aire est 1 m^2.

Le cercle est de diamètre 1 m, l'aire de cercle est $\dfrac{\pi D^2}{4} = \dfrac{\pi}{4} = 0,785$ m^2.

L'aire de la surface non hachurée est $1 - 0,785 = 0,215$ m^2.

11. (C)
Surface à tapisser : $2 \times 5 \times 2,5 + 2 \times 2,5 \times 4,5 - 2 \times 1 - 2 \times 1 \times 1 = 25 + 22.5 - 2 - 2 = 43,5$ m^2.

Surface couverte par un rouleau (le papier, sans raccord n'entraîne pas de chutes inutiles) : $0,5 \times 10 = 5$ m^2.

Nombre minimal de rouleaux à prévoir : $\dfrac{43,5}{5} = 8,7$, il faut 9 rouleaux.

12. (B)

Le rayon du disque de la meuleuse est 10 cm, par conséquent le centre du trou décrit un cercle de rayon $r = 6$ cm. La longueur du chemin parcouru par ce point en un tour est égale à la circonférence du cercle soit $d = 2\pi \times 6 = 12\pi = 36$ cm. En une minute la meule parcourt 6 000 tours donc en 20 s elle a tourné de 2 000 tours.
Le chemin parcouru par le centre du trou en 20 s est donc $l = 36 \times 2\,000 = 72\,000$ cm soit 720 m ou 0,72 km.

13. (B)

La circonférence initiale est $2\pi R$.
La nouvelle circonférence est $2\pi\,(R+2) = 2\pi R + 4\pi$. La différence des deux circonférences est 4π.

14. (B)

La surface d'un hexagone régulier est composée de 6 triangles équilatéraux.

Si le côté vaut 2, la hauteur de l'un des triangles est $\dfrac{2\sqrt{3}}{2} = \sqrt{3}$ et l'aire d'un triangle est égale à $\dfrac{2 \times \sqrt{3}}{2} = \sqrt{3}$.

L'aire de l'hexagone est donc égale à $6\sqrt{3}$.

15. (C)

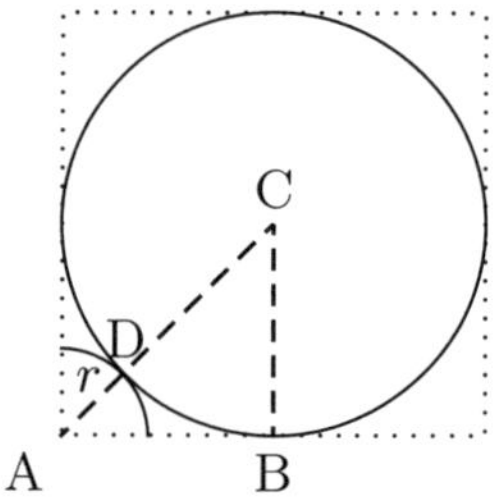

Chaque grand cercle est inscrit dans un carré de côté $2R$
$AB = R$, $BC = R$ donc $AC = R\sqrt{2}$.
L'aire d'un grand cercle est $\pi R^2 = 3$ soit $3R^2 = 3$ donc $R = 1$ cm.
$r = CA - CD$ donc $r = \sqrt{2} - 1$.
Aire du disque noir : $\pi \times r^2 = 3\left(\sqrt{2}-1\right)^2$
$= 3\left(2 - 2\sqrt{2} + 1\right) = 9 - 6\sqrt{2}$.

16. (B)

Les dimensions du rectangle sont $AD = 7$ et $DC = 9 - x$.
Son aire est $7\,(9 - x) = 63 - 7x$.

L'aire du triangle rectangle est $\dfrac{7x}{2} = 3,5x$.

Donc x est tel que $93 - 7x = 3,5x$ soit $63 = 10,5x$ donc $x = 6$.

17. (C)

Calcul de P_C : le cercle est de rayon 1 donc la longueur du côté du carré tangent au cercle est égale à 2 et son périmètre est égal à $4 \times 2 = 8$.
Calcul de P_I : la diagonale du carré est égale à 2 donc son côté mesure $\dfrac{2}{\sqrt{2}} = \sqrt{2}$ et son périmètre est égal à $4\sqrt{2}$.

18. (B)
La circonférence de la roue est $\mathcal{C} = \pi D = 3D$ donc la distance parcourue en 3 secondes est égale à $30D$.
Le cycliste parcourt 1,5 km en 5 min donc 300 m par min ou encore 30 000 cm par minute soit $\dfrac{30000}{20} = 1\,500$ cm en trois secondes.
Donc $30D = 1\,500$ soit $D = 50$ cm.
19. (A)
La surface totale d'un cylindre est composée de deux disques de rayon R et d'un rectangle de largeur h et de longueur $2\pi R$, donc l'aire totale du cylindre est $\mathcal{A} = 2\left(\pi R^2\right) + 2\pi Rh = 2\pi R\,(R+h)$.
On a donc $2\pi R\,(R+h) = 2 \times 3R\,(R+2R) = 18R^2 = 162$ donc $R^2 = 9$ soit $R = 3$ cm.
20. (A)
Soient L et l respectivement la longueur et la largeur du champ. L et l sont des nombres réels positifs. Alors $Ll = 300$.
Aire de l'allée : $2,50L = 300 - 250 = 50$ m^2. Donc $L = \dfrac{50}{2,5} = 20$ m.
Alors $l = \dfrac{300}{L} = \dfrac{300}{20} = 15$ m.
21. (C)
La partie noircie est composée de deux triangles égaux. Un des côtés d'un triangle mesure 3 u et la hauteur relative à ce côté mesure 3 u.
$\mathcal{S} = 2\left(\dfrac{3u \times 3u}{2}\right) = 9u^2$.
22. (C)
La chèvre broute la surface délimitée par un cercle dont le rayon est la longueur de la corde. La surface d'un cercle est proportionnelle au carré du rayon. Si le rayon est multiplié par deux, la surface est multipliée par $2^2 = 4$.
23. (D)
L'aire du rectangle est $25 \times 125 = 3\,125$ cm^2.
Soit x la longueur cherchée, x est un réel positif. La surface du triangle rectangle est $\dfrac{x \times 100}{2} = 50x$. Donc $50x = 3\,125$ soit $x = \dfrac{3\,125}{50} = 62,5$ cm.
24. (A)
Si la petite aiguille, qui indique les heures, mesure 3 m de long, elle parcourt la circonférence d'un cercle de 3 m de rayon en douze heures, et $\dfrac{1}{12}$ de cette circonférence en 1 h.
Donc elle parcourt $\dfrac{2\pi \times 3}{12} = \dfrac{\pi}{2} = 1,57$ m.

25. (C)
L'aire du négatif est $24 \times 36 = 864$ mm^2.
Les dimensions de l'image sont 100 mm et 150 mm, soit une aire de 15 000 mm^2. La différence est de $15\,000 - 864 = 14\,136$ mm^2.
26. (A)
Aire du disque $\mathcal{A} = \pi \mathcal{R}^{\in}$, périmètre du cercle $\mathcal{C} = 2\pi R$ donc
$\pi R^2 = 2\pi R$ soit $\pi R^2 - 2\pi R = 0$ donc $\pi R(R-2) = 0$ qui a pour solution, dans l'ensemble des nombres réels positifs, $R = 2$.
Alors $\mathcal{A} = \mathcal{C} = 4\pi$.
27. (B)
Surface journalière de tissu utilisée :
$\frac{3}{8}$ m^2 soit 0,375 m^2 ou encore $0,375 \times 10^4 = 3\,750$ cm^2.
Surface d'un mouchoir : $25^2 = 625$ cm^2.
Nombre quotidien de mouchoirs utilisés : $\dfrac{3\,750}{625} = 6$.
28. (C)
Aire de la sphère : $\alpha = 4\pi R^2$.
Si le rayon est doublé, l'aire devient $\alpha' = 4\pi\,(2R)^2 = 4\pi R^2 \times 4 = 4\alpha$.
29. (B)
Si un carré a pour coté a et l'autre b avec $a > b$, alors les aires respectives des deux carrés sont a^2 et b^2. Les périmètres respectifs des deux carrés sont $4a$ et $4b$.
On peut donc écrire $a^2 - b^2 = 423$ et $4a - 4b = 36$ soit $(a+b)(a-b) = 423$ et $a - b = 9$. Donc $a + b = \dfrac{423}{9} = 47$.
Par conséquent $4a + 4b = 188$.
30. (B)
Un triangle équilatéral de côté a a pour hauteur $h = \dfrac{a\sqrt{3}}{2}$.

Son aire est donc $\mathcal{A} = \dfrac{a \times \dfrac{a\sqrt{3}}{2}}{2} = \dfrac{a^2\sqrt{3}}{4}$.

Si le côté augmente de 30 % alors $a' = 1,3a$ et
$\mathcal{A}' = \dfrac{(1,3a)^2\sqrt{3}}{4} = \dfrac{1,69a^2\sqrt{3}}{4} = 1,69\mathcal{A}$.

L'aire augmente de 69 %.

15. VOLUMES

Volume du cube

$\boldsymbol{V = a^3}$

Les 6 faces sont des carrés, il y a 12 arêtes et 8 sommets.
Toutes les arêtes sont de même longueur a.

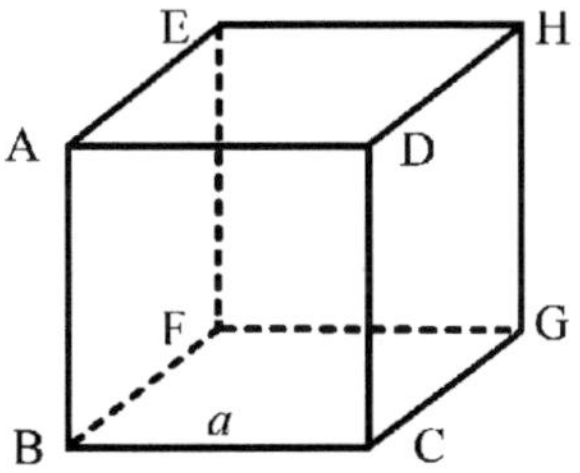

Volume du pavé droit (parallélépipède rectangle)

$\boldsymbol{V = l \times L \times h}$

Les six faces sont des rectangles.

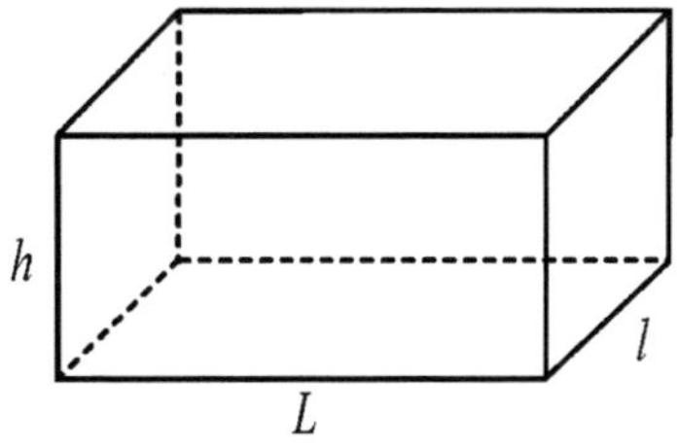

Volume du cylindre droit et du cylindre oblique

$\boldsymbol{V = \pi \times R^2 \times h}$

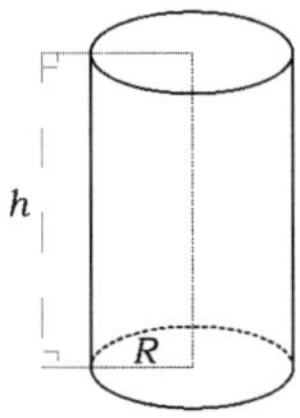

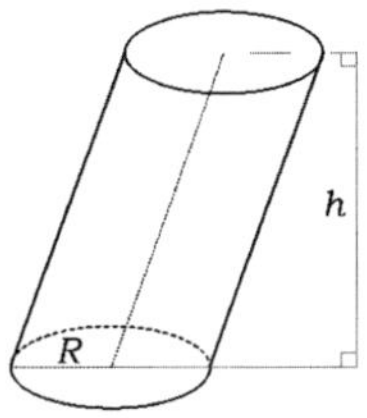

Volume du cône et du cône oblique

Volume : $\boldsymbol{V = \dfrac{\pi \times R^2 \times h}{3}}$

R est le rayon du cercle de base

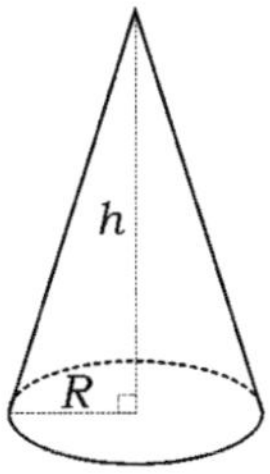

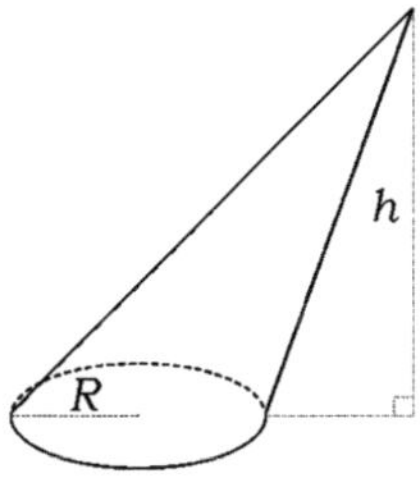

Volume de la pyramide

La base de la pyramide est un polygone et le sommet S est un point n'appartenant pas au plan du polygone.

Volume : $\boldsymbol{V = \frac{B \times h}{3}}$

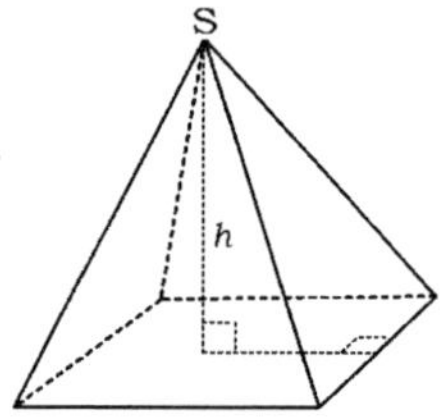

B est l'aire de la base de la pyramide.

Volume de la sphère

La sphère de centre O et de rayon R est l'ensemble des points de l'espace situés à la distance R du point O.

Aire : $\boldsymbol{A = 4\pi R^2}$

Volume : $\boldsymbol{V = \frac{4}{3}\pi R^3}$

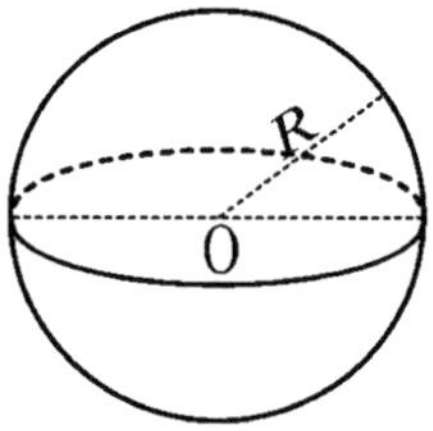

1 ▶ Si on double le rayon d'une boule, son volume est multiplié par :

A) 2. B) 4. C) 6. D) 8.

2 ▶ La pyramide du Louvre est une pyramide régulière, de base carrée de 34 m de côté et d'un volume de 8 092 m^3.
Quelle est la hauteur de la pyramide en centimètres ?

A) 2 100. B) 210π. C) 230. D) 21.

3 ▶ On pose une isolation dans une chambre froide de forme parallélépipèdique, de 5 m de hauteur, 10 m de largeur et 15 m de profondeur. L'isolation réduit chacune des dimensions de $1/5$.
Quel sera, en m^3, le volume de la pièce après la transformation ?

A) 384. B) 480. C) 600. D) 750.

4 Un sculpteur désire connaître le volume d'une pierre parallélépipèdique dont il connaît les différentes aires des faces : 6 dm^2, 10 dm^2 et 15 dm^2.
Quel est le volume de cette pierre ?

A) 0,03 m^3. B) 0,3 m^3. C) 3 m^3. D) 30 m^3.

5 ▶ Un pharaon voulut faire couvrir d'or chaque face visible de la pyramide à 4 côtés qu'il avait fait construire pour sa sépulture.
Sachant que chaque face de la pyramide a la forme d'un triangle isocèle de 100 m de base et 130 m de côté et que l'épaisseur de la couche d'or devait être 2 mm, quelle aurait été la quantité d'or nécessaire pour réaliser les travaux ?

A) 38,4 m^3. B) 48 m^3. C) 58,4 m^3. D) 68 m^3.

6 Un bassin circulaire de 6 m de circonférence est rempli à moitié d'eau. En y ajoutant une tonne d'eau, on s'aperçoit qu'il est alors rempli aux deux tiers. Quelle est la hauteur de ce bassin ? ($\pi = 3$).

A) 0,5 m. B) 1 3. C) 1,5 m. D) 2 m.

7 ▶ Une boite cubique de 6 cm de côté contient une boule de 6 cm de diamètre. Quel est le volume de la boîte qui n'est pas occupé par la boule ?

A) 51 cm^3. B) 72 cm^3. C) 108 cm^3. D) 216 cm^3.

8 ▶ Jacques possède une mallette contenant six boules de pétanque et deux cochonnets. Bien rangée dans la mallette, chaque boule est tangente aux bords de celle-ci, aux boules voisines ainsi qu'aux cochonnets. La longueur extérieure L de la malette est 22 cm et l'épaisseur de chaque paroi est de 5 mm. Quel est le volume intérieur de la mallette ?

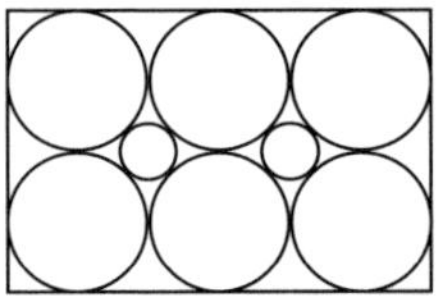

A) 294 cm^3. B) 384 cm^3. C) 1 029 cm^3. D) 2 058 cm^3.

9 Un récipient de base rectangulaire, dont le périmètre de la base est de 1,20 m et dont la longueur est le double de la largeur, contient 16 dm^3 d'eau. Quelle est la hauteur de liquide dans le récipient ?

A) 1,28 cm. B) 2 cm. C) 8 cm. D) 20 cm.

10 ▶ Sur toute la surface d'un lac, il est tombé 60 litres d'eau de pluie par m^2. De combien est monté le niveau de l'eau ?

A) 60 cm. B) 6 cm.

C) 0,6 cm. D) cela dépend de la superficie du lac.

11 ▶ Quel est le volume du cylindre de hauteur 16 et dont la surface de base a pour diamètre 6 ?

A) 12π. B) 36π. C) 90π. D) 135π.

12 ▶ Un bassin cylindrique de base circulaire vide de deux mètres de diamètre est alimenté par un robinet qui débite trois décilitres d'eau par seconde. Le bassin déborde au bout d'une heure et demi. À quelle vitesse est monté le niveau d'eau dans le bassin ? ($\pi = 3$)

A) 0,1 cm/s. B) 3,6 dm/h. C) 1 m/h. D) 36 cm/s.

13 ► Une personne possède une cuve pour stocker du fioul. Un cadran lui indique la quantité de fioul qui reste dans la cuve.
La personne constate que la cuve est remplie au $\frac{1}{6}$ de sa capacité.
Elle verse 350 litres de fioul dans la cuve et le cadran indique alors que la cuve est remplie aux $\frac{3}{4}$ de sa capacité.
Quelle est, en litres, la capacité totale de la cuve ?

A) 600. B) 540. C) 466. D) 408.

14 ► Quel est, en cm^3 le volume de la pyramide régulière représentée en perspective ci-contre, dont la base ABCD est un carré de 6 cm de côté et dont la hauteur SH mesure 9 cm ?

A) 162. B) 108. C) 54. D) 18.

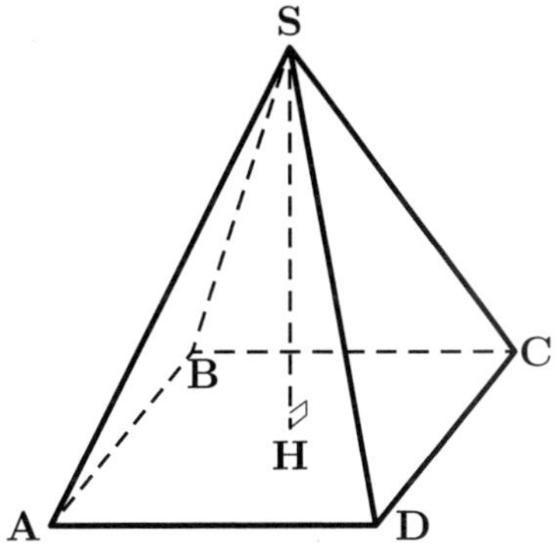

15 ► Un clocher a la forme d'un prisme à base carrée surmonté d'une pyramide régulière de même base. Quel est, en m^3 le volume total du clocher à deux décimales près.

A) 37,5. B) 43,75. C) 46,88. D) 48,95.

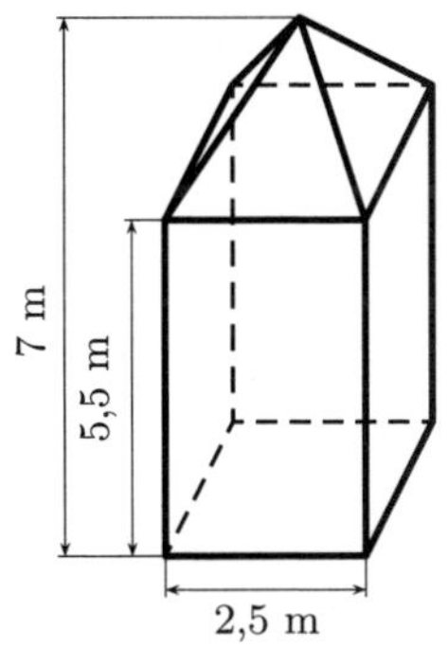

16 ► Une pyramide a une base carrée dont l'arête est de 3 cm.
Sachant que sa hauteur s'élève à 3 cm, quel est le volume de la pyramide ?

A) 27 cm^3. B) 9 cm^3. C) 3 cm^3. D) 18 cm^3.

17 ▶ Un cylindre a un volume de 25 cm^3. On construit un nouveau cylindre dont le rayon est cinq fois plus grand et la hauteur cinq fois plus petite. Quel est le volume de ce nouveau cylindre ?

A) 250 cm^3. B) 125 cm^3. C) 25 cm^3. D) 5 cm^3.

18 ▶ Un parallélépipède rectangle dont le volume est égal 1 cm^3 est tel que la hauteur est égale à trois fois la largeur et au tiers de la longueur. Quelle est la longueur de ce parallélépipède ?

A) 0,1 cm. B) 1 cm. C) 3 cm. D) 9 cm.

19 Le volume d'un cône de rayon de base 5 cm et de hauteur 8 cm est, en cm^3 :

A) 67π. B) $\frac{200}{3}\pi$. C) 200π. D) $\frac{40}{3}\pi$.

20 ▶ La moitié du volume d'un cylindre de rayon 2 cm est égal au quart du volume d'un parallèlépipède rectangle de longueur 4 cm, de largeur 2 cm et de hauteur 6 cm.
Sachant que $\pi = 3,14$, quelle est la hauteur du cylindre ?

A) 2,86 cm. B) 3,82 cm. C) 0,95 cm. D) 1,91 cm.

Corrigés

1. (D)

Le volume d'une boule est $\frac{4}{3}\pi R^3$ donc si on double le rayon, le volume est multiplié par $2^3 = 8$.

2. (A)

Volume de la pyramide : $\mathcal{V} = \frac{Bh}{3}$ soit $h = \frac{3\mathcal{V}}{B}$.

$h = \frac{8\,092 \times 3}{34 \times 34} = \frac{238 \times 3}{34} = 7 \times 3 = 21$ m soit 2 100 cm.

3. (A)

Si les dimensions sont réduites de $1/5$, il en reste $4/5$. Les nouvelles dimensions sont $\frac{4}{5} \times 5 = 4$ m, $\frac{4}{5} \times 10 = 8$ m , $\frac{4}{5} \times 15 = 12$ m.

Le volume est donc égal à $4 \times 8 \times 12 = 384$ m^3.

4. (A)

Soient a, b et c les dimensions de la pierre, son volume est abc. Les aires des faces sont ab, ac et bc. On peut écrire $ab \times ac \times bc = 6 \times 10 \times 15$ soit $a^2.b^2.c^2 = 900$ donc $abc = \sqrt{900} = 30$ dm^3 ou 0,03 m^3.

5. (B)

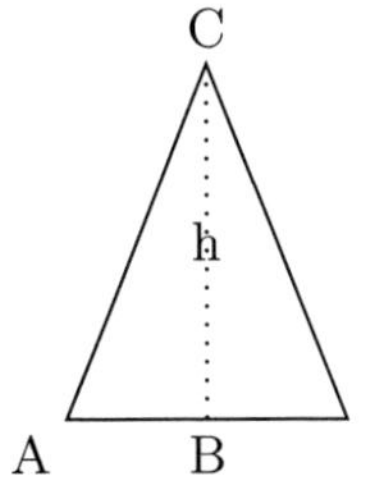

Chaque face est un triangle isocèle de base 100 m donc AB = 50 m. Hauteur d'une face :

$h = \sqrt{\mathrm{AC}^2 - \mathrm{BC}^2} = \sqrt{130^2 - 50^2} = 120$ m.

Aire d'une face : $\frac{100 \times 120}{2} = 6\,000$ m^2.

Aire à recouvrir : 2 400 m^2.

Volume d'or : $2\,400 \times 2 \times 10^{-3} = 48$ m^3.

6. (D)

Rayon du bassin : $2\pi R = 6$ soir $6R = 6$ donc $R = 1$ m.

Surface du bassin $S = \pi R^2 = \pi = 3$ m^2.

Volume initial : $V_i = \pi R^2 \frac{h}{2} = \frac{3h}{2}$; volume final : $V_f = \pi R^2 \frac{2h}{3} = 3\frac{2h}{3} = 2h$.

On ajoute 1 t d'eau soit 1 m^3 d'eau donc $V_f - V_i = 1$ soit $2h - \frac{3h}{2} = 1$ soit $\frac{h}{2} = 1$ donc $h = 2$ m.

7. (C)

Volume du cube : $V_C = 6^3 = 216$ cm^3.

Volume de la boule : $V_B = \frac{4}{3}\pi R^3 = \frac{4}{3} \times 3 \times 3^3 = 108$ cm^3.

Volume inoccupé : $216 - 108 = 108$ cm^3.

8. (D)

La longueur intérieure de la mallette est $22 - 2 \times 0,5 = 21$ cm. Il y a 3 boules sur une longueur, donc le diamètre de chaque boule est égal à 7 cm. Par

conséquent les dimensions intérieures de la mallette sont 21 cm de longueur, 14 cm de largeur et 7 cm d'épaisseur.
Son volume intérieur est donc $21 \times 14 \times 7 = 2\,058$ cm^3.

9. (D)
Soient L, l et h respectivement la longueur, la largeur et la hauteur du récipient. L, l et h sont des nombres réels positifs.
Si $L = 2l$ alors le périmètre de la base est égal à $2(L + l) = 2 \times 3l = 6l$.
Donc $6l = 1,2$ soit $l = 0,2$ m $= 2$ dm et $L = 0,4$ m $= 4$ dm.
Donc $2 \times 4 \times h = 16$ dm^3 soit $h = 2$ dm $= 20$ cm.

10. (B)
$V = Bh$, la surface de base a une aire de 1 m^2 sur laquelle il est tombé un volume de 60×10^{-3} m^3 d'eau. Donc $60 \times 10^{-3} = 1 \times h$ soit $h = 6 \times 10^{-2}$ m donc $h = 6$ cm.

11. (D)
$\mathcal{V} = 3^2 \times \pi \times 15 = 135\pi$.

12. (B)
La surface de base du bassin est $\pi R^2 = 3$ m^2.
Le bassin est rempli en 1 h 30 soit en 5 400 secondes. Le volume d'eau obtenu est de $3 \times 5\,400 = 16\,200$ dl ou 1 620 litres soit encore 1,62 m^3.
La hauteur d'eau dans le bassin est alors $\dfrac{1,62}{3} = 0,54$ m ou 5,4 dm..
Vitesse de remplissage : $\dfrac{5,4}{1,5} = 3,6$ dm/h.

13. (A)
Soit x la capacité totale de la cuve, x est un réel positif
Les données de l'énoncé permettent d'écrire $\dfrac{x}{6} + 350 = \dfrac{3}{4}x$ soit $\dfrac{2x}{12} + \dfrac{4\,200}{12} = \dfrac{9x}{12}$ donc $2x + 4\,200 = 9x$ soit $4\,200 = 7x$ donc $x = 600$ l.

14. (B)
Le volume de la pyramide est $V = \dfrac{B \times h}{3}$.
La surface de base est un carré de 6 cm de côté donc $B = 36$ cm^2 et $V = \dfrac{36 \times 9}{3} = 108$ cm^3.

15. (A)
On peut décomposer le volume total en deux volumes : celui d'un parallélépipède rectangle de dimensions $2,5 \times 2,2 \times 5,5$ donc de volume 34,375 m^3 et d'une pyramide à base carrée de volume
$v = \dfrac{2,5 \times 2,5 \times (7 - 5,5)}{3} = \dfrac{6,25 \times 1,5}{3} = 3,125$ m^3.
Le volume total est de $3,125 + 34,375 = 37,5$ m^3.

16. (B)

Le volume de la pyramide à base carrée est $V = \dfrac{hB}{3}$ si h est la hauteur et B la surface de base.

La surface de base est un carré donc $B = 9$ cm^2, donc $V = \dfrac{3 \times 9}{3} = 9$ cm^3.

17. (B)

Le volume d'un cylindre de rayon R et de hauteur h est $V = \pi.R^2.h$.

Le nouvreau cylindre a un rayon égal à $5R$ et une hauteur égale à $\dfrac{h}{5}$ donc son volume est $V' = \pi.(5R)^2 \times \dfrac{h}{5} = \pi.25R^2 \times \dfrac{h}{5}$ donc $V' = 5\pi.R^2.h = 5V$.

$V = 25$ cm^3 donc $V' = 125$ cm^3.

18. (C)

Appelons L, l et h les dimensions du parallélépipède.

Son volume est $V = L \times l \times h = 1$ cm^3.

$h = 3l$ soit $l = \dfrac{h}{3}$ et $h = \dfrac{L}{3}$ soit $L = 3h$ donc $V = 3h \times \dfrac{h}{3} \times h = h^3$.

Donc $h^3 = 1$ soit $h = 1$ cm et $L = 3$ cm.

19. (B)

Volume du cône : $\mathcal{V} = \dfrac{\pi R^2 h}{3}$ soit $\mathcal{V} = \dfrac{\pi 25 \times 8}{3} = \dfrac{200\pi}{3}$.

20. (D)

Volume du cylindre : $\mathcal{V}_C = \pi R^2 h = 4\pi h$ cm^3.

Volume du parallèlépipède : $\mathcal{V}_P = 4 \times 2 \times 6 = 48$ cm^3.

On a donc $\dfrac{4\pi h}{2} = \dfrac{48}{12}$ soit $2\pi h = 12$ donc $h = \dfrac{6}{\pi} = 1,91$ cm.

16. MESURES

A. Longueurs, aires, volumes

Unités usuelles

L'unité fondamentale de longueur est le mètre (m).

Multiples du mètre :

le décamètre	1 dam	=	10 m		
l'hectomètre	1 hm	=	100 m	=	10^2 m
le kilomètre	1 km	=	1000 m	=	10^3 m

Principaux sous-multiples du mètre :

le décimètre	1 dm	=	0,1 m	=	10^{-1} m
le centimètre	1 cm	=	0,01 m	=	10^{-2} m
le millimètre	1 mm	=	0,001 m	=	10^{-3} m
le micromètre	1 μm	=	0,000 001 m	=	10^{-6} m

L'unité fondamentale d'aire est le mètre carré (m^2).

Un carré de 1 mètre de côté a une aire égale à 1 m^2.

Unités d'aire :

le kilomètre carré	1 km^2	=	1 000 000 m^2	=	10^6 m^2
l'hectomètre carré	1 hm^2	=	10 000 m^2	=	10^4 m^2
le décamètre carré	1 dam^2	=	100 m^2	=	10^2 m^2
le décimètre carré	1 dm^2	=	0,01 m^2	=	10^{-2} m^2
le centimètre carré	1 cm^2	=	0,000 1 m^2	=	10^{-4} m^2
le millimètre carré	1 mm^2	=	0,000 001 m^2	=	10^{-6} m^2

Unités agraires d'aire :

l'hectare	1 ha	=	1 hm^2	=	10 000 m^2
l'are	1 a	=	1 dam^2	=	100 m^2
le centiare	1 ca	=	1 m^2		

L'unité fondamentale de volume est le mètre cube (m^3).

Un cube de 1 mètre de côté a un volume égal à 1 m^3.

Principales unités de volume :

le kilomètre cube	1 km^3	=	1 000 000 000 m^3	=	10^9 m^3
le décimètre cube	1 dm^3	=	0,001 m^3	=	10^{-3} m^3
le centimètre cube	1cm^3	=	0,000 001 m^3	=	10^{-6} m^3
le millimètre cube	1mm^3	=	0,000 000 001 m^3	=	10^{-9} m^3

Le litre correspond au décimètre cube : 1 L = 1 dm^3

Le litre a deux notations usuelles : L ou l.

Dans 1 mètre cube, il y a 1 000 litres.

Multiples usuels du litre : hectolitre (hl), décalitre (dal).

1 hl = 100 L, 1 dal = 10 L

Sous-multiples du litre : décilitre (dl), centilitre (cl), millilitre (ml).

1 L = 10 dl = 100 cl = 1 000 ml

1 millilitre vaut 1 centimètre cube : 1 ml = 1 cm^3 = 1 cc.

Conversions

Avant d'effectuer des opérations ou des comparaisons sur des mesures, il faut les exprimer dans la même unité.

Pour convertir une mesure, on peut utiliser un tableau de conversion.

Pour les longueurs, chaque colonne contient un chiffre.

Exemple : convertir 124 523,9 cm en km. On range le nombre dans le tableau en plaçant le 3 dans la colonne des cm.

...	km	hm	dam	m	dm	cm	mm			μm	...
	1	2	4	5	2	3	9				

On obtient, en plaçant la virgule aprés le chiffre de la colonne km :

1,245 239 km.

Pour les aires, chaque colonne contient deux chiffres.

Exemple : convertir 1 985 764,312 6 m^2 en km^2. On range le nombre dans le tableau en plaçant le 4 à droite, dans la colonne des m^2.

...	km^2	hm^2	dam^2	m^2	dm^2	cm^2	mm^2	...
	0 1	9 8	5 7	6 4	3 1	2 6		

On obtient, en plaçant la virgule aprés le chiffre de droite de la colonne des km^2 : 1,985 764 312 6 km^2.

Pour les volumes, chaque colonne contient trois chiffres.

Exemple : convertir 63 900 247,152 5 cm^3 en m^3. On range le nombre dans le tableau en plaçant le 7 à droite, dans la colonne des cm^3.

...	km^3	hm^3	dam^3	m^3	dm^3	cm^3	mm^3	...
				063	900	247	152	500

On obtient, en plaçant la virgule aprés le chiffre de droite de la colonne des m^3 : 63,900 247 152 5 m^3.

B. Températures

Échelles usuelles

Il y a trois échelles de températures : les degrés Celsius (^{o}C), les degrés Fahrenheit (^{o}F) et la température absolue exprimée en Kelvin (K).

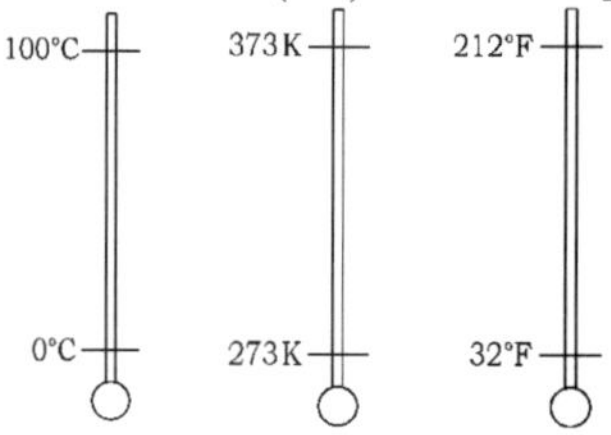

100°C	373,15°K	212°F
0°C	273,15°F	32°F
−17,78°C	291,28°K	O°F
$-273,15°$C	O°K	$-459,67°$F

Formules de conversion

Une température de x^oC est égale à $(x+273,15)\,K$ et à $\left(x \times \dfrac{9}{5} + 32\right)\,^oF$.

Une température de x^oF est égale à $\left(\dfrac{5}{9} \times (x-32)\right)\,^oC$.

C. Mesure des angles

Unités usuelles

L'unité usuelle est le degré (^{o}).
Les unités inférieures sont la minute (') et la seconde (").

$$\begin{aligned} 1^o &= 60' \\ 1' &= 60'' \end{aligned}$$

Les conversions des degrés, minutes, secondes se font comme pour les unités de temps.
Exemple : $15{,}45^o = 15^o + (0{,}45 \times 60)' = 15^o\ 27'$

Autres unités, conversions

En mathématiques, l'unité d'angle est le radian (rad).

On peut aussi exprimer les mesures d'angles en grades (gr).
Pour convertir une mesure d'angle d'une unité dans l'autre, il suffit de considérer un angle plat :

$$180^o = \pi \text{ radians} = 200 \text{ grades}$$

(π représente le nombre dont les premières décimales sont 3,141592653...)

Remarque

Pour effectuer des opérations sur des mesures d'angles, il faut les exprimer dans la même unité.

1 Les anglo-saxons utilisent le degré Farenheit (°F) comme unité de mesure de température alors que nous utilisons le degré Celsius (°C).
Dans le grand nord canadien, lors d'une expédition internationale, deux explorateurs constatent que leurs thermomètres, l'un gradué en °F et l'autre en °C, affichent le même nombre.
Quelle température fait-il ce jour là ?

A) $-20°$. B) $-32°$. C) $-40°$. D) $-48°$.

2 Soient trois suites de mesures, classées par ordre décroissant :
1) deci$>$ centi $>$ milli $>$ nano ;
2) 6 $m^3 >$ 800 $dm^3 >$ 7,2 hl $>$ 650 l $>$ 55dal ;
3) 10 000 $m^2 >$ 8,5 a $>$ 2,9 $dam^2 >$ 100 $dm^2 >$ 0,1 mm^2.
Parmi ces quatre affirmations, laquelle est inexacte ?

A) Le classement 1) est exact.
B) Le classement 2) est exact.
C) Les trois classements sont inexacts.
D) Seul le classement 3) est inexact.

3 Calculer, en m^2, l'aire de la partie blanche représentée ci-contre.

A) Impossible. B) 30 m^2.

C) 61 m^2. D) 81 m^2.

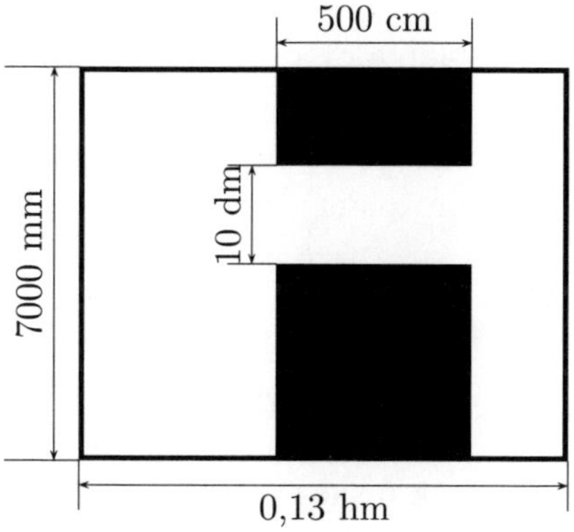

4 Un robinet remplit une bouteille d'un litre en 15 secondes.
Quel est le débit en cm^3/s ? (Valeur approchée).

A) 667 . B) 6,67 . C) 66,7 . D) 0,66 .

5 ▶ Remplacer les points d'interrogation par les bonnes unités de mesure :

$$\begin{array}{lcr} 2{,}75 \text{ m}^2 & = & 275\,? \\ 0{,}85 \text{ m}^2 & = & 85\,? \\ 1{,}60 \text{ dam}^2 & = & 160\,? \\ 8{,}67 \text{ km}^2 & = & 867\,? \\ 0{,}0045 \text{ hm}^2 & = & 45\,? \\ 0{,}70 \text{ cm}^2 & = & 70\,? \end{array}$$

A)

dm^2
dm^2
hm^2
hm^2
dam^2
m^2

. B)

m^2
hm^2
mm^2
dam^2
dm^2
hm^2

. C)

dm^2
dm^2
m^2
hm^2
m^2
mm^2

. D)

dam^2
hm^2
m^2
mm^2
m^2
mm^2

.

6 L'arrosoir de Jean contient douze litres d'eau. Il arrose une première plante avec les $\frac{3}{4}$ de son contenu. L'arrosage de la deuxième plante nécessite 1/2 litre d'eau. Enfin, il utilise la moitié de ce qui reste dans le réservoir pour la dernière plante.
Le volume, exprimé en cm^3, restant dans le réservoir est de :

A) 42,5. B) 125. C) 425. D) 1 250.

7 ▶ Un agriculteur veut semer du blé dans un champ en forme de trapèze dont les bases mesurent 100 m et 1,5 hm et la hauteur 8 dam. Sachant que 6 sacs de blé sont nécessaires pour couvrir 1 a, combien faut-il de sacs pour couvrir la totalité du champ ?

A) 685. B) 540. C) 330. D) 600.

8 ▶ Un agriculteur souhaite vendre 4 parcelles de terrain dont il est propriétaire. Ces quatre parcelles ont une aire respective de 3,3 ha ; 42 a ; 2,28 hm^2 et 2,8 dam^2.
Quelle est la superficie totale de ces quatre terrains ?

A) 62 800 m^2. B) 60 280 m^2. C) 98 080 m^2. D) 88 000 m^2.

9 ▶ Si un litre d'eau occupe le volume de 1 dm^3 pour une masse de 1 kg, relevez la ou les lignes comportant des erreurs dans le tableau ci-dessous :

Ligne 1	25 l	occupent	25 dm^3	pour une masse de	25 kg
Ligne 2	12 hl	occupent	1,2 m^3	pour une masse de	1,2 t
Ligne 3	20 dl	occupent	200 cm^3	pour une masse de	2 kg
Ligne 4	75 ml	occupent	75 cm^3	pour une masse de	7,5 g

A) ligne 1. B) ligne 2. C) lignes 2 et 3. D) lignes 3 et 4.

10 ▶ Un champ carré mesurant cent mètres de diagonale produit 150 kg de trèfle vert à l'are. En séchant, le trèfle perd les deux tiers de son poids. Le trèfle étant vendu sec à mille euros la tonne, combien peut rapporter ce champ ?

A) 2 500 €. B) 5 000 €. C) 25 000€. D) 50 000€.

11 ▶ Sachant qu'un terrain a une surface de 25 ares et que le prix du m^2 s'élève à 12 euros, combien vaut le terrain ?

A) 300 €. B) 3 000 €. C) 30 000 €. D) 300 000 €.

12 ▶ Le TGV roule, par endroits, à 300 km/h. Sa vitesse est alors de :

A) 3 600 m/s. B) 1 080 m/s. C) 83,3 m/s. D) 0,0833 m/s.

13 ▶ Un viticulteur commercialise 480 000 bouteilles de 75 centilitres. Exprimer en m^2 la surface de sa propriété, si son rendement moyen est de 15 hectolitres/hectare.

A) 2 400 000 m^2 C) 180 000 m^2
B) 1 800 000 m^2 D) 360 000 m^2

14 ▶ Le volume d'un cube de 4 cm de côté vaut :

A) 12 cm^3. B) 640 mm^3. C) 64 000 mm^3. D) 12 000 mm^3.

15 ▶ A, B, C et D sont des terrains dont on donne les superficies ou les dimensions. Le plus étendu est :

A) 12 hectares.
B) un rectangle de 610 m de longueur et 200 m de largeur.
C) 1 253 ares.
D) 12 600 m^2.

Corrigés

1. (C)

Une température de x°C est égale à $\frac{9x}{5} + 32$°F. Il faut résoudre l'équation $x = \frac{9x}{5} + 32$ soit $5x = 9x + 160$ donc $-4x = 160$ soit $x = -40$.

Autre méthode : une température de x°F est égale à $\frac{5}{9}(x - 32)$°F. Il faut résoudre l'équation $x = \frac{5}{9}(x - 32)$ soit $9x = 5x - 160$ donc $4x = -160$ soit $x = -40$.

2. (C)

deci $= 10^{-1}$; centi $= 10^{-2}$; milli $= 10^{-3}$; micro $= 10^{-6}$; nano $= 10^{-9}$, la proposition 1) est vraie.

6 m^3 = 6 000 dm^3 ; 1 l = 1 dm^3 donc 1 hl = 100 dm^3 et 7,2 hl = 720 dm^3 ; 650 l = 650 dm^3 ; 55 dal = 550 l = 550 dm^3. La proposition 2) est vraie.

1 a = 100 m^2 donc 8,5 a = 850 m^2 ; 1 dam^2 = 1 a ; 100 dm^2 = 1 m^2. La proposition 3) est vraie.

La réponse C est inexacte puisque les trois classements sont exacts.

3. (C)

7000 mm = 7 m ; 500 cm = 5 m ; 10 dm = 1 m ; 0,13 hm = 13 m.

L'aire du grand rectangle est $7 \times 13 = 91$ m^2. L'aire des surfaces sombres est $5 \times 6 = 30$ m^2. En effet, la bande horizonale mesure 1 m de largeur, le grand rectangle ayant une largeur de 7 m, la largeur totale de la partie sombre est de 6 m.

L'aire de la partie blanche est donc $91 - 30 = 61$ m^2.

4. (C)

Un litre est égal à 1 dm^3 donc à 1 000 cm^3.

Le débit est donc $\frac{1\,000}{15} \approx 66,7$ cm^3/s.

5. (C)

2,75 m^2 = 275 dm^2 ; 0,85 m^2 = 85 dm^2 ; 1,60 dam^2 = 160 m^2 ;
8,67 km^2 = 867 hm^2 ; 0,0045 hm^2 = 0,45 dam^2 = 45 m^2 ;
0,70 cm^2 = 70 mm^2.

6. (D)

Pour la première plante il utilise $\frac{3}{4} \times 12 = 9$ L. Pour la troisième plante il reste $12 - 9 - 0,5 = 2,5$ L. Le volume restant dans l'arrosoir est de $\frac{2,5}{2} = 1,25$ L soit 1,25 dm^3 donc 1 250 cm^3.

7. (D)

Dimensions du champ : 100 m, 150 m et 80 m.

Aire du champ : $\mathcal{S} = \frac{(100 + 150) \times 80}{2} = 10\,000$ m^2 soit 100 a.

À raison de 6 sacs par are, il faut 600 sacs.

8. (B)

3,3 ha = 330 a = 33 000 m^2 ; 42 a = 4 200 m^2 ; 2,28 hm^2 = 22 800 m^2 et 2,8 dam^2 = 280 m^2.

Superficie totale : $33\,000 + 4\,200 + 22\,800 + 280 = 60\,280$ m^2.

9. (D)

1 dm^3 = 1 l, la ligne 1 est exacte.

12 hl = 1 200 l = 1,2 m^3 ; 1,2 t = 1 200 kg. La ligne 2 est exacte.

20 dl = 0,2 l = 200 cm^3, pour une masse de 0,2 kg, la ligne 3 est fausse.

75 ml = 75 cm^3 pour une masse de 75×10^{-3} kg soit 75 g, la ligne 4 est fausse.

10. (A)

Si le côté d'un carré mesure a, sa diagonale a pour mesure $d = a\sqrt{2}$ ou encore $a = \dfrac{d}{\sqrt{2}} = \dfrac{d\sqrt{2}}{2}$.

L'aire du champ est $a^2 = \dfrac{d^2}{2} = \dfrac{10\,000}{2} = 5\,000\,\text{m}^2$, soit 50 ares.

150 kg de trèfle ne représentent un fois séchés que 50 kg. La production vendue est donc de $50 \times 50 = 2\,500$ kg ou 2,5 t.

Le prix de revient est de $2,5 \times 1\,000 = 2\,500$ €.

11. (C)

Un are est la mesure d'une aire de 100 m^2 donc le prix de 25 ares est $25 \times 100 \times 12 = 30\,000$ €.

12. (C)

300 k/h = 300 000 m/h. En une heure il y a 3 600 s.

La vitesse du TGV est donc $v = \dfrac{300\,000}{3\,600} = 83,3$ m/s.

13. (A)

Volume de vin produit : $0,75 \times 480\,000 = 360\,000$ L = 3 600 hL.

Surface de la propriété : $\dfrac{3\,600}{15} = 240$ ha = 2 400 000 m^2.

14. (C)

Volume du cube : $4^3 = 64$ cm^3 soit 64 000 mm^3.

15. (C)

Convertissons en hectares toutes les surfaces :

A : 12 ha.

B : 610 m × 200 m = 122 000 m^2 = 12,2 ha.

C : 1 253 a = 12,53 ha.

D : 12 600 m^2 = 1,26 ha.

Le plus grand est le terrain C.

17. MASSE VOLUMIQUE, DENSITÉ

A. Masse volumique

La masse volumique d'un corps est la masse de l'unité de volume de ce corps.
Si M est la masse du corps et V le volume occupé par cette masse alors la masse volumique est le rapport $\mu = \frac{M}{V}$.

La masse volumique s'exprime en kg/m^3 ou kg.m^{-3} (l'unité de masse est le kilogramme et l'unité de volume est le mètre cube).
Elle peut s'exprimer, dans d'anciens systèmes d'unités, en kg/dm^3 et, lorsqu'il s'agit d'un liquide dont le volume s'exprime en litres, en kg/L. (1 L = 1 dm^3).

Exemples :
Masse volumique de l'eau : 1000 kg/m^3, donc la masse d'un mètre cube d'eau est d'une tonne.
(1000 kg/m^3 =1 kg/L : la masse d'un litre d'eau est d'un kilogramme).
Masse volumique du plomb : 11 300 kg.m^{-3}
Masse volumique du mercure : 13 600 kg.m^{-3}
Masse volumique de l'essence : environ 740 kg.m^{-3}, cela dépend du type de carburant.

B. Densité

Il s'agit d'exprimer la masse volumique d'un corps par rapport à celle d'un autre corps pris en référence. Le corps qui sert de référence est l'eau dont la masse volumique est de 1000 kg/m^3 .
La densité s'exprime sous la forme d'un nombre réel, **sans unité**.
– Si la densité d'un corps est inférieure à 1, ce corps est moins lourd que l'eau donc il flotte.
– Si sa densité est supérieure à 1, le corps est plus lourd que l'eau donc il coule.

Exemples :
Densité de l'eau : 1
Densité du mercure : 13,6
Densité du plomb : 11,3
Densité de l'essence : 0,74

1 Une plaque en bois a pour dimensions, en centimètres, $40 \times 30 \times 3$. Quelle est sa masse en kilogrammes sachant que la densité du bois dont elle est composée est 0,8 ?

A) 45.10^{-3} kg. B) 2,88 kg. C) 4,5 kg. D) 28,8 kg.

2 ▶ Une bouteille vide pèse 250 g. Pleine aux 2/3 d'essence, elle pèse 0,550 kg. Sachant que la masse volumique de l'esssence est 600 kg/m^3, quelle est la capacité de la bouteille ?

A) 0,45 L. B) 0,5 L. C) 0,75 L. D) 1,375 L.

3 Quel est le volume occupé par 1 g d'eau ?

A) 0,1 l. B) 0,1 dl. C) 1 cl. D) 1 ml.

4 Le Régent est un diamant de 135 carats. Quel est son volume sachant qu'un carat vaut 0,2 gramme et que la masse volumique du diamant est de 3 500 kg/m^3 ?

A) 7,71 cm^3 . B) 38,57 cm^3 . C) 94,5 cm^3 . D) 472,5 cm^3 .

5 ▶ Un récipient contient un mélange constitué d'huile et d'eau pure.
L'huile représente $\frac{2}{5}$ du volume total.
La densité de l'huile est de 0,750 kg/l.
Quelle est la densité globale du mélange ?

A) 0,825. B) 0,850. C) 0,900. D) 0,950.

6 Une poutre de chêne a la forme d'un parallélépipède rectangle dont les dimensions sont 6 m, 0,3 m et 0,2 m. Sachant que la densité du chêne est de 0,93 kg/dm^3, quelle est la masse de cette poutre ?

A) 33, 48 kg. B) 38, 71 kg. C) 334,80 kg. D) 387,10 kg.

7 ▶ Une barre ayant un volume de 300 cm^3 est composée de fer et d'aluminium. Le fer représente 30 % du volume de cette barre. La masse volumique du fer est de 7 860 kg/m^3 et celle de l'aluminium est de 2 700 kg/m^3. Quelle est la masse de cette barre ?

A) 1 274,4 g. B) 1 274,4 kg. C) 1 893,6 g. D) 1 893,6 kg.

8 Le cuivre a une masse volumique de 8,8 kg/dm^3.
▶ Quel est, en cm^3, le volume correspondant à 31,68 kg de cuivre ?

A) 3,6. B) 36. C) 360. D) 3 600.

9 Un navire coule en libérant dans la mer une nappe de pétrole pouvant être assimilée à une nappe circulaire de 2 cm d'épaisseur et de 500 m de rayon.
Sachant que la densité du pétrole est 0,85, quelle est la masse de carburant libérée par le navire ? (on prendra $\pi = 3,14$).

A) 2 669 kg. B) 13 345 000 kg.

C) 333 625 kg. D) 13 345 000 kg.

10 Quelle est la densité moyenne de la Terre en estimant qu'elle puisse être assimilée à une sphère parfaite d'un rayon de 6 000 km et que sa masse soit évaluée à 6×10^{21} tonnes ? (On prendra $\pi = 3,14$ et le résultat sera arrondi au centième près par défaut).

A) 0,57. B) 0,66. C) 5,73. D) 6,63.

11 On verse 1 kg de mercure dans un tube cylindrique de section 1 cm^2. Quelle est, au centimètre près, la hauteur atteinte par le mercure dans le tube ? (Densité du mercure : 13,6).

A) 7,3 cm. B) 13,6 cm. C) 73 cm. D) 1,36 m.

Corrigés

1. (B)
Les dimensions de la plaque sont 0,4 m, 0,3 m et 0,03 m et son volume $0,4 \times 0,3 \times 0,03 = 3,6.10^{-3}$ m^3.
La densité du bois est 0,8. On en déduit que la masse volumique du bois est 800 kg.m^{-3}.
Si $\mu = \dfrac{M}{V}$ alors $M = \mu.V$.
La masse du bois est donc $800 \times 3,6.10^{-3} = 2,88$ kg.
2. (C)
La masse de l'essence est $0,550 - 0,250 = 0,3$ kg.
Si $\mu = \dfrac{M}{V}$ alors $V = \dfrac{M}{\mu}$.
La masse volumique de l'essence est 600 kg/m^3 donc le volume qu'elle occupe est $V = \dfrac{0,3}{600} = 5 \times 10^{-4}$ m^3 soit 0,5 L.
Ce volume est les $\dfrac{2}{3}$ de celui de la bouteille. Appelons c la capacité de la bouteille. On a donc $\dfrac{2}{3} \times c = 0,5$ soit $c = \dfrac{0,5 \times 3}{2} = 0,75$ L.
3. (C)
La masse d'un litre d'eau est 1 kg.
Dix grammes d'eau sont cent fois plus légers qu'un kilogramme d'eau et occupent un volume 100 fois plus petit soit un centième de litre (1cl=10 cm^3).
4. (A)
La masse du diamant est $135 \times 0,2 = 27$ g soit 27×10^{-3} kg.
$\mu = \dfrac{M}{V}$ donc $V = \dfrac{M}{\mu}$ donc $V = \dfrac{27 \times 10^{-3}}{3\,500} \approx 7,71 \times 10^{-6}$ m^3 soit approximativement 7,71 cm^3.
5. (C)
La densité de l'eau pure est égale à 1 donc la densité du mélange est $\dfrac{2}{5} \times 0,750 + \dfrac{3}{5} = \dfrac{4,5}{5} = 0,9$.
6. (C)
Les dimensions de la poutre sont, en mètres : $6 \times 0,3 \times 0,2$ soit en décimètres : $60 \times 3 \times 2$, son volume est donc de 360 dm^3 et sa masse de
$360 \times 0,93 = 334,8$ kg.
7. (A)
Volume de fer : $0,3 \times 300 = 90$ cm^3 $= 9 \times 10^{-5}$ m^3.
Volume d'aluminium : 210 cm^3 $= 20 \times 10^{-5}$ m^3.
Masse de la barre : $7\,860 \times 9 \times 10^{-5} + 2\,700 \times 21 \times 10^{-5} = (70\,740 + 56\,700)\, 10^{-5}$
$= 127\,740 \times 10^{-5} = 1,2744$ kg ou 1 274,4 g.

8. (D)

La masse volumique est $\mu = \dfrac{M}{V}$ donc $V = \dfrac{M}{\mu}$ soit $V = \dfrac{31,68}{8,8} = 3,6$ dm^3 donc 3 600 cm^3.

9. (D)

La nappe peut être assimilée à un cylindre de hauteur 2 cm soit 2.10^{-2} m.
Son volume est donc $\pi \times 500^2 \times 2 \times 10^{-2} = 15\,700$ m^3.
La masse d'un tel volume d'eau est $15\,700 \times 1\ 000$ kg donc la masse du carburant est $0,85 \times 1\,000 \times 15\,700 = 13\ 345\ 000$ kg (soit 13 345 tonnes).

10. (C)

Le rayon de la Terre est égal à 6 300 km, soit 63×10^5 m.
$\left(63 \times 10^5\right)^3 = 250\ 047 \times 10^{15}$.
Volume de la terre :

$$V = \frac{4}{3} \times 3,14 \times 250\ 047 \times 10^{15} = 1\ 046\ 863,44 \times 10^{15}\ \text{m}^3.$$

Masse de la Terre : 6×10^{21} tonnes $= 6 \times 10^{24}$ kg.

Masse volumique de la Terre : $\mu = \dfrac{\times 10^{24}}{1\ 046\ 863,44 \times 10^{15}} = 5\ 731,40$ kg/m^3.

Densité de la Terre : $d = \dfrac{5\ 731,4}{1\ 000} = 5,73$

11. (C)

La masse volumique du mercure est 13 600 kg.m^{-3}.
Volume occupé par le mercure : $V = 1/13\ 600 \approx 73 \times 10^{-6}$ m^3 soit à peu près 73 cm^3.
La surface de la colonne est de 1 cm^2 donc le mercure atteint une hauteur de 73 cm.

18. VITESSE, TEMPS

A. Mesure du temps

Unités usuelles, conversions

L'unité fondamentale est la seconde (s). Les autres unités courantes sont la minute (min), l'heure (h) et le jour (j).

$$\begin{aligned} 1 \text{ min} &= 60 \text{ s} \\ 1 \text{ h} &= 60 \text{ min} = 3600 \text{ s} \\ 1 \text{ j} &= 24 \text{ h} \end{aligned}$$

Lorsque le temps est exprimé dans une unité mal adaptée, on le convertit.

Exemple :

$$\begin{aligned} 91\,820 \text{ s} &= (1530 \times 60) \text{ s} + 20 \text{ s} = 1\,530 \text{ min} + 20 \text{ s} \\ &= (25 \times 60) \text{ min} + 30 \text{ min} + 20 \text{ s} = 25 \text{ h } 30 \text{ min } 20 \text{ s} \\ &= 1 \text{ j } 1 \text{ h } 30 \text{ min } 20 \text{ s}. \end{aligned}$$

Opérations

Pour effectuer des opérations sur des mesures de temps, il faut les effectuer par unités de même nature : les secondes avec les secondes, les minutes avec les minutes, etc...Le résultat doit être reconverti lorsque les unités ne sont pas appropriées.

Dans les soustractions, il faut convertir certaines unités en une plus petite.

Exemple : pour calculer (2 h 25 min 15 s) - (1 h 35 min 40 s), on convertit

$$2 \text{ h } 25 \text{ min } 15 \text{ s} = \underbrace{1 \text{ h} + 60 \text{ min}}_{2 \text{ h}} + \underbrace{24 \text{ min} + 60 \text{ s}}_{25 \text{ min}} + 15\text{s}$$

$$= 1\text{h} + 84 \text{ min} + 75 \text{ s}.$$

On peut alors effectuer la différence :

(2 h 25 min 15 s) - (1 h 35 min 40 s)

$$= (1\text{h} + 84 \text{ min} + 75 \text{ s}) - (1 \text{ h } 35 \text{ min } 40 \text{ s}) = 49 \text{ min } 35 \text{ s}$$

Dans les divisions, il faut convertir les restes intermédiaires dans l'unité inférieure et les ajouter.

Exemple :

$$\begin{array}{rrr|l} 11 \text{ h} & 44 \text{ min} & 13 \text{ s} & \quad 5 \\ \cline{4-4} 1\text{h} & = 60 \text{ min} & & 2 \text{ h } 20 \text{ min } 50 \text{ s} \\ \cline{2-2} & 104 \text{ min} & & \\ & 4 \text{ min} & = 240 \text{ s} & \\ \cline{3-3} & & 253 \text{ s} & \\ & & 3 \text{ s} & \end{array}$$

B. Vitesse

Vitesse moyenne

La **vitesse moyenne** est le rapport $\dfrac{\text{distance parcourue}}{\text{durée du trajet}}$.

La vitesse moyenne s'exprime généralement en kilomètres par heure (km/h) ou en mètres par seconde (m/s).
Exemple :
la vitesse de la lumière, dans le vide, est $c = 300\,000$ km.s^{-1}.

Mouvement uniforme

Lorsque la distance parcourue est proportionnelle à sa durée, la vitesse est constante et le mouvement est uniforme.

Formules

d est la distance parcourue, v la vitesse moyenne et t la durée (ou le temps) du trajet.

$$\boldsymbol{v = \frac{d}{t}} \qquad \boldsymbol{d = v \times t} \qquad \boldsymbol{t = \frac{d}{v}}$$

1 Combien fait 6 h 48 min 32 s + 9 h 26 min 45 s + 1 h 57 min 12 s ?

A) 18 h 11 min 9 s. B) 17 h 26 min 18 s.

C) 18 h 12 min 29 s. D) 18 h 42 min 19 s.

2 Un piéton marche à la vitesse moyenne de 4 km/h. Quelle distance parcourt-il en 12 min ?

A) 500 m. B) 800 m. C) 0,9 km. D) 1,2 km.

3 Une voiture a parcouru 252 km en 3 h 30 min. Quelle a été sa vitesse moyenne en km/h ?

A) 72. B) 76,36. C) 83,16. D) 84.

4 ► Un cyclotouriste a terminé son parcours hebdomadaire de 40 km à 15 h 17 min 25 s.
Sachant qu'il a mis 1 h 32 min 23 s, à quelle heure est-il parti ?

A) 14 h 47 min 59 s. B) 12 h 55 min 02 s.

C) 13 h 47 min 02 s. D) 16 h 47 min 48 s.

5 ► Calculer $\dfrac{7\,\text{h}\,41\,\text{min}\,33\,\text{s}}{3} + (12\,\text{min} \times 1,2)$.

A) 2 h 48 min 15 s. B) 2 h 48 min 06 s.

C) 9 308 s. D) 2 h 50 min 01 s.

6 Un train part à 22 h 46 min. La durée du trajet est 2 h 16 min. Quelle est l'heure d'arrivée ?

A) 20 h 30. B) 00 52. C) 1 h 52. D) 1 h 02.

7 ▶ Le départ d'une fusée est programmé pour 14 h 00. L'acheminement de la fusée du site de montage au site de lancement prend 4 h 30 min. Son installation proprement dite dure 48 min et la mise à feu se déroule en 42 min 30 s. À quel moment précis devra-t-on faire sortir la fusée de son site de montage ?

A) 7 h 59 min 30 s. B) 8 h 00 min 30 s.

C) 8 h 59 min 30 s. D) 7h 00 min 30 s.

8 ▶ Parmi ces quatre coureurs, quel est le plus rapide ?

A) Paul parcourt 250 mètres en 1 minute.
B) Jacques court à 10 km/h.
C) Pierre met 6 minutes pour parcourir 18 hectomètres.
D) Jean parcourt 8 kilomètres en 30 minutes.

9 ▶ Deux amis habitent dans deux villes A et B distantes de 35 km. Ils décident de se rencontrer. Le premier part de la ville A à 14 h 15, en vélomoteur, à une vitesse de 60 km/h. Le second part, en vélo, de la ville B, un quart d'heure plus tard, à la vitesse de 20 km/h. À quelle heure vont-ils se rejoindre ?

A) 14 h 40. B) 14 h 45. C) 14 h 50. D) 14 h 55.

10 ▶ La température de l'eau d'un lac a été relevée à différentes profondeurs. On en a déduit que la température (en °C) à une profondeur p (en m) est égale à : $26 - \left(\frac{p}{10}\right)^2$.
On plonge brusquement un corps à 25 m de profondeur. Initialement à 35 °C, sa température baisse de 15 °C par minute. Au bout de combien de temps la température va-t-elle se stabiliser ?

A) 25 s. B) 59 s. C) 61 s. D) 79 s.

11 ▶ Un coureur automobile a le choix entre 4 véhicules pour effectuer sa course. Il sait qu'il doit parcourir 60 km et que tous les véhicules ont la même consommation de 20 l d'essence aux 100 km.
Lequel des ces quatre véhicules lui permettra de finir sa course en tête ?
Véhicule 1 : vitesse de pointe 220 km/h, résevoir de 11 l.
Véhicule 2 : vitesse de pointe 160 km/h, résevoir de 20 l.
Véhicule 3 : vitesse de pointe 180 km/h, résevoir de 10 l.
Véhicule 4 : vitesse de pointe 200 km/h, résevoir de 14 l.

A) Véhicule 1. B) Véhicule 2. C) Véhicule 3. D) Véhicule 4.

12 ▶ En cours d'entrainement, un cycliste effectue un trajet aller-retour de chez lui au village voisin, distant de 20 km. À l'aller, sa vitesse est de 30 km/h. Sa vitesse moyenne sur le trajet complet, aller et retour, est de 40 km/h. Quelle est sa vitesse moyenne sur le trajet retour ?

A) 24 km/h. B) 35 km/h. C) 50 km/h. D) 60 km/h.

13 ▶ Une montre retarde de 10 secondes par heure. Elle est mise à l'heure à l'horloge parlante à midi. Quelle heure marquera-t-elle le lendemain, quand l'horloge parlante indiquera midi ?

A) 12 h 04. B) 11 h 56. C) 12 h 02. D) 11 h 58.

14 ▶ Yann et Clara vont à Paris en vélo et empruntent la même route. Clara habite à 100 km, roule en moyenne à 15 km/h et part à 6 h du matin. Yann habite à 85 km, roule en moyenne à 20 km/h et part à 8 h 20 du matin. Laquelle de ces propositions est correcte ?

A) Yann arrive à Paris avec 5 minutes d'avance sur Clara.
B) Yann et Clara arrivent en même temps à Paris.
C) Yann arrive à Paris avec 2 heures d'avance sur Clara.
D) Yann arrive 5 minutes après Clara.

15 ▶ Il est dix-huit heures. Quelle heure « révolutionnaire H » serait-il si le système métrique avait entièrement été adopté à la Révolution Française (jour divisé en dix heures, heure divisée en 100 minutes, minute divisée en 100 secondes) ?

A) 15 h. B) 7,5 h. C) 6,33 h. D) 8 h.

16 ▶ Un cycliste part d'une ville à 8 h. Il roule à une vitesse moyenne de 24 km/h. À 9 h, une voiture part du même endroit, à sa poursuite, en roulant à une vitesse moyenne de 60 km/h.
À quelle heure la voiture aura-t-elle rattrapé le cycliste ?

A) 9 h 40 min. B) 9 h 30 min. C) 9 h 24 min. D) 9 h 45 min.

17 ▶ Un lièvre et une tortue courent à la rencontre l'un de l'autre ; le lièvre à la vitesse de 9 m.s^{-1}, la tortue à la vitesse de 0,36 km.h^{-1}. Le lièvre et la tortue commencent la course au même instant.
Lorsqu'ils se rencontrent la tortue a parcouru 4,5 m.
Quelle est, en mètres, la distance qui les séparait ?

A) 405. B) 409,5. C) 450. D) 454,5.

18 ▶ Un train parcourt 250 km en 1 h 40. On projette de le remplacer par un TGV, qui roulerait à 300 km/h sur les 180 premiers kilomètres et à 200 km/h ensuite. Quel est le temps de parcours gagné ?

A) 32 minutes. B) 43 minutes. C) 45 minutes. D) 57 minutes.

19 ▶ Un cargo transportant du vin italien arrive au port du Havre, où il effectue le déchargement de sa cargaison. Le volume de vin transporté équivaut à la moitié du volume d'un cylindre de longueur $L = 30\,m$ et de rayon $R = 5\,m$.
Sachant qu'il faut 1 heure pour transvaser 2 000 hectolitres dans la cuve du port, quel est le temps (arrondi) nécessaire pour effectuer la manœuvre complète de transbordement ?

A) 5 h 53. B) 7 h 11. C) 9 h 26. D) 10 h 47.

Corrigés

1. (C)

6 h	48 min	32 s
9 h	26 min	45 s
1 h	57 min	12 s
16 h	131 min	89 s

89 s = 1 min 29 s ; 131 min = 2 h 11 min. Le résultat est 18 h 12 min 29 s.

2. (B)

12 min $= \frac{60}{12}$ h $= \frac{1}{5}$ h. Distance parcourue : $d = 4 \times \frac{1}{5} = 0,8$ km soit 800 m

3. (A)

3 h 30 min $= 3,5$ h. Vitesse moyenne : $\frac{252}{3,5} = 72$ km.h^{-1}.

4. (C)

15 h 17 min 25 s = 14 h 77 min 25 s ;
14 h 77 min 25 s − (1 h 30 min 23 s) = 13 h 47 min 02 s.

5. (A)

$\frac{1}{3}$ h = 20 min donc $\frac{7}{3}$ h = 140 min soit 2 h 20 min ; $\frac{1}{3}$ min = 20 s donc $\frac{41}{3}$ min = 820 s soit 13 min 40 s ; $\frac{33}{3} = 11$ s ; $12 \times 1,2 = 14,4$ min soit 14 min 24 s.

$\frac{7\,\text{h}\,41\,\text{min}\,33\,\text{s}}{3} + (12\,\text{min} \times 1,2) = 2$ h $(20 + 13 + 14)$ min $(40 + 11 + 24)$ s soit 2 h 47 min 75 s ou 2 h 48 min 15 s.

6. (D)

22 h 46 min + 2 h 16 min = 24 h 62 min soit 1h 02 min le lendemain.

7. (A)

Temps de mise en place de la fusée :
4 h 30 min + 48 min + 42 min 30 s = 4 h 120 min 30 s soit 6 h 30 s.
Heure de départ du site de montage :
14 h − (6 h 30 s) = 13 h 59 min 60 s − (6h 00 min 30 s)= 7 h 59 min 30 s.

8. (C)

250 mètres à la minutes font $250 \times 60 = 15\,000$ mètres à l'heure, soit 15 km/h.
18 hectomètres en 6 min font 180 hm/h soit 18 km/h.
8 km en 30 min font 16 km/h.

9. (B)

Soit x la distance, en km, de chacun avec la vile A et t le temps écoulé depuis le départ du premier.
La distance séparant le premier de la ville A est, en fonction du temps : $x = 60t$.
La distance séparant le second de la ville A est, en fonction du temps :

$x = -20\left(t - \frac{1}{4}\right) + 35.$

Les deux amis se rencontrent lorsque les distances les séparant de la ville A sont égales soit $60t = -20t + 5 + 35$ donc $80t = 40$ soit $t = \frac{1}{2}$.

La rencontre a lieu à 14 h 15 min + 30 min = 14 h 45 min.

10. (C)

Température de l'eau à 25 m de profondeur :

$26 - \left(\frac{25}{10}\right)^2 = 26 - \left(\frac{5}{2}\right)^2 = 26 - \frac{25}{4} = \frac{79}{4} = 19,75$ °C.

Perte de température : $35 - 19,75 = 15,25$ °C.

La température baisse de 15 °C par minute soit $\frac{15}{60} = 0,25$ °C par seconde.

Temps passé pour l'équilibre des températures : $\frac{15,25}{0,25} = \frac{\frac{61}{4}}{\frac{1}{4}} = 61$ s

11. (D)

La consommation pour la course est de $\frac{20}{100} = 0,2$ l/ km donc pour les 60 km : $0,2 \times 60 = 12$ l.

Le véhicule 4 contient assez d'essence et est le plus rapide.

12. (D)

Le temps de parcourt aller-retour est de 1 h puisqu'il parcourt 40 km à la vitesse moyenne de 40 km/h.

Temps de trajet aller : $t_A = \frac{20}{30} = \frac{2}{3}$ h soit 40 min.

Pour le retour, il met donc $\frac{1}{3}$ h soit 20 min.

Vitesse moyenne pour le retour : $V_R = \frac{20}{\frac{1}{3}} = 20 \times 3 = 60$ km/h.

13. (B)

En 24 h la pendule retarde de 240 s soit 4 min.

Elle indique alors 12 h − 4 min = 11 h 56 min.

14. (A)

Temps de parcourt de Clara : $t_C = \frac{100}{15} = \frac{90}{15} + \frac{10}{15} = 6 + \frac{2}{3} =$ 6h 40 min.

Clara arrive à Paris à 12 h 40.

Temps de parcourt de Yann : $t_Y = \frac{85}{20} = \frac{80}{20} + \frac{5}{20} = 4 + \frac{1}{4} =$ 4 h 15 min.

Yann arrive à Paris à 12 h 35.

15. (B)

24 h = 10 H donc 1 h $= \frac{10}{24} = \frac{5}{12}$ H soit 18 h $= \frac{5}{12} \times 18 = \frac{5 \times 3}{2} = 7,5$ H.

16. (A)
Distance parcourue par le cycliste en fonction du temps : $d_C = 24t$.
Distance parcourue par l'automobile $d_A = 60\,(t-1)$.
Ils se retrouvent quand $d_C = d_A$ soit $24t = 60\,(t-1)$ donc $60 = 36t$ soit $3t = 5$ donc $t = \frac{5}{3}$ h soit $t = 1$ h $+\frac{2}{3}$ h donc 1 h 40 min. Ils se retrouvent à 9 h 40 min puisque le temps est compté au départ du cycliste.
17. (B)
La vitesse de la tortue est de 0,36 km.h^{-1} donc de $0,36 \times 1\,000 = 360$ m.h^{-1} soit de $\frac{360}{3\,600} = 0,1$ m.s^{-1}.
Le temps mis par la tortue pour parcourir 4,5 m est de $t = \frac{d}{v} = \frac{4,5}{0,1} = 45$ s.
La distance parcourue par le lièvre est de $9 \times 45 = 405$ m et la distance qui les séparait est de $405 + 4,5 = 409,5$ m.
18. (B)
Temps mis par le TGV pour parcourir les 180 premiers kilomètres :
$t_1 = 180/300 = \frac{6}{10}$ h.
Dans une heure il y a 60 min donc $\frac{1}{10}$ h $= 6$ min et $\frac{6}{10}$ h $= 36$ min.
Temps mis par le TGV pour parcourir les 70 km restants : $t_2 = \frac{70}{200} = \frac{7}{20}$ h.
$\frac{1}{20}$ h $= 3$ min donc $\frac{7}{20}$ h $= 21$ min.
Temps total de parcourt : $36 + 21 = 57$ min.
1 h 40 = 60 min + 40 min = 100 min.
Gain de temps : 100 min - 57 min = 43 min
19. (A)
Le volume du cylindre est : $\pi R^2 L \approx 3,14 \times 5 \times 5 \times 30 \approx 2\,355$ m^3.
Le volume de vin est donc : $\frac{2\,355}{2} \approx 1\,178$ m$^3 \approx 11\,780$ hL.
Durée de transvasement du vin : $\frac{11\,780}{2\,000} \approx 5,89$ h ≈ 5 h 53 min.

19. ÉCHELLES, REPÉRAGE

A. Échelles

L'échelle est le rapport entre la distance sur le plan (ou sur la photo) et la distance réelle (dans la même unité).
C'est un coefficient de proportionnalité.

$$\textbf{échelle} = \frac{\textbf{distance sur le plan}}{\textbf{distance réelle}}$$

$$\textbf{distance sur le plan} = \textbf{échelle} \times \textbf{distance réelle}$$

$$\textbf{distance sur le plan} = \frac{\textbf{distance réelle}}{\textbf{échelle}}$$

Plans en réduction

Sur le dessin, les distances sont plus petites que les distances réelles.

Exemple :
pour une échelle de 1/250 000,

- 1 centimètre représente 250 000 centimètres, soit 2,5 kilomètres,
- x centimètres mesurés sur la carte représentent $x \times 250\,000$ centimètres, soit $x \times 2,5$ kilomètres dans la réalité,
- une distance réelle de y kilomètres, soit $y \times 100\,000$ centimètres, est représentée par $\frac{y \times 100\,000}{250\,000}$ centimètres sur la carte.

Exemple :
La distance entre Paris et Orléans est de 110 km.
Sur une carte au 1/1 000 000, cette distance est représentée par 11 cm.

Plans en agrandissement

Sur le dessin, les distances sont plus grandes que les distances réelles :

Exemples :
— pour une échelle de 25/1,

- 25 centimètres représentent 1 centimètre,
- x centimètres sur le dessin représentent $x/25$ centimètres,
- y centimètres sont représentés par $y \times 25$ centimètres sur le dessin.

— un globule rouge mesure 0,007 mm, il sera représenté à l'échelle 10 000/1 par un dessin de 7 cm.

Calcul d'une échelle

Exemple :
sur une carte, une distance de 54 kilomètres est représentée par 9 centimètres. On convertit les 54 kilomètres en centimètres, ce qui donne 5 400 000 centimètres.

L'échelle est égale à $\frac{9}{5\,400\,000} = \frac{1}{600\,000}$, que l'on écrit : 1/600 000.

Aires

Le rapport de proportionnalité des aires est le **carré de l'échelle**.

Exemple :
pour une échelle de 1/250 000, 1 centimètre carré représente $250\,000 \times 250\,000$ centimètres carrés, soit 6,25 kilomètres carrés.

Maquettes en 3D : volumes

Le rapport de proportionnalité des volumes est le **cube de l'échelle**.

Exemple :
pour une maquette à l'échelle de 1/25, 1 centimètre cube représente $25 \times 25 \times 25 = 15\,625$ centimètres cubes.

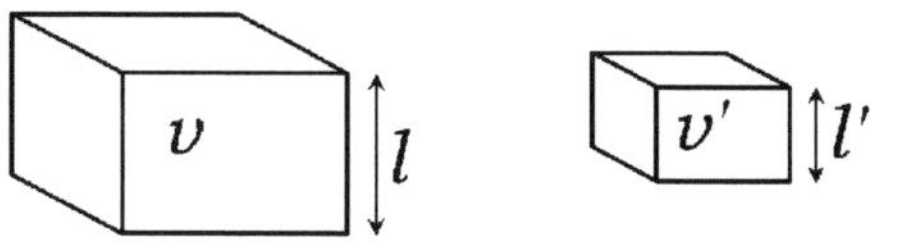

Échelle : $e = \frac{l'}{l}$

$$l' = l \times e$$

$$v' = v \times e^3$$

B. Latitude, longitude

On repère la position d'un point géographique sur la sphère terrestre par sa latitude et sa longitude.

Latitude

La latitude d'un lieu géographique correspond à la position du parallèle passant par ce lieu.
On la détermine par l'angle au centre de la terre entre ce parallèle et l'équateur, exprimé en degrés.

On distingue la latitude Nord et la latitude Sud.

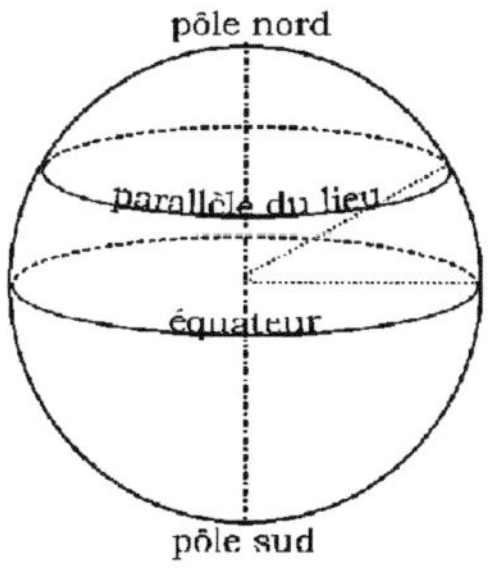

Exemple :
Notre Dame de Paris est à 48° 5' 12,4" de latitude Nord.

Longitude

La longitude d'un lieu géographique correspond à la position du méridien passant par ce lieu. On la détermine par l'angle au centre de la terre entre ce méridien et le méridien origine (méridien de Greenwich), exprimé en degrés.

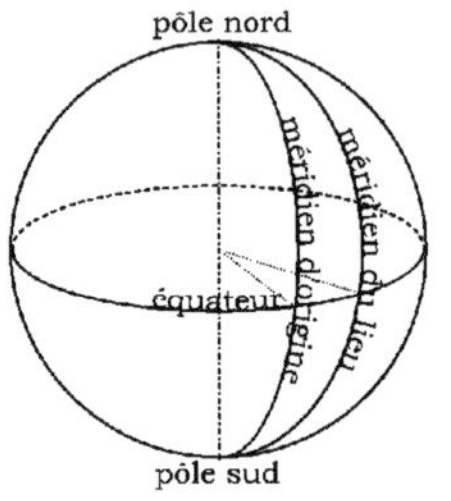

On distingue la longitude Est et la longitude Ouest.

Exemple :
Notre Dame de Paris est à 2° 20' 54,3" de longitude Est.

C. Bornes et intervalles

Enclos

Lorsqu'on entoure une surface par des piquets, il y a autant de piquets que d'intervalles séparant ces piquets.

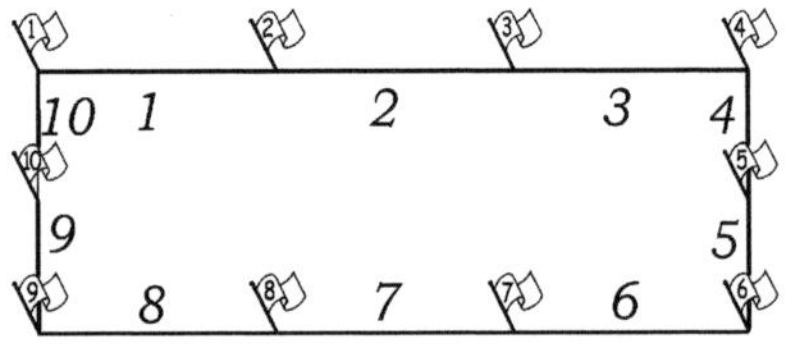

Route

Lorsqu'on considère des bornes sur une route, une portion délimitée par deux bornes contient un intervalle de moins que de bornes.

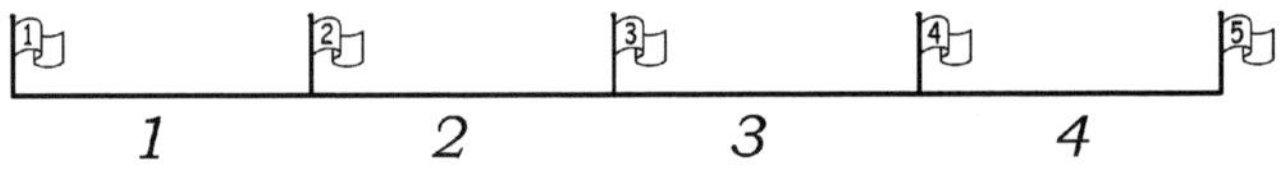

1 ▶ Sur un plan cadastral à l'échelle 1/2 000, un champ est représenté par un parallèlogramme dont les dimensions sont les suivantes : base 60 mm, hauteur 40 mm. Quelle est l'aire de ce champ ?

A) 480 m^2. B) 960 m^2. C) 4 800 m^2. D) 9 600 m^2.

2 ▶ Sur une carte, 15 cm séparent deux villages. Un marchand effectue chaque jour deux allers-retours entre les villages et totalise 150 km. Quelle est l'échelle de la carte ?

A) 1/25 000 . B) 1/50 000 . C) 1/250 000 . D) 1/500 000 .

3 ▶ La pyramide du louvre est une pyramide régulière, à base carrée, de volume égal à 8 983 m^3. Un maquettiste décide de la reproduire au 1/100 ème. Quel est le volume de la pyramide réduite ?

A) 8,983 m^3. B) 898,3 m^3. C) 0,8983 m^3. D) 0,008983 m^3.

4 ▶ Sur une carte géographique au 1/75 000 ème, la distance entre deux villes est de 3,25 cm. Quelle est la distance réelle séparant les deux villes ?

A) 0,325 km. B) 243,75 km. C) 2,4375 km. D) 24,375 km.

5 ▶ Sur une carte à l'échelle de 1/25 000, la distance séparant deux villages est de 8,5 cm. Quelle est la distance réelle entre les deux villages ?

A) 0,531 km. B) 1,250 km. C) 2,125 km. D) 4,250 km.

6 ▶ Une carte est publiée avec l'indication : « échelle 1/20 000 », ce qui signifie que 1 cm sur la cate repésente 200 000 cm, soit 2 kilomètres. Sachant qu'il y a 15 km entre Aurillac et Vic sur Cere, quelle sera la distance sur la carte ?

A) 7,5 cm. B) 6,5 cm. C) 5,5 cm. D) 4,5 cm.

7 ▶ Sur un plan à l'échelle 1/500, un terrain rectangulaire mesure 15 cm de long sur 3 cm de large.
Quelle est la surface réelle du terrain ?

A) Deux ares vingt-cinq centiares.
B) Onze ares vingt-cinq centiares.
C) Un hectare cent vingt-cinq centiares.
D) Deux hectares deux cent cinquante centiares.

8 ▶ On considère deux cartes, une au 1/200 000 et l'autre au 1/500 000. La distance sur le terrain correspondant à 4 cm sur la première carte est représentée sur la deuxième par :

A) 0,625 cm . B) 1,6 cm . C) 160 mm . D) 6,25 μm .

9 En prenant comme valeur approchée du rayon de la terre $R \approx 6\,000$ km et $\pi \approx 3$, la longueur du $45^{\text{ème}}$ parallèle Nord est approximativement :

A) 254 520 km. B) 25 452 km. C) 15 452 km. D) 35 452 km.

10 Un paysan désire acheter un terrain et le grillager pour y installer un élevage d'autruches. La parcelle qui l'intéresse est de forme rectangulaire, mesure 100 mètres de large sur 500 mètres de long et lui est proposée au tarif de 2 000 € par hectare. Pour enclore ce terrain, le paysan désire installer des piquets tous les deux mètres et y fixer le grillage à raison de dix clous par piquet. Sachant qu'un clou coûte 2 centimes, qu'un piquet coûte 5 € et que le grillage coûte 1 € le mètre, quel est le prix de revient de la parcelle grillagée ?

A) 5 320 €. B) 12 160 €. C) 14 320 €. D) 26 200 €.

11 ▶ Deux gares sont reliées par une voie ferrée rectiligne qui est représentée par une ligne de 30 cm sur une carte au 1/100 000. Une voiture, qui roule à 90 km/h, et un train à 150 km/h, relient les deux gares et partent en même temps de la première. La voiture arrive 13 minutes après le train dans la seconde gare.
Quelle est la distance par la route entre les deux gares ?

A) 30 km . B) 32,5 km . C) 35 km . D) 37,5 km .

Corrigés

1. (D)
Les dimensions réelles du champ sont : base $60 \times 2\,000 = 120\,000$ mm soit 120 m ; hauteur : $40 \times 2\,000 = 80\,000$ mm soit 80 m.
Aire du champ :$120 \times 80 = 9\,600$ m^2.

2. (C)
Les 150 km représentent 4 fois la distance séparant les villages, qui est donc égale à : $\frac{150}{4} = 37,5$ km $= 3\,750\,000$ cm. (Il faut exprimer toutes les distances dans la même unité).
L'échelle est égale à $\frac{15}{3\,750\,000} = \frac{1}{250\,000}$.

3. (D)
Soient a et h les dimensions réelles de la pyramide, le volume de la pyramide est alors $V = \frac{a^2h}{3} = 8\,983$ m^3.
Les dimensions de la maquette sont : $\frac{a}{100}$ et $\frac{h}{100}$ et le volume de la maquette est égal à $V' = \frac{\left(\frac{a}{100}\right)^2 \frac{h}{100}}{3} = \frac{a^2h \times 10^{-6}}{3} = V \times 10^{-6} = 0,008983$ m^3.

4. (C)
$d = 3,25 \times 75\,000 = 243\,750$ cm soit 2 437,5 m ou encore 2,4375 km.

5. (C)
La carte est à l'échelle $\frac{1}{25\,000}$ donc la distance réelle est :
$8,5 \times 25\,000 = 212\,500$ cm
1 cm $= 10^{-2}$ m $= 10^{-5}$ km soit, $212\,500$ cm $= 2,125$ km.

6. (A)
Si 2 km sont représentés par 1 cm sur la carte alors $2 \times 7,5$ km sont représentés par $1 \times 7,5$ cm.

7. (B)
Les dimensions du terrain sont $15 \times 500 = 7\,500$ cm soit 75 m et $3 \times 500 = 1\,500$ cm soit 15 m.
L'aire du terrain est de $75 \times 15 = 1\,125$ m^2 soit 11,25 ares.

8. (B)
4 cm sur la première carte représentent $4 \times 200\,000$ cm qui correspondent à $\frac{4 \times 200\,000}{500\,000} = 1,6$ cm.

9. (B)

Faisons une figure en coupe.

Le $45^{\text{ème}}$ parallèle Nord est un petit cercle de rayon O'M centré en O'.

On a OM=R.

Le triangle O'OM est rectangle en O' et isocèle, de sommet principal O', car $\widehat{O'OM} = 90^o - 45^o = 45^o$ et $\widehat{OMO'} = 180^o - (90^o + 45^0) = 45^o$.

Appliquons le théorème de Pythagore à OO'M, rectangle en O' : $OO'^2 + O'M^2 = OM^2$, ce qui donne $2O'M^2 = 6\,000^2$, car OO'=O'M.

Il en résulte :

O'M= $\sqrt{18\,000\,000} \approx 4\,242$ km.

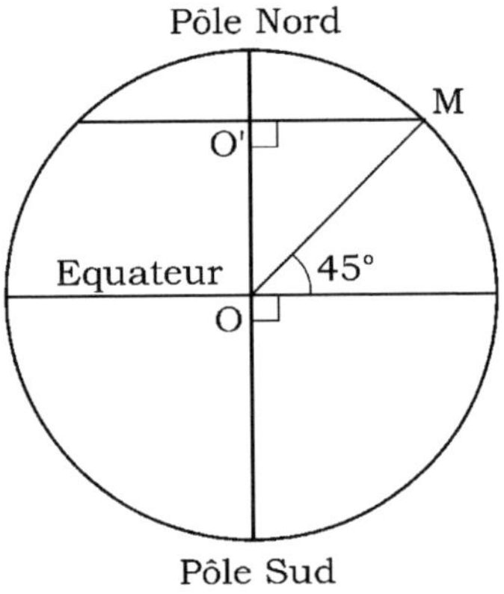

Longueur du $45^{\text{ème}}$ parallèle Nord : $2\pi \times$ O'M $\approx 2 \times 3 \times 4\,242 \approx 25\,452$ km.

10. (C)

On pose un piquet tous les deux mètres.

Puisque le champ est entièrement clos, il y a autant de piquets que d'intervalles de 2 m sur le périmètre.

Le périmètre du champ est celui d'un rectangle donc

$P = 2(100 + 500) = 1\,200$ m.

Il faut donc $\dfrac{1\,200}{2} = 600$ piquets donc 6 000 clous.

La surface du terrain est $500 \times 100 = 50\,000$ m^2 soit 5 ha.

Coût du terrain	:	$5 \times 2\,000$	=	10 000	€
Coût des piquets	:	600×5	=	3 000	€
Coût des clous	:	$6\,000 \times 0,02$	=	120	€
Coût du grillage	:	$1\,200 \times 1$	=	1 200	€
Coût total	:			14 320	€

11. (D)

La distance par voie ferrée est égale à :

$$30 \times 100\,000 = 3\,000\,000 \text{ cm} = 30 \text{ km}.$$

La durée du voyage par train est égale à $\dfrac{30}{150} = 0,2$ h $= 12$ min.

La durée du voyage en voiture est égale à $12 + 13 = 25$ min.

La voiture parcourt 90 km en 60 min, donc $\dfrac{90 \times 25}{60} = 37,5$ km en 25 min.

20. CALCULS ÉCONOMIQUES

A. Argent

Capital

Le capital est la somme initiale investie augmentée des intérêts accumulés.

Intérêts

Le **taux d'intérêt** est le rapport $\dfrac{\text{intérêt}}{\text{capital}}$ exprimé en pourcentage.
On dit aussi taux de rendement ou taux de placement.

L'intérêt est calculé à chaque échéance du placement (annuelle ou mensuelle).

Un **intérêt simple** est calculé sur le capital initial. On ne tient pas compte dans le calcul des intérêts précédents accumulés.

Exemple : 500 € placés au taux de 2 % pendant 3 ans rapporte chaque année un intérêt de $500 \times \dfrac{2}{100} = 10$ €, ce qui donne $3 \times 10 = 30$ € d'intérêts sur trois ans.

Un **intérêt composé** est calculé sur le capital initial augmenté de ses intérêts accumulés.

C'est la forme la plus courante d'intérêt.

Exemple : 500 € placés au taux de 2 % pendant 3 ans rapporte

- la première année un intérêt de $500 \times \dfrac{2}{100} = 10$ €, le nouveau capital est donc : $C_1 = 500 + 500 \times \dfrac{2}{100} = 500 \times \left(1 + \dfrac{2}{100}\right) = 510$ €,
- la deuxième année un intérêt de $C_1 \times \dfrac{2}{100} = 510 \times \dfrac{2}{100} = 10{,}20$ €, nouveau capital : $C_2 = C_1 + C_1 \times \dfrac{2}{100} = C_1 \times \left(1 + \dfrac{2}{100}\right) = 520{,}20$ €,
- la troisième année un intérêt de $C_2 \times \dfrac{2}{100} = 520{,}20 \times \dfrac{2}{100} \approx 10{,}40$ €, nouveau capital : $C_3 = C_2 + C_2 \times \dfrac{2}{100} = C_2 \times \left(1 + \dfrac{2}{100}\right) \approx 530{,}60$ €,

ce qui donne 30, 60 € d'intérêts cumulés sur trois ans.

En appliquant la formule : capital final = capital initial $\times \left(1 + \dfrac{\text{taux}}{100}\right)^n$, ($n$ est le nombre d'années), on retrouve le dernier capital :

$$C_3 = 500 \times (1 + 0{,}02)^3 \approx 530{,}60 \text{ €}.$$

Taux annuel, taux mensuel

Pour les intérêts mensuels composés, on a la formule :

$$1 + \frac{\text{taux annuel}}{100} = \left(1 + \frac{\text{taux mensuel}}{100}\right)^{12}$$

On adopte plus souvent le **taux linéaire** obtenu par la formule :

$$\text{taux linéaire} = \frac{\text{taux annuel} \times \text{nombre de mois}}{12}$$

Exemple : on place 1 000 € au taux annuel de 6 %. Au bout de 8 mois, le taux linéaire est égal à $\frac{6 \times 8}{12} = 4$ %.
Le montant capitalisé est alors $1\,000 \times 1,04 = 1\,040$ €.

B. Prix

Prix d'achat

Le prix d'achat est la somme que l'acheteur doit verser au vendeur pour acquérir un bien.

Prix de revient

Le prix de revient d'un produit est la somme du coût de fabrication, des frais et des taxes.

Prix de vente

Le prix de vente est la somme que le vendeur demande à l'acheteur pour lui céder un bien.

Bénéfice

Le bénéfice est la différence entre le prix de vente et le prix de revient.

Lorsque le prix de vente est inférieur au prix de revient, **la perte** est la différence entre le prix de revient et le prix de vente.

Prix HT, Prix TTC

Le prix TTC (toutes taxes comprises) est la somme du prix HT (hors taxes) et des taxes perçues.

TVA

La principale taxe est la TVA, la taxe sur la valeur ajoutée, qui s'exprime en pourcentage du prix HT.

1 Grâce à sa carte de fidélité, Jean a payé son billet d'avion 2 178 € .
La remise dont lui fait bénéficier sa carte est de 10 %.
Quel est le prix initial du billet ?

A) 2 440 €. B) 2 420 €. C) 2 220 €. D) 2 400 €.

2 Un commerçant en électroménager achète un réfrigérateur 265 € H.T. Il a 15 € de frais de transport. Il prend un bénéfice égal à 25 % du coût de revient. Il applique ensuite un taux de T.V.A de 19,6 % sur le prix de vente H.T et ajoute 4 € de taxe forfaitaire écologique.
Le prix de vente T.T.C du réfrigérateur est de :

A) 510 €. B) 422,60 €. C) 432,60 €. D) 418,60 €.

3 Un commerçant vend, avec un bénéfice de 20 %, un ordinateur à Romain. Romain le revend, plus tard, à un ami 480 €, soit 20% de moins que ce qu'il l'avait acheté.
À quel prix le commerçant avait-il acheté cet ordinateur ?

A) 480 €. B) 500 €. C) 576 €. D) 672 €.

4 ▶ Après l'application d'une première démarque de 20 % et d'une seconde démarque de 600 €, le prix de vente final d'une voiture s'élève à 7 100 €. Trouver le prix de vente initial de cette voiture, avant toute démarque.

A) 9 725 €. B) 9 250 €. C) 9 525 €. D) 9 625 €.

5 ▶ Sur une période de 5 ans, les prix ont augmenté de 2 % l'an au cours des deux premières années, puis ont stagné pendant 1 an pour repartir à la hausse pendant 1 an à un taux de 1 % et finalement croître de 5 % la dernière année.
Globalement, de combien ont augmenté les prix sur la période ?

A) 8 %. B) 10,3 %. C) 10 %. D) 11 %.

6 ▶ Un fabriquant de roues d'engins agricoles prend une marge de 10 % sur les jantes de de 15 % sur les pneus. Quel pourcentage du prix de revient d'une roue représente le bénéfice de ce fabriquant s'il vend les roues 455 € l'unité et que le prix de revient d'un pneu est de 300 € ?

A) 13,75 %. B) 12,5 %. C) 12,09 %. D) 12,05 %.

7 Une action coute 1 000 €. Son montant diminue de 10 % par mois. Quel sera son montant à l'issue d'une période de trois mois ?

A) 644 €. B) 700 €. C) 729 €. D) 766 €.

8 ▶ Des marchandises achetées avec 25 % de frais sur le prix d'achat sont vendues 3 125 € avec un bénéfice de 25 % par rapport à leur coût de revient. Quel était le prix d'achat de ces marchandises ?

A) 625 €. B) 1 250 €. C) 2 000 €. D) 2 500 €.

9 Un employé reçoit tous les ans une prime de 1 000 € au début du mois de décembre. Il ouvre en novembre 2006 un compte épargne rémunéré à 3 % l'an et décide d'y déposer sa prime annuelle tous les 31 décembre. Sachant que les intérêts sont versés au 1er janvier de chaque année sur le compte épargne, quel est le solde de ce compte au 2 janvier 2009 ?

A) 3 090 €. B) 3 090,90 €. C) 3 182,70 €. D) 3 183,63 €.

10 Une facture établie avec un taux de TVA de 20 % s'élève à 6 000 €. Quel en sera le montant si le taux de TVA baisse de 15 % ?

A) 5 1 00 €. B) 5 250 €. C) 5 750 €. D) 5 850 €.

11 Un commerçant français pratique une marge de 60 % sur le prix d'un article qu'il achète 100 € hors taxes à un grossiste italien. Le taux de TVA applicable à ce type de produit est de 25 %. Une remise de 25 % sur le prix de vente TTC de cet article est consentie par le commerçant pendant la période des soldes. Quel est le prix de vente de l'article soldé ?

A) 150 €. B) 160 €. C) 375 €. D) 400 €.

Corrigés

1. (B)

Jean a payé 90 % de son billet dont le prix est $\dfrac{2178 \times 100}{90} = 2\,420$ €.

2. (B)

Prix de revient : $265 + 15 = 280$ €. Bénéfice : $280 \times \dfrac{25}{100} = 70$ €.

Prix de vente H.T : $280 + 70 = 350$ €.

Montant de la T.V.A : $350 \times \dfrac{19,6}{100} = 68,60$ €.

Prix de vente T.T.C : $350 + 68,60 + 4 = 422,60$ €.

3. (B)

Soit p le prix payé par le commerçant, p est un nombre réel positif.

Prix de vente neuf : $P_V = p + \dfrac{20}{100}p = \dfrac{120}{100}p = 1,2p$.

Prix de vente d'occasion :

$P_O = 1,2p - \dfrac{20}{100}1,2p = 1,2p(1 - 0,2) = 1,2p \times 0,8 = 0,96p$.

Valeur de p : $0,96p = 480$ soit $p = \dfrac{480}{0,96} = 500$ €.

4. (D)

Prix avant la deuxième démarque : $7\,100 + 600 = 7\,700$ €. Le prix après la première démarque représente 80 % du prix de vente de la voiture. Donc $0,8P = 7\,700$ soit $P = \dfrac{7\,700}{0,8} = 9\,625$ €.

5. (B)

Soit p le prix initial. À la fin de la première année le prix est de $1,02p$, à la fin de la deuxième année il est de $1,02\,(1,02p)$. À la fin dela troisième année on a $1,02^2p$; à la fin de la quatrième année le prix est devenu $1,01 \times 1,02^2p$ et enfin le prix est de $1,05 \times 1,01 \times 1,02^2p \approx 1,1033p$.

Le prix a donc augmenté de 0,1033 soit 10,33 %.

6. (A)

Prix de vente d'un pneu : $300 \times 1,15 = 345$ €.

Prix de vente d'une jante : $455 - 345 = 110$ €.

Prix de revient d'une jante : $\dfrac{110}{1,1} = 100$ €. Prix de revient d'une roue : $300 + 100 = 400$ €. Pourcentage de bénéfice par rapport au prix de revient : $\dfrac{455 - 400}{400} \times 100 = 13,75$ %.

7. (C)

Si m_0 est le montant initial de l'action, le montant m_1 à la fin du premier mois est $m_1 = m_0 - \dfrac{10}{100}m_0 = \dfrac{90}{100}m_0$. Le montant m_2 à la fin du deuxième mois est $m_2 = \frac{90}{100}m_1 = \left(\frac{90}{100}\right)^2 m_0$. Plus généralement, le montant à la fin $n^{\text{ième}}$ mois est $m_n = \left(\frac{90}{100}\right)^n m_0$. Donc à la fin du troisième mois on a $m_3 = 0,9^3 \times 1\,000 = \left(9 \times 10^{-1}\right)^3 \times 10^3 = 9^3 \times 10^{-3} \times 10^3 = 729$ €.

8. (C)

Soit x le prix d'achat des marchandises, x est un nombre réel positif.

Le coût de revient de ces marchandises est $x + \frac{25}{100}x = \frac{125}{100}x$.

Leur prix de vente est $\frac{125}{100}x + \frac{25}{100} \times \frac{125}{100}x = \frac{125}{100}x \times \frac{125}{100}$.

Donc $\frac{125}{100}x \times \frac{125}{100} = 3\,125$ soit $x = \frac{3\,125 \times 10\,000}{125 \times 125} = 2\,000$ €.

9. (B)

Le 31 décembre 2006 l'employé dépose 1 000 €. Le 1er janvier 2007 cet argent ne rapporte pas encore d'intérêt.

Le 1er janvier 2008 cette somme rapportera 3 % d'intérêt donc l'employé aura sur son compte $1\,000 + 1\,000 \times 0,03 = 1\,000 \times 1,03$ €.

Le 1er janvier 2009 ce nouveau capital rapportera 3 % d'intérêt donc l'employé aura sur son compte $(1\,000 \times 1,03) \times 1,03 = 1\,000 \times (1,03)^2$ €.

La prime placée le 31 décembre 2007 est placée un an de moins que la précédente donc elle apporte sur le compte $1\,000 \times (1,03)$ €.

La prime placée le 31 décembre 2008 s'ajoute au solde du compte mais ne rapporte pas d'intérêt.

Le solde, en euros, du compte au 2 janvier 2009 sera donc :

$$\begin{aligned} 1\,000 + 1\,000 \times 1,03 + 1\,000 \times (1,03)^2 &= 1\,000\left[1 + 1.03 + (1,03)^2\right] \\ &= 3\,090,90 € . \end{aligned}$$

10. (D)

Le prix de l'objet est 6 000 € avec un taux de TVA de 20%. Si P est le prix de vente hors TVA, le prix de vente est $P + 0,2P = 1,2P$.

On a donc $1,2P = 6\,000$ donc $P = \frac{6\ 000}{1,2} = 5\,000$.

Le taux de TVA est de 20 %, si le taux baisse de 15 % le nouveau taux de TVA représente 85 % du taux précédent soit $0,2 \times 0,85 = 0,17$.

Le nouveau taux est 17 % et le prix de vente est $5\,000 \times 1,17 = 5\,850$ €.

11. (A)

La marge de 60 % amène le prix du produit à $100 \times 1,6 = 160$ €.

La TVA à 25 % induit un prix de vente de $160 \times 1,25 = 200$ €.

Le prix de vente de l'article soldé est $200 \times 0,75 = 150$ €.

21. STATISTIQUES

A. Série statistique

Les valeurs des observations recueillies dans une population constituent les données brutes. Le nombre de ces observations est l'effectif total N.
En regroupant les valeurs identiques, on obtient une série statistique.

Effectifs, fréquences

L'effectif d'une valeur observée est le nombre de fois où elle apparaît dans la série.
La fréquence d'une valeur est le rapport entre son effectif et l'effectif total.
On peut l'exprimer en pourcentage.
Exemple :
on a mesuré 100 personnes, la taille 1,75 m apparaît 7 fois. L'effectif de la valeur 1,75 est 7, l'effectif total est $N = 100$.
La fréquence correspondante est $\frac{7}{100} = 0,07 = 7\%$.

Tableau statistique

Exemple :

On mesure la taille de 21 personnes ($N = 21$).
Les résultats sont regroupés dans le tableau ci-contre.

Valeurs	Effectifs
1,67	3
1,68	5
1,69	7
1,70	2
1,71	3
1,72	1

Classes

Une classe est un intervalle (ou une fourchette) regroupant plusieurs valeurs observées.
Exemple :
la classe $[1,675; 1,695[$ contient toutes les tailles mesurées entre 1,675 m et 1,695 m.
L'effectif d'une classe est le nombre de résultats observés qu'elle contient.

Lorsqu'on regroupe les résultats en classes, on obtient un tableau statistique de la forme :

Classes	Effectifs
1,655 ; 1,675	3
1,675 ; 1,695	12
1,695 ; 1,715	5
1,715 ; 1,735	1

Le **centre d'une classe** est égal à la demi-somme des extrémités.
Exemple :
la classe $[1,675; 1,695[$ a pour centre $\dfrac{1,675 + 1,695}{2} = 1,685$.

Moyenne

On note x_1, x_2, x_3, ...les résultats statistiques et n_1, n_2, n_3, ...leurs effectifs. L'effectif total est donc $N = n_1 + n_2 + n_3 + \ldots$.
La moyenne de la série est le nombre $\overline{x}$ égal à :

$$\overline{x} = \frac{n_1x_1 + n_2x_2 + n_3x_3 + \ldots}{N}$$

Exemple :
dans le premier tableau, la moyenne vaut

$$\overline{x} = \frac{3 \times 1,67 + 5 \times 1,68 + 7 \times 1,69 + 2 \times 1,70 + 3 \times 1,71 + 1 \times 1,72}{3 + 5 + 7 + 2 + 3 + 1}$$

soit $\overline{x} = \dfrac{35,49}{21} = 1,69$.

Médiane

On classe les valeurs dans l'ordre croissant, en répétant les valeurs identiques. La médiane, notée M_e, est la valeur placée au milieu.

Exemple :
dans le premier tableau, on a 21 observations
$1,67; 1,67; 1,67; 1,68; 1,68; 1,68; 1,68; 1,68; 1,69; 1,69; \mathbf{1},69; 1,69; 1,69;$
$1,69; 1,69; 1,70; 1,70; 1,71; 1,71; 1,71; 1,72.$

La place du milieu est la $11^{\text{ième}}$ (il y en a 10 avant et 10 après). La médiane est donc la $11^{\text{ième}}$ valeur, ce qui donne : $M_e = 1,69$.

B. Graphiques

Diagramme en bâtons

Dans un diagramme en bâtons, on associe à chaque valeur un segment vertical de longueur proportionnelle à l'effectif.

Exemple :
la série du premier tableau se représente par le diagramme ci-contre.

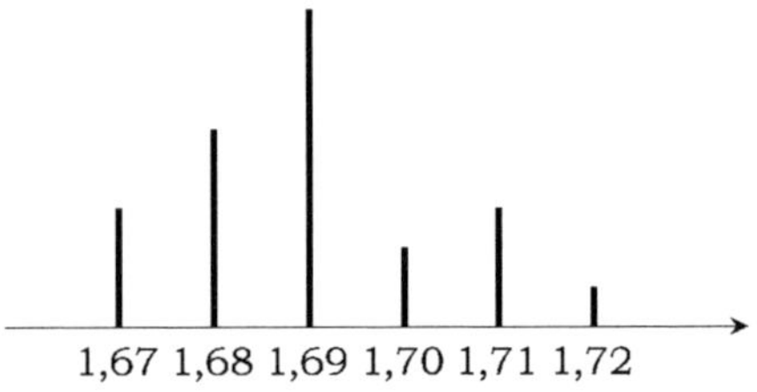

Histogramme

Lorsque les données sont regroupées en classes, on représente la série par un histogramme. Chaque classe est la base d'un rectangle dont **l'aire** est proportionnelle à l'effectif.

Exemple :
la deuxième série est représentée par l'histogramme ci-contre

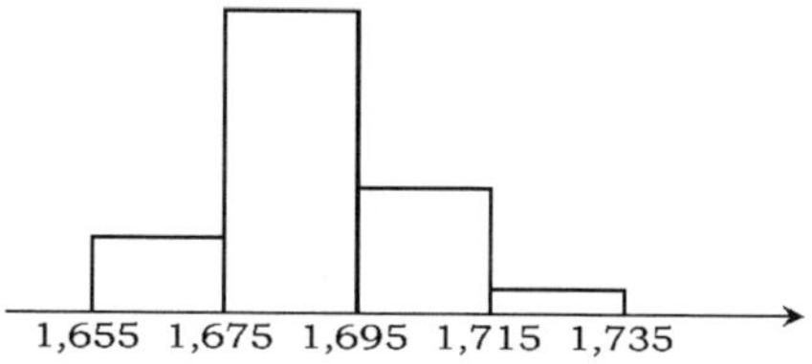

Diagramme circulaire : camembert

Le disque est partagé en secteurs angulaires proportionnels aux effectifs, donc aux pourcentages.

Exemple :

Catégories	Effectifs
A	11
B	14
B	16
D	28
E	6
F	25

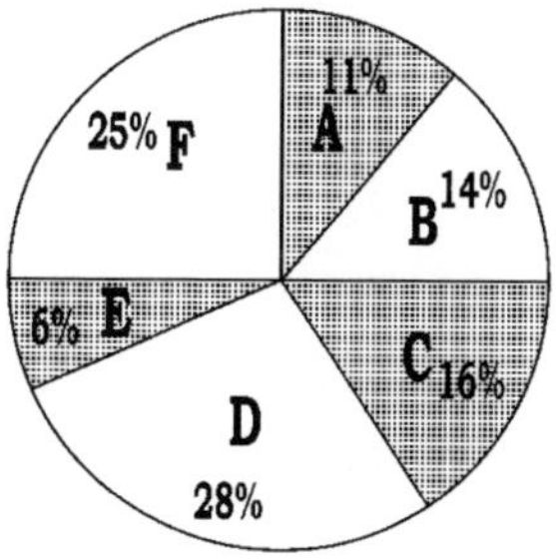

Diagramme en demi-cercle

Le demi-disque est partagé en secteurs angulaires dont les angles sont proportionnels aux effectifs.

Exemple :

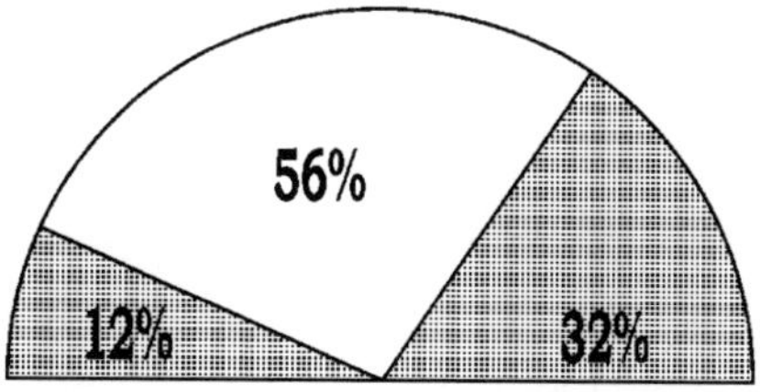

1 Quelle est la moyenne arithmétique simple de la série suivante :

$-12 \quad -7 \quad -4 \quad -1 \quad 0 \quad +2 \quad +3 \quad +10 \quad +12 \quad +14$

A) 1,5. B) 1,6. C) 1,7. D) 1,8.

2 À l'issue des épreuves écrites d'un concours, les 30 candidats non éliminés se répartissent comme suit en fonction de leur moyenne :

Moyenne	6	7	8	9	10	11	12	13
Effectif	1	3	5	5	1	1	1	0

suite du tableau :

Moyenne	14	15	16	17	18	19	20
Effectif	1	2	3	2	3	2	0

Quelle est la note médiane des épreuves écites ?

A) 13. B) 9,5. C) 12,1. D) 10,5.

3 Une équipe de basket annonce les tailles suivantes :

Taille en m	1,83	1,87	1,97	2,03	2,06	2,13	2,18
Effectif	1	2	4	4	2	1	1

La taille moyenne de l'équipe est de :

A) 1,98 m. B) 1,99 m. C) 2 m. D) 2,01 m.

4 La moyenne de 6 notes, toutes de coefficient 1, est 12. Si on ajoute une septième note (coefficient 1), la moyenne devient 13. Quelle est cette septième note ?

A) 16. B) 17. C) 18. D) 19. E) 20.

5 La moyenne d'âge d'un groupe de 5 filles est de 19 ans, celle d'un groupe de 3 garçons est de 23 ans. On réunit ces deux groupes.
Quelle est la moyenne d'âge du nouveau groupe ainsi constitué ?

A) 20,5 ans. B) 22 ans. C) 21,5 ans. D) 20 ans.

6 On a interrogé des personnes pour connaitre leur loisir préféré.

Les résultats sont répertoriés dans le tableau ci-dessous (les fréquences sont en pourcentages) :
On a réalisé, à partir des données du tableau, le diagramme circulaire ci-contre.
Le secteur angulaire attribué à la musique est le secteur :

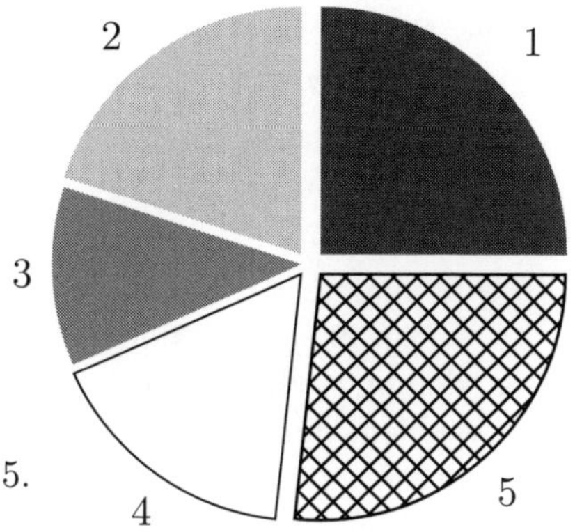

A) 1. B) 2. C) 3. D) 4. E) 5.

Loisirs	Sport	Lecture	Musique	Télévision	Informatique
Fréquence	25	11,66	16,66	20	26,66

7 Dans un restaurant, au cours d'une journée, une étude statistique portant sur le nombre de clients par menu, se traduit par l'histogramme suivant :

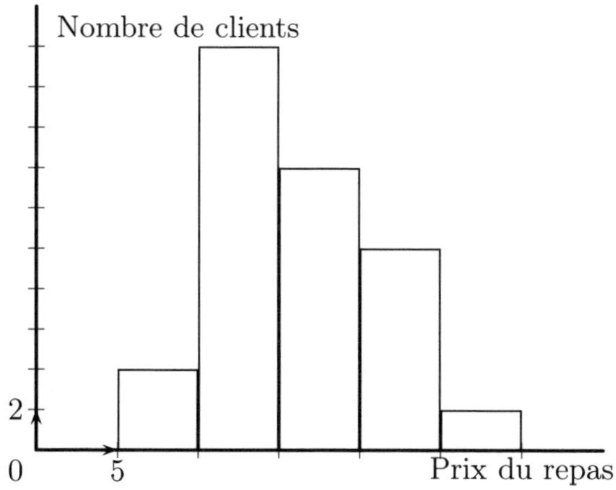

Le pourcentage de personnes qui ont déjeuné pour moins de 15 € est :

A) 20. B) 24.

C) 38. D) 48.

8 L'âge moyen d'une équipe de basket, composée de 5 joueurs, est de 21,2 ans. On change un joueur, la nouvelle moyenne d'âge de l'équipe est de 22 ans. Quelle est la différence d'âge entre les joueurs échangés ?

A) 4 ans. B) 6 ans. C) 8 ans. D) 10 ans.

9 ▶ Un congrès de savants réunit 80 personnes dont 55 % de femmes. 50 % des savants sont des Américains, 30 % Russes et 20 % Anglais. Si 40 % des Américains sont des femmes et un tiers des Russes des hommes, quel est le pourcentage d'hommes parmi les Anglais ?

A) 4 %. B) 16 %. C) 25 %. D) 36 %.

10 ▶ Une enquête sur les bandes dessinées lues par 30 élèves d'une même classe a donné le diagrammme ci-contre. Combien vaut l'angle α correspondant, sur le diagramme, aux lecteurs de gaston Lagaffe ?

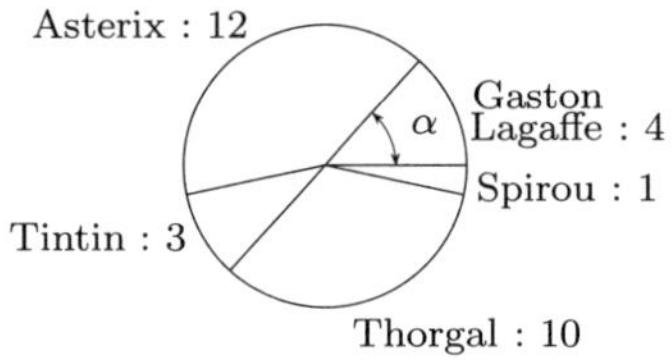

A) 48°. B) 37°. C) 40°. D) 23°.

11 ▶ Thomas a obtenu 15 et 10 aux devoirs surveillés coefficient 2.
Il souhaite connaître quelle note il devra obtenir au test coefficient 1 pour avoir plus de 12 de moyenne. Soit x cette note.
L'inéquation qui permet de résoudre ce problème est :

A) $\dfrac{15+10+x}{3} > 12.$ B) $\dfrac{15+10+x}{5} > 12.$

C) $\dfrac{30+20+x}{3} > 12.$ D) $\dfrac{30+20+x}{5} > 12.$

12 Le tableau suivant indique la répartition en fréquences des notes attribuées par un jury lors d'un concours auquel se sont présentés 300 candidats.

notes	[0 ; 4[	[4 ; 8[	[8 ; 12[	[12 ; 16[	[16 ; 20]
fréquences	0,1	0,24	0,32	0,25	0,09

Il faut avoir au moins 8 pour être admissible.
Combien y a-t-il d'admissibles ?

A) 66. B) 102. C) 198. D) 270.

Corrigés

1. (C)
La somme des termes est égale à 17. Il y a 10 termes, la moyenne est donc $\overline{x} = \dfrac{17}{10} = 1,7$.

2. (D)
Il y a 30 candidats. La note médiane est la note telle que 15 candidats ont moins que cette note et 15 candidats ont plus que cette note.

3. (C)
$$\overline{x} = \frac{1,83 + 1,87 \times 2 + 1,97 \times 4 + 2,03 \times 4 + 2,06 \times 2 + 2,13 + 2,18}{15}$$
$= \dfrac{30}{15} = 2$ m.

4. (D)
On sait que $\dfrac{n_1 + n_2 + n_3 + n_4 + n_5 + n_6}{6} = 12$ donc $n_1 + n_2 + n_3 + n_4 + n_5 + n_6 = 72$.
Avec la septième note : $\dfrac{n_1 + n_2 + n_3 + n_4 + n_5 + n_6 + n_7}{7} = 13$ soit $\dfrac{72 + n_7}{7} = 13$ donc $72 + n_7 = 91$ donc $n_7 = 19$.

5. (A)
$\overline{x} = \dfrac{5 \times 19 + 3 \times 23}{8} = \dfrac{164}{8} = 20,5$.

6. (D)
Les secteurs angulaires sont rexpectivement les suivants :
pour le sport, $0,25 \times 360 = 90°$, secteur 1 ;
pour la lecture, $0,1166 \times 360 \approx 42°$, secteur 3 ;
pour la musique, $0,1666 \times 360 \approx 60°$: secteur 4 ;
pour la télévision, $0,2 \times 360 = 70°$, secteur 2 ;
pour l'informatique, $0,2666 \times 360 \approx 96°$, secteur 5.

7. (D)
Toutes les classes ont la même amplitude : 5. Le nombre de personnes ayant mangé pour moins de 15 € est $4 + 20 = 24$. Le nombre total de personnes est $4 + 20 + 14 + 10 + 2 = 50$. Le pourcentage cherché est 48.

8. (A)
Somme des âges de la première équipe : $S_1 = 21,2 \times 5 = 106$.
Somme des âges de la nouvelle équipe : $S_2 = 22 \times 5 = 110$.
Différence des âges $110 - 106 = 4$ ans.

9. (C)
On peut compléter le tableau ci-dessous dans l'ordre suivant :
(1) il y a 55 % de femmes soit $80 \times \dfrac{55}{100} = 44$ femmes.
(2) : il y a 36 hommes.

(3) : il y a 40 Américains, 24 Russes et 16 Anglais.
(4) : 40% des 50 Américains sont des femmes donc 16 femmes et 24 hommes composent la dlégation américaine.
(5) : 1/3 des 24 Russes sont des hommes donc la délégation russe est compoée de 8 hommes et 16 femmes.
(6) : par conséquent la délégation anglaise est composée de 4 hommes et 12 femmes ; les hommes représentent 1/4 de la délégation soit 25 % .

	Américains	Russes	Anglais	Total
Hommes	24	$8_{(5)}$	$4_{(6)}$	$36_{(2)}$
Femmes	$16_{(4)}$	16	12	$44_{(1)}$
Total	$40_{(3)}$	$24_{(3)}$	$16_{(3)}$	80

10. (A)
Un tour de cercle fait 360° donc 1 élève représente 12° et 4 élèves représentent 48°.
11. (D)
Pour calculer la moyenne, il faut tenir compte des coefficients donc l'inéquation appropriée est : $\dfrac{2 \times 15 + 2 \times 10 + 1 \times x}{2+2+1} > 12.$
12. (C)
On ajoute les fréquences des trois dernières classes :
$0,32 + 0,25 + 0,09 = 0,66.$
La fréquence d'admissibilité est 0,66.
Il y a 300 candidats donc le nombre d'admissibles est $300 \times 0,66 = 198.$

Deuxième partie

QCM de logique

22. LOGIQUE

A. Principe

Dans un exercice de logique, on doit compléter une série par un terme ou un dessin choisi dans une liste proposée, en devinant le lien logique caché. Le terme inconnu est souvent remplacé par un point d'interrogation (?) dans la question.

B. Logique verbale

On doit compléter un enchaînement de lettres ou de mots.

Ordre alphabétique

Exemple : la liste A E I O U ? se complète par la sixième voyelle Y.
Exemple : la liste A C E G ? se complète par la lettre I (lettres de l'alphabet de 2 en 2).
Exemple : la liste AGENT BATEAU CHATEAU DIABLE ? se complète par ECHARDE si on a le choix entre FACILE, ECHARDE, GATEAU ou PEAU (les initiales sont dans l'ordre alphabétique).

Place d'une lettre

Exemple : la liste GALET PLAGE RIVAGE SIGNAL ? se complète par NOMINATION si on a le choix entre NOMINATION, AVION, MESSAGE ou INFORMATIQUE (la lettre A se décale d'une place à chaque mot).

Nombre de lettres

Exemple : la liste OR BLE AUGE NEIGE ? se complète par CHAPON si on a le choix entre PORC, CHAPON, SKI ou DIAMANT. La série compte un mot de 2 lettres, puis de 3 lettres, puis de 4 lettres. CHAPON est le seul mot de 5 lettres parmi les mots proposés.

Code

Les lettres sont codées par des chiffres. Les mots de la liste permettent de deviner ce code.

Exemple : la liste

AUGE	01210705
FOIN	06150914
PART	16011820
?	06151820

se complète par FORT. Le code est l'ordre alphabétique des lettres du mot.

C. Logique numérique

Chiffres

Exemple : on propose de compléter la grille avec un nombre de la liste (21, 19, 7, 24, 11).

		18		
		9		
		24		
35	14	?	28	42
		15		

La ligne ne comporte que des multiples de 7 et la colonne des multiples de 3. Parmi les valeurs proposées, seul le nombre 21 est à la fois multiple de 7 et de 3.

Dominos

Exemple :

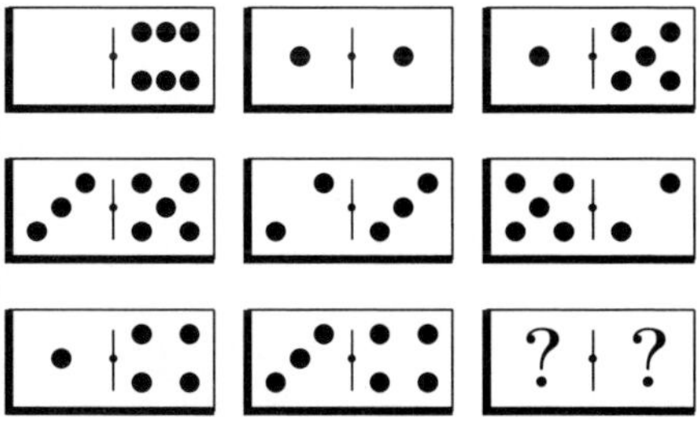

Sur chaque ligne, la 1ère case du 3ème domino est la somme des cases correspondantes du 1er et du 2ème :

$$0+1=1,\ 3+2=5.$$

La 2ème case du 3ème domino est la différence des cases correspondantes du 1er et du 2ème :

$$6-1=5,\ 5-3=2.$$

On en déduit le domino inconnu : $1+3=4$ et $4-4=0$:

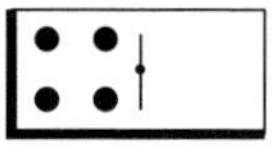

Cartes

Exemple :

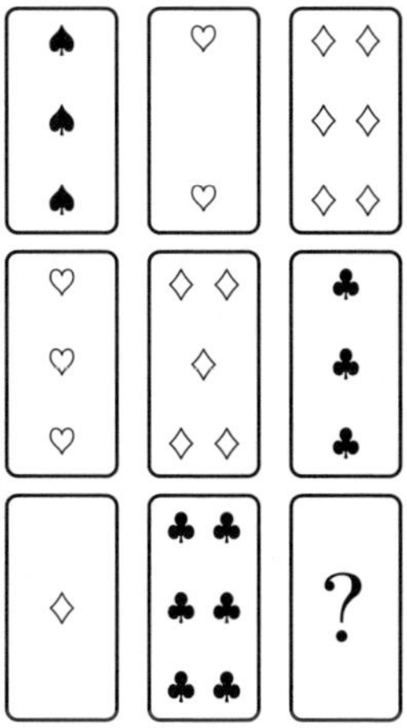

Quand on passe à la ligne suivante, les couleurs, dans l'ordre ♠, ♡, ♢, ♣, sont décalées d'un rang. La somme des valeurs de chaque ligne est égale à 11.

Sur la troisième ligne, après un trèfle il vient dans l'ordre précédent un pique, la carte inconnue est donc un pique. La somme des deux premières valeurs est égale à $1+6=7$. La valeur de la carte inconnue est $11-7=4$. Réponse :

D. Logique graphique

Pendules

Exemple :

Chaque pendule avance de 5 heures 45 minutes par rapport à la précédente.

Pendule inconnue : 

Grille

Exemple :

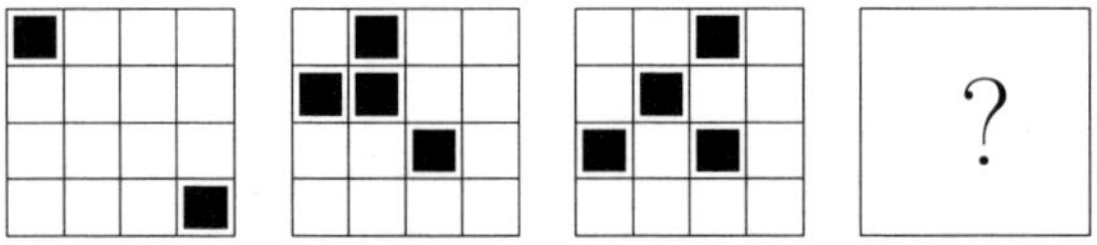

Il y a quatre cases noires qui se déplacent. Au départ trois sont confondues dans la case située en haut à gauche. Une descend sur sa colonne, une autre glisse sur sa ligne vers la droite, la troisième descend le long de la diagonale.La quatrième remonte le long de la diagonale

Grille inconnue : 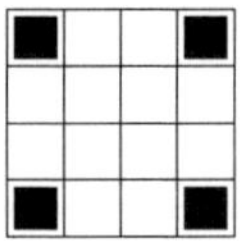

Combinaison de figures

Exemple :

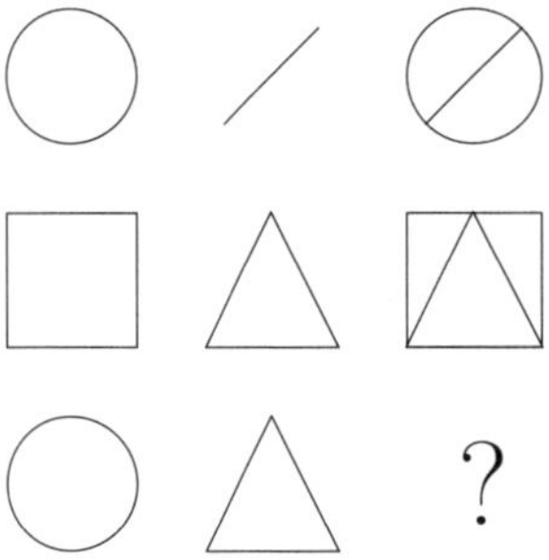

Sur chaque ligne, le 3ème dessin est obtenu en superposant le 1er et le 2ème.

Figure inconnue : 

1 Quel mot complète logiquement la série ?

BARQUE - ABRICOT - AMBRE - MARBRE - CHAMBRE

A) SABRE. B) REMEMBREMENT. C) BATEAU. D) DIABLE.

2 Quel mot complète la série suivante :

EMEU - KOALA - CHAT - GORILLE - ?

A) SOURIS. B) ELEPHANT. C) HIPPOPOTAME.
D) OTARIE. E) COQ.

3 Trouvez le mot manquant si :

SIX	=	52
SEPT	=	60
HUIT	=	59
NEUF	=	46
?	=	82

A) DIX. B) ONZE. C) DOUZE. D) CINQ. E) QUATRE.

4 Trouver le mot qui complète la série suivante :

CLERC - ACTE - ÉTUDE - NOTAIRE - ?

A) VENTE. B) CONTRAT. C) MARIAGE.
D) TESTAMENT. E) LÉGATAIRE.

5 Trouver le nombre manquant :

AMICAL	=	241726
LENTILLE	=	68391668
CANTINE	=	?

A) 7329123. B) 2937132. C) 9321723.
D) 7235138. E) 7239138.

6 Trouver le nombre caché sous le point d'interrogation si :

CUISINIER	=	100406009
SERVEUR	=	1034007
SAUCIER	=	1004007
PLONGEUR	=	12045008
ETAGERE	=	?

A) 105191. B) 520175185. C) 227262022922.
D) 0204060. E) 0102030.

7 Si Eric va au Caire, Samuel à Londres et Noël à Lyon, où va Olivier ?

A) Ostende. B) Rio. C) Orléans.
D) Caracas. E) Oradour.

8 Quel est le domino manquant ?

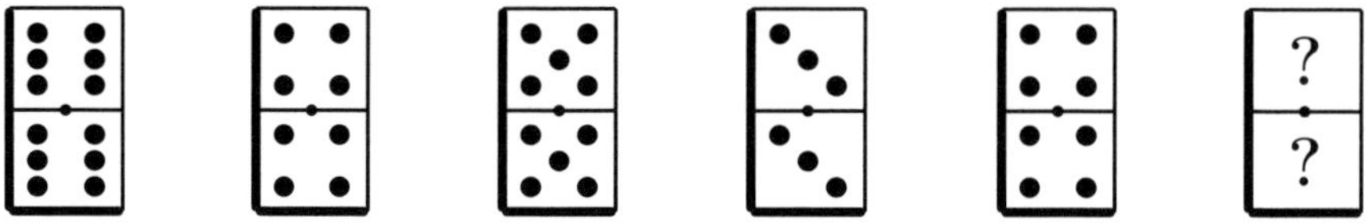

A) 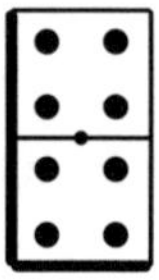 B) 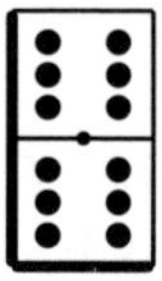 C) 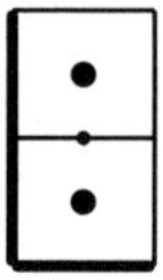 D) 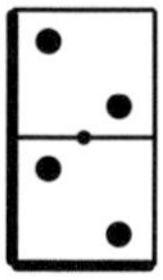 E) 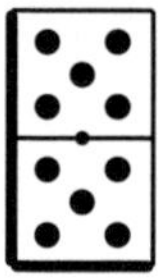

9 Compléter la série suivante :

$1 \quad -7 \quad 49 \quad -343 \quad 2\,401 \quad ?$

A) 16 807. B) 7 203. C) – 16 807. D) – 7 203.

10 Trouver le nombre manquant :

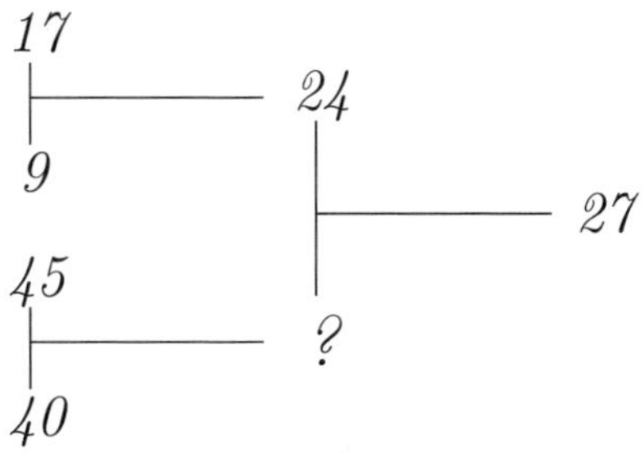

A) 5. B) 8. C) 12. D) 15. E) 20.

11 Quel nombre complète logiquement le carré ?

1	2	3	4
2	5	10	17
3	10	25	52
4	17	52	?

A) 31. B) 73. C) 77. D) 104. E) 129.

12 Quel chiffre complète logiquement le tableau ?

5	11	6
9	16	7
8	?	4

A) 17. B) 15. C) 14. D) 12. E) 21.

13 Quel nombre complète la série ?

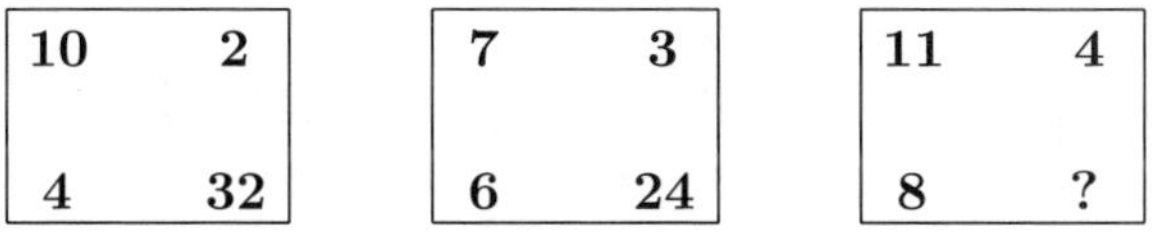

A) 48. B) 56. C) 64. D) 72. E) 80.

14 Trouver le nombre qui remplace le point d'interrogation :

69 – 77– 67– 48 – 38 –?

A) 17. B) 25. C) 37. D) 45. E) 56.

15 Quel numéro remplace le point d'interrogation ?

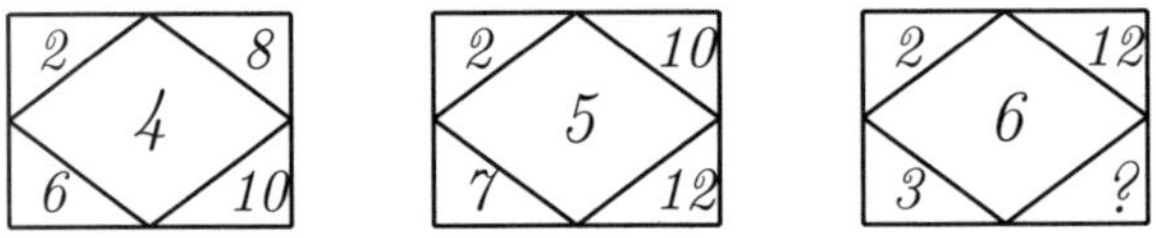

A) 9. B) 12. C) 16. D) 18. E) 24.

16 Quelle est la carte manquante ?

A)  B)  C)  D)  E) 

17 Quelle pendule complète la série suivante ?

A)  B)  C)  D) 

18 Quelle est la figure qui remplace le point d'interrrogation ?

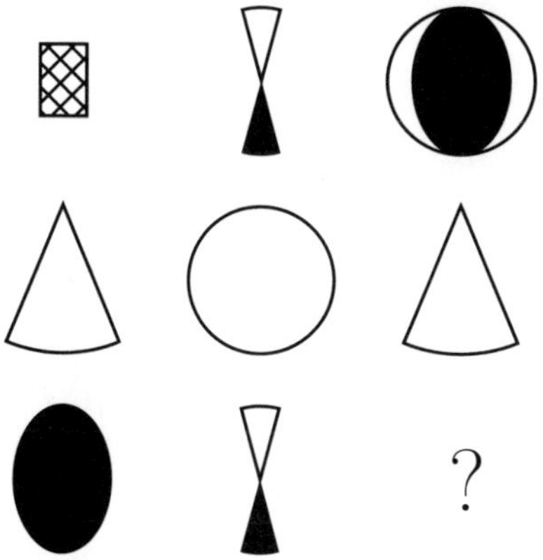

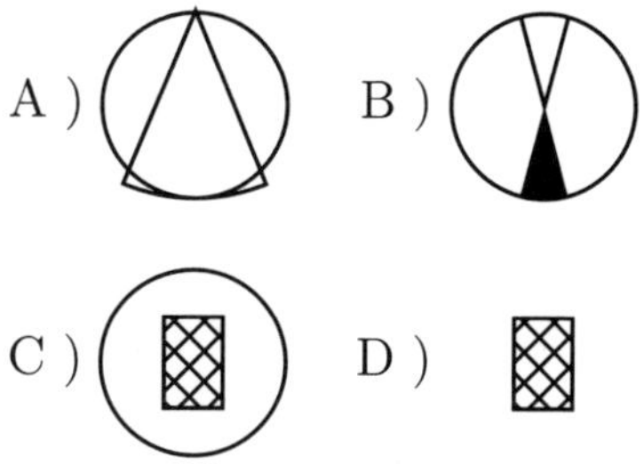

19 Quelle grille remplace le point d'interrogation ?

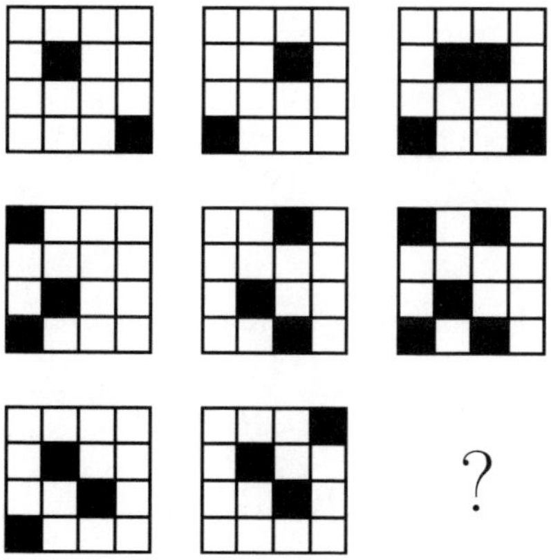

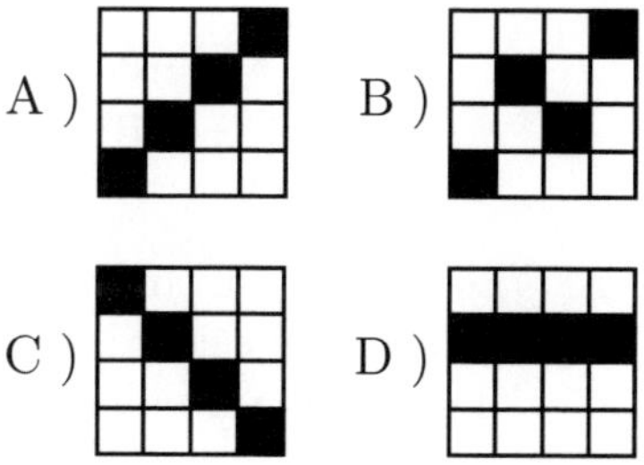

20 Remplacer les cinq points d'interrogation par cinq symboles différents :

?	?	?	?	?	
♣	♡	♢	♠	♦	*Quatre symboles bien placés.*
ℵ	♡	♢	♠	♣	*Quatre symboles bien placés.*
ℵ	♣	♢	♠	♦	*Quatre symboles bien placés.*

A) ♣♡♢♠ℵ.

B) ♣♦♢♠ℵ.

C) ℵ♣♢♦♠.

D) ℵ♡♢♠♦.

E) ♣ℵ♡♠♦.

21 Trouver le mot caché derrière les points d'interrogation sachant que chaque combinaison possède respectivement :

?	?	?	?	?	?	
C	O	M	I	T	E	*Deux lettres bien placées et trois mal placées.*
E	M	O	T	I	F	*Deux lettres bien placées et trois mal placées.*
M	E	N	T	O	N	*Deux lettres bien placées et deux mal placées.*

A) MOTEUR. B) MOITIE. C) SOMMET.
D) TEMOIN. E) TROMPE.

22 Chassez l'intrus :

A) LE BERGER. B) LE CHIEN. C) LE LOUP.
D) L'ÂNE. E) LE MOUTON.

23 Quel est l'intrus ?

A) ANIMAL. B) DROMADAIRE. C) VAISSEAU.
D) CHAMEAU. E) SAHARA.

24 Les lettres suivantes permettent de composer le nom et le prénom d'un personnage célèbre.
Il s'agit de retrouver son nom pour indiquer sa profession.

A – C – E – E – I – I – M – R – R – U

A) Mathématicien. B) Physicien. C) Biologiste.
D) Acteur. E) Écrivain.

Corrigés

1. (B)
La lettre B se décale d'une place vers la droite à chaque mot.
Dans le mot CHAMBRE, la lettre B est au cinquième rang.
On cherche parmi les mots proposés, celui qui contient la letre B au sixième rang, c'est le mot REMEMBREMENT.
2. (B)
Le nombre de consonnes augmente de 1 à chaque mot :
dans EMEU il y a une consonne, dans KOALA il y en a deux, dans CHAT il y en a trois et dans GORILLE il y en a 4.
Dans l'ensemble des solutions proposées, on cherche le mot qui comporte cinq consonnes, c'est ÉLÉPHANT.
3. (E)
À chaque lettre on affecte son rang alphabétique et à chaque mot on associe la somme de ces rangs.
SIX : $19 + 9 + 24 = 52$; SEPT : $19 + 5 + 16 + 20 = 60$;
HUIT : $8 + 21 + 9 + 20 = 59$; NEUF : $14 + 5 + 21 + 6 = 46$.
Parmi les solutions proposées on a
DIX : $4 + 9 + 24 = 37$; ONZE : $15 + 14 + 26 + 5 = 60$;
DOUZE : $4 + 15 + 21 + 26 + 5 = 71$; CINQ : $3 + 9 + 14 + 17 = 43$;
QUATRE : $17 + 21 + 1 + 20 + 18 = 82$.
La bonne réponse est donc QUATRE.
4. (E)
Le nombre de voyelles augmente d'un mot à l'autre.
Dans CLERC il y a une voyelle, ACTE en comporte deux, ÉTUDE en a trois et dans NOTAIRE il y a quatre voyelles.
Dans l'ensemble des solutions proposées, on cherche le mot comportant cinq voyelles, c'est LÉGATAIRE.
5. (E)
Chaque lettre a un code :
AMICAL = 241726 → A = 2, M =4, I = 1, C = 7 et L = 6.
LENTILLE = 68391668 → E = 8, N = 3 et T = 9.

C	A	N	T	I	N	E
7	2	3	9	1	3	8

6. (D)
Chaque consonne est remplacée par son rang dans le mot, les voyelles sont remplacées par zéro.
7. (B)
Eric va au Caire : le nom de la ville se termine par la lettre qui commence le prénom et commence par la lettre qui termine le prénom.
Olivier doit donc se rendre dans une ville dont le nom commence par R et

finit par O.
Dans l'ensemble des solutions proposées, seul Rio remplit ces conditions.

8. (D)
On passe de 6 à 4 en retranchant 2 puis de 4 à 5 en ajoutant 1.
On passe de 5 à 3 en retranchant 2 puis de 3 à 4 en ajoutant 1.
Pour obtenir le domino suivant, il faut donc retrancher 2 aux valeurs affichées sur les deux moitiés du dernier domino.

9. (C)
On passe d'un nombre au suivant en le multipliant par - 7.
Le nombre cherché est $2\,401 \times (-7) = -16\,807$.

10. (D)
Pour chaque branche verticale, on calcule la différence entre le nombre supérieur et le nombre inférieur.
Pour chaque branche horizontale, le nombre de droite est le triple de la différence calculée à gauche.
$17 - 9 = 8$ et $8 \times 3 = 24$.
$45 - 40 = 5$ et $5 \times 3 = 15$.
On remarque que $24 - 15 = 9$ et $9 \times 3 = 27$.

11. (E)
Chaque nombre est la somme de trois nombres : le nombre situé immédiatement à gauche, le nombre situé à gauche en diagonale sur la ligne du dessus et le nombre situé au dessus :
Pour la seconde ligne : $2 + 1 + 2 = 5$; $5 + 2 + 3 = 10$; $10 + 3 + 4 = 17$.
Le nombre cherché est donc $52 + 25 + 52 = 129$.

12. (D)
Les valeurs de la colonne du centre sont les sommes des valeurs de droite et de gauche.
Le nombre cherché est donc $8 + 4 = 12$.

13. (B)
On remarque que $\frac{32}{4} = 8$ et $8 = 10 - 2$.
Pour le second rectangle, $7 - 3 = 4$ et $6 \times 4 = 24$.
On calcule la différence des deux nombres de la première ligne, puis on multiplie ce résultat par le nombre de gauche de la seconde ligne : on obtient ainsi le quatrième nombre.
Pour le dernier carré, $11 - 4 = 7$ et $8 \times 7 = 56$.

14. (C)
La somme des chiffres formant chaque nombre est décroissante de 1 en 1 :
$6 + 9 = 15$; $7 + 7 = 14$; $6 + 7 = 13$; $4 + 8 = 12$; $3 + 8 = 11$.
Dans l'ensemble des solutions proposées, on cherche un nombre dont la somme des chiffres est 10 ; c'est 37.

15. (A)
Dans chaque rectangle le produit du terme du coin haut à gauche avec le terme du milieu donne le terme du coin haut de droite.
La somme de terme du coin bas à gauche et du nombre du milieu donne le terme du coin bas de droite.
Le nombre cherché est donc $6 + 3 = 9$.
16. (C)
La suite des valeurs des cartes est 2, 4, 6, ?, 10. La valeur de la carte cherchée est donc 8.
Les couleurs apparaisent les unes après les autres et on repart du dix trèfle. La couleur manquante est donc le pique.
17. (B)
Les heures affichées donnent la suite 2, 4, 8, 4.
Or 4 h peut aussi se lire 16 h.
On obtient ainsi une suite de nombres dont chacun est le double du précédent.
Le nombre suivant est 32 qui s'affiche sur la pendule comme $32 - 24 = 8$.
18. (C)
La figure située au bout de la première ligne est composée des éléments communs de la diagonale.
La figure cherchée est composée des éléments communs de l'autre diagonale.
19. (B)
La grille de droite de chaque ligne est obtenue par superposition des deux grilles précédentes.
20. (D)
Le symbole $\clubsuit$ est à trois places différentes, il ne peut donc pas être bien placé.
Donc le symbole $\aleph$ est à la bonne place.
21. (B)
MOTEUR, SOMMET et TROMPE n'ont que quatre lettres en commun avec COMITÉ, ils ne peuvent donc pas vérifier la première proposition.
TÉMOIN n'a pas deux lettres bien placées dans COMITÉ.
22. (A)
Le Berger est le seul qui a moins de quatre pattes.
23. (E)
Tous les mots comportent deux « A » sauf SAHARA qui en comporte trois.
24. (B)
Marie Curie phyicienne du début du 20ème siècle a découvert la radioactivité du radium et du thorium avec son mari Pierre Curie.

Troisième partie

Exemples de concours

Concours externe pour l'emploi de contrôleur stagiaire des impôts (2006)

1 Dix citrons coûtent autant que huit oranges, seize oranges autant que douze pamplemousses, quatre pamplemouses autant qu'un melon, et six melons autant que quarante huit bananes.
Pour le prix de cinq citrons, combien a-t-on de bananes ?

A) 3. B) 4. C) 5. D) 6.

2 Soit les trois corps célestes : la Terre, le Soleil et Jupiter.
La Terre et Jupiter tournent autour du soleil sur des trajectoires ciculaires et centrées sur le Soleil.
La distance entre le Soleil et la terre est voisine de $1,5.10^8$ km et la distance entre le Soleil et Jupiter est proche de $7,8.10^8$ km.
La terre, Jupiter et le Soleil sont, à un moment donné, disposés aux sommets d'un triangle rectangle, avec angle droit sur le soleil.
Il s'agit d'estimer combien de temps met la lumière pour aller de Jupiter à la Terre.
Quelle est, en minutes, l'estimation la plus proche du résultat ?
(vitesse de la lumière $c = 3.10^8$ m/s)

A) 15. B) 30. C) 45. D) 60.

3 Sur une route rectiligne Pierre et Paul se trouvent de part et d'autre de la ville d'Angstaad. La distance qui sépare Pierre d'Angstaad est le quart de la distance qui sépare Pierre de Paul. Au bout d'une heure la distance ente Pierre et Angstaad a augmenté de 4,5 % et celle entre Paul et Angstaad de 6 %.
Sachant qu'au bout d'une heure la distance qui sépare Pierre de Paul a augmenté de 4,5 km, quelle était la distance initiale entre eux ?

A) 74,5 km. B) 80 km. C) 84,5 km. D) 90 km.

4 Jacques rêve tout haut chaque nuit à ses économies : « si je triplais mes économies et si l'on me donnait 42 euros je serais en possession de plus de 204 euros. Toutefois, si je doublais mes économies et si je donnais 18 euros, il me resterait moins de 94 euros ».
Quel est le montant des économies de Jacques, sachant que le montant est un nombre entier ?

A) 35 €. B) 45 €. C) 55 €. D) 65 €.

5 Dans un cocktail , il y a 70 % de jus de fruits dont 30 % de jus d'ananas. Quel est le pourcentage de jus d'ananas dans ce cocktail ?

A) 40 %. B) 30 %. C) 23 %. D) 21 %.

6 Quel est le résultat d'une factorisation de $(2x+2)^2 - (2x+2)(x-1)$?

A) $(2x+2)(3x+1)$. B) $(2x-2)(x+1)$.

C) $(2x+1)(x-1)$. D) $(2x+2)(x+3)$.

7 Quel polynôme est différent des autres ?

A) $(x-1)(x+1)(x+3)$. B) $\left(x^2+2x-3\right)(x-1)$.

C) x^3+x^2-5x+3. D) $\left(x^2-2x+1\right)(x+3)$.

8 Une place rectangulaire de 38 m de long et 22 m de large est composée d'une pelouse centrale rectangulaire et d'une allée périphérique de 2m de largeur.
On décide de paver cette allée, avec des pavés carrés de 20 cm de côté, dont le prix est de 270 € la cinquantaine. De plus la pose revient à 380 € le mètre carré. Quel est, en euros, le coût du pavage ?

A) 61 800. B) 103 040. C) 115 360. D) 123 600.

9 Soient a et b deux réels tels que $a < 0 < b$.
Parmi les inégalités suivantes, laquelle est exacte ?

A) $ab > b^2$. B) $a^2 + b^2 < 2ab$.

C) $(a+b)^2 - (a-b)^2 > 0$. D) $a^2 + b^2 \geqslant 2ab$.

10 Calculer le poids total d'un gâteau à base de farine, de sucre, de jaune d'œuf, de lait et de beurre sachant que :
— la farine compte pour moitié ;
— le lait et le sucre représentent chacun un douzième ;
— le gâteau contient 20 % de jaune d'œuf ;
— il comporte 80 grammes de beurre.

A) 400 g. B) 520 g. C) 600 g. D) 640 g.

11 Paul fait creuser dans son jardin un puits d'une profondeur de 5 m. En raison de la fréquence des pluies dans la région, il souhaite savoir s'il existe un risque de le voir déborder un jour. Par sécurité, il a toutefois construit une margelle de 1 mètre de hauteur.
Sachant que le diamètre du puits est constant sur toute la longueur et égal à 2 m, qu'il existe en temps normal un volume d'eau résiduel de 6 000 litres, et que le débit moyen des averses dans la région est de $\frac{4}{3}$ litres/min/m^2, quelle devrait être la durée théorique d'une averse pour que le puits déborde ? ($\pi = 3$)

A) 37 h 30. B) 50 h. C) 62 h 30. D) 75 h.

12 Quel est le résultat de l'opération suivante ?

$$5 - (-2) \times 9 \times \frac{1}{3} + 4 + 6 + 3 \times 4 \times 5 - 1$$

A) 69. B) 80. C) 439. D) 679.

13 Monsieur Dujardin vend un verger ayant la forme d'un triangle rectangle dont deux côtés ont une longueur de 250 mètres chacun, pour un montant total de 4 500 €.
Calculer, en euros, le prix de l'hectare.

A) 720. B) 1 250. C) 1 440. D) 1 500.

Concours déconcentré d'agent spécialisé de police technique et scientifique (2005)

1 La lumière parcourt 300 000 km/s. Sachant que la terre est distante du soleil de 150 millions de kilomètres, le temps nécessaire à la lumière pour nous parvenir du soleil est :

A) 5 min 50 s. B) 50 s. C) 12 min. D) 8 min 20 s.

2 Une citerne à eau cylindrique a un diamètre de 1,5 m et une hauteur de 3,20 m. Son volume en m^3 est : ($\pi = 3$)

A) 21,6. B) 5,4. C) 43,2. D) 23,04.

3 Sachant qu'un bassin de natation rectangulaire de 50 m de longueur et 21 m de largeur et de profondeur moyenne de 2,9 m, se remplit à raison de 5 litres par seconde, calculez son temps de remplissage.

A) 10 h 9 min. B) 4 h 13 min 45 s.

C) 10 min 9 s. D) 50 min 45 s.

4 $\frac{12}{7} + \frac{4}{7} \times \frac{1}{3} =$

A) $\frac{16}{21}$. B) $\frac{16}{28}$. C) $\frac{40}{21}$. D) 1.

5 La distance Paris - Toulouse est de 699 km. Sachant qu'un nanomètre vaut un milliardème de mètre, cette distance en nanomètres est :

A) 669×10^{12}. B) 669×10^{6}.

C) 669×10^{-6}. D) 669×10^{-12}.

6 Un champ rectangulaire a une longueur de 450 m et une largeur de 220 m. Seuls les deux tiers sont cultivables, et l'agriculteur veut partager ses cultures en $\frac{1}{4}$ de blé et $\frac{3}{4}$ d'avoine.
Quelle est, en hectares, la surface dévolue à l'avoine ?

A) 495. B) 4,95. C) 7,425. D) 0,825.

7 Le nénuphar est une plante qui croît très vite. Il peut doubler sa surface en une journée. En admettant qu'un nénuphar mette 30 jours à recouvrir entièrement un étang, en combien de temps avait-il recouvert la moitié de cet étang ?

A) 15. B) 60. C) 28. D) 29.

8 Combien de solutions l'équation $3x^2 + 7 = 0$ admet-elle ?

A) 0. B) 1. C) 2. D) 4.

Concours d'agent de constatation et d'assiette des impôts (2005)

1 Une grand-mère a cinq fois l'âge de sa petite fille ; leur différence d'âge est de 48 ans. Quel est l'âge de la petite fille ?

A) 12 ans. B) 14 ans. C) 16 ans. D) 18 ans.

2 Une parcelle agricole rectangulaire mesure 100 m de long sur 50 m de large. Elle est traversée par quatre allées parallèles à la largeur et deux parallèles à la longueur, ayant chacune cinq mètres de large.
Quelle est la proportion de terrain occupée par les allées ?

A) 36 %. B) 40 %. C) 46 %. D) 50 %.

3 Sur une carte routière, la route reliant Nantes à Rennes est représentée par un segment de 5 cm.
Au départ de Nantes, un panneau indique « Rennes 100 km ».
Quelle est l'échelle de cette carte ?

A) 1/2 000 000. B) 1/200 000. C) 1/20. D) 1/5.

4 Soit un triangle ABC ; d, e, f les longueurs de chacun des côtés de ce triangle. Quelle est la figure exacte correspondant à toutes les caractéristiques suivantes de ce triangle ?
— Le segment [AB] est le côté de l'angle droit opposé à l'angle $\widehat{ACB}$.
— Le segment [CA] est le côté de l'angle droit adjacent à l'angle $\widehat{ACB}$.
— d est la longueur de l'hypoténuse.
— e est la longueur du côté opposé à l'angle $\widehat{ACB}$.

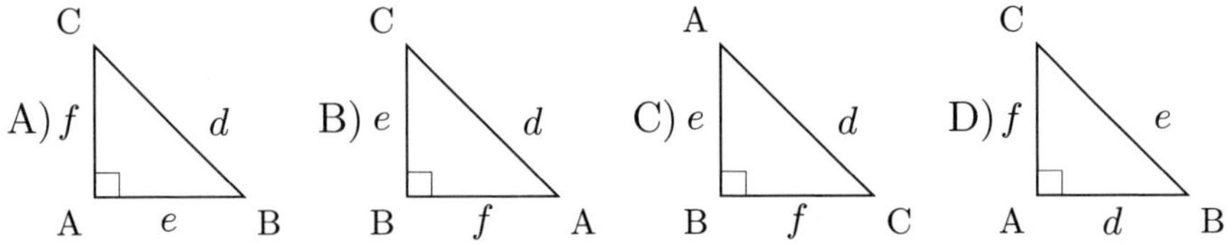

5 Diane reçoit moins d'argent de poche que Jerôme qui, lui même, reçoit moins d'argent de poche qu'Antoine et que Guillaume. Coralie reçoit moins qu'Antoine et plus que Guillaume. Considérant que Renaud reçoit plus d'argent que Diane mais moins que Jérôme, quel est l'adolecent qui reçoit le plus d'argent de poche ?

A) Antoine. B) Renaud. C) Diane. D) Coralie.

6 Dans un troupeau composé de chameaux et de dromadaires, on compte 28 têtes et 45 bosses. Sachant que les chameaux ont chacun deux bosses et les dromadaires une seule, combien y-a-t-il de dromadaires ?

A) 11. B) 12. C) 17. D) 18.

7 Dans la figure ci-contre, on sait que les angles $\widehat{AMP}$ et $\widehat{ABC}$ sont égaux, que AM = 4 cm, AP = 2 cm, MP = 3 cm et AC = 6 cm. Quel est le périmètre du triangle ABC ?

A) 27 cm. B) 29 cm.

C) 36 cm. D) 39 cm.

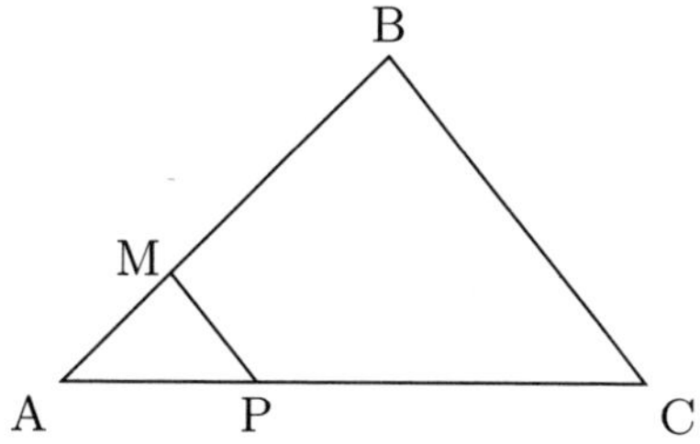

8 On a augmenté la largeur d'un rectangle de 20 % et sa longueur de 35 %. De combien a-t-on augmenté son aire ?

A) 27,5 %. B) 55 %. C) 62 %. D) 70 %.

9 Sachant qu'un pot de 15 litres de peinture coûte 45 €, quel est le prix d'un décilitre de peinture ?

A) 0,015 €. B) 0,15 €. C) 0,03 €. D) 0,3 €.

10 Soit un parallélépipède rectangle (un pavé) de côtés $a = 1$; $b = 2$; $c = 3$. Quelle série de nombres donne dans l'ordre :
— l'aire totale du pavé ;
— le volume du pavé ;
— l'aire de la face grisée ;
— l'aire totale des faces perpendiculaires à la face grisée ?

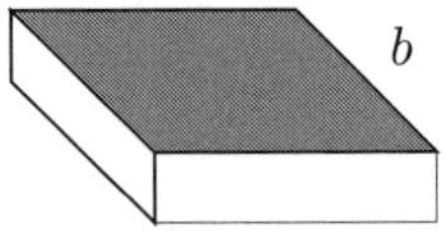

A) 22 ; 4 ; 6 ; 6. B) 11 ; 6 ; 5 ; 6. C) 11 ; 4 ; 5 ; 10. D) 22 ; 6 ; 6 ; 10.

11 Un propriétaire foncier possède deux parcelles attenantes, l'une circulaire, l'autre carrée. La parcelle carrée possède une aire trois fois plus grande que celle de la parcelle circulaire. La surface totale de la propriété est de 192 ha. Quel est le périmètre total de la propriété ?
(On prendra $\pi = 3$)

A) 72 m. B) 72 dam. C) 72 hm. D) 72 km.

12 Un escargot monte de 2 m le long d'un mur chaque nuit. Le jour il s'arrête et descend de 1 m. Sachant qu'il commence son ascension de nuit, au pied du mur, combien de nuits mettra-t-il pour atteindre le sommet d'un mur de 10 m ?

A) 5. B) 9. C) 10. D) 11.

13 Un triangle ABC, isocèle en A, a un périmètre égal à 16 cm et la hauteur issue de A a pour longueur 4 cm.
Quelle est la longueur des côtés [AB] et [AC] ?

A) 3 cm. B) 4 cm. C) 5 cm. D) 6 cm.

Concours de contrôleur du trésor (2005) Questionnaire de mathématiques

1 La roue du vélo de Yann a un périmètre de 2 m. À chaque coup de pédale, la roue tourne 0,7 fois. Combien de coups de pédale doit-il donner pour parcourir 1 km ? (arrondir au nombre entier supérieur).

A) 625. B) 715. C) 810. D) 950.

2 Trois automobilistes partent en même temps de Rouen vers Paris et prennent la même route.
Alain effectue le trajet en roulant durant la première moitié de la distance à la vitesse moyenne de 80 km.h^{-1} et la seconde moitié à 100 km.h^{-1}.
Pierre roule la moitié du trajet à 80 km.h^{-1} et la seconde moitié à 100 km.h^{-1}.
Jean effectue le trajet en roulant à la vitesse moyenne de 90 km.h^{-1}.
Qui arrivera en premier à Paris ?

A) Les trois arrivent en même temps. B) Pierre et Jean.

C) Alain. D) Alain et Jean.

3 L'expression $\sqrt{(-4)^2}$ est égale à :

A) 16. B) -4. C) 4. D) -16.

4 Quelle est la somme initiale qui permet d'obtenir à l'issue de la troisième année de placement un montant de 12 345,18 € ; sachant que le taux d'intérêt annuel est de 10 % mais qu'un prélèvement d'impôt de 20 % est effectué tous les ans sur les intérêts acquis au cours de l'année ?

A) 10 000 €. B) 9 850 €. C) 9 800 €. D) 9 900 €.

5 L'expression $\sqrt{\frac{1}{96}} \times \sqrt{54}$ est égale à :

A) $\frac{3}{4}$. B) $\sqrt{\frac{3}{2}}$. C) $\frac{2}{3}$. D) $\sqrt{\frac{2}{16}}$.

6 Le bulletin scolaire de Thomas fait apparaître les notes suivantes : 16/20 coef 2 ; 8/20 coef 3 ; 12/15 coef 1 : 24/30 coef 4.
Quelle est sa moyenne sur 10 ?

A) 7,62. B) 6,8. C) 5,85. D) 6,5.

7 Un piscine de 20 m de longueur, 5 m de largeur et 2 m de profondeur a été remplie aux $\frac{3}{4}$ de sa capacité.

En raison d'une fuitc, 5 % de l'eau a disparu.
Quel est, en m^3, le volume d'eau restant ?

A) 175. B) 150. C) 142,5. D) 187,5.

8 Quelle est la masse d'une pièce en bronze (densité 8,4) en pourcentage de la masse de son modèle en fonte (densité 7,2) ?
Donner le résultat à l'entier près.

A) 118. B) 114. C) 112. D) 117.

9 Sur un même côté d'une route rectiligne, il reste 4 arbres que l'on trouve dans l'ordre A, B, C, D.
Les distances respectives sont AB = 450 m, BC = 675 m, CD = 315 m.
Entre ces quatre arbres, et dans le même alignement, on veut d'une part, planter d'autres arbres afin que tous, anciens et nouveaux soient régulièrement espacés et, d'autre part, que la distance entre deux arbres consécutifs soit la plus grande possible.
Calculer la distance séparant deux arbres consécutifs quelconques (on négligera l'épaisseur des troncs).

A) 45 m. B) 15 m. C) 35 m. D) 40 m.

10 Une société immobilière achète un terrain de forme trapézoïdale, dont les bases, sur un plan à l'échelle 1/2 500 mesurent respectivement 18 cm et 12,8 cm.
Ce terrain est acheté pour la somme de 231 000 € à raison de 25 000 € l'hectare.
Quelle est la hauteur réelle du trapèze ?

A) 302 m. B) 240 m. C) 125 m. D) 350 m.

11 Un maraîcher a planté 25 ares de pieds de tomates à raison de 4 pieds par mètre carré. Le rendement moyen est de 5 kg par pied. La sécheresse a réduit les rendements moyens de 20 %.
Combien de tonnes de tomates le maraîcher va-t-il récolter ?

A) 44. B) 4,4. C) 50. D) 40.

12 Trois pommes et trois poires de même poids pèsent au total 1,5 kg. On enlève 2 poires et on rajoute 2 pommes, le poids total s'élève alors à 1,3 kg. Quel est le poids d'une pomme ?

A) 190 g. B) 200 g. C) 210 g. D) 250 g.

13 La solution de l'inéquation $x\,(x+6) > -5$ est :

A) $]-5;-2[$. B) $]-\infty-5]\cap]-1;+\infty[$.

C) $]-\infty;-5]\cup]-2;+\infty[$. D) $]-\infty;-5]\cup]-1;+\infty[$.

14 Le nombre $\dfrac{1}{\sqrt{2}\,(2+\sqrt{2})}$ est égal à :

A) $\frac{1}{2}\left(\sqrt{2}+1\right)\left(\sqrt{2}-1\right)$. B) $(\sqrt{2}-1)\,\sqrt{2}$.

C) $\frac{1}{2}\left(\sqrt{2}-1\right)$. D) $\frac{1}{2}\left(\sqrt{2}+1\right)$.

Questionnaire de logique

15 Trouver les nombres manquants :

1 – 16 – 3 – 8 – 5 – 4 – ? – ? – ? – ?

A) 1 3 5 7. B) 8 4 2 1. C) 12 10 8 4.
D) 16 8 4 2. E) 7 2 9 1.

16 Quel est l'intrus ?

A) 196. B) 144. C) 122. D) 100. E) 169.

17 Quel est le domino manquant :

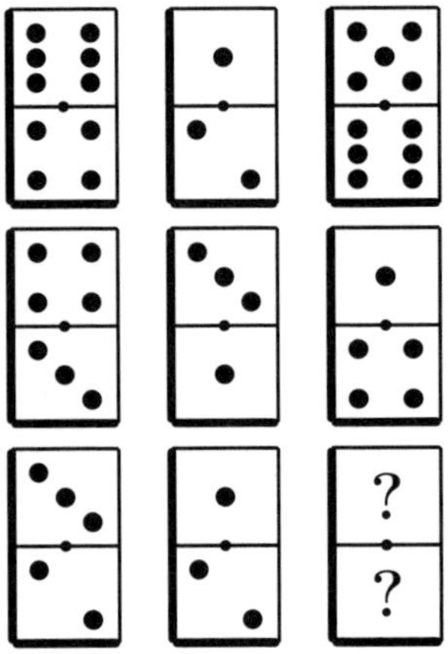

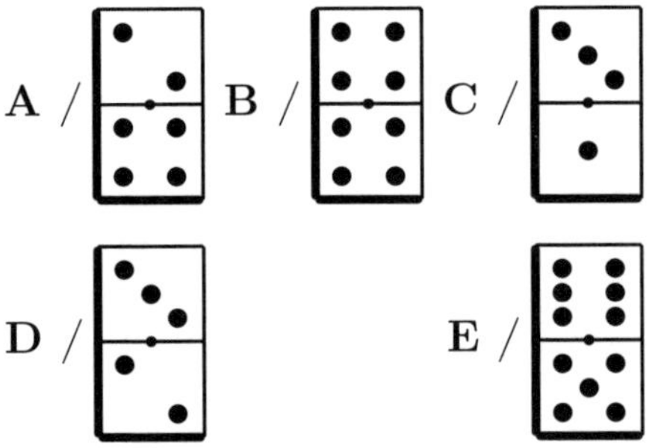

18 Quel est le chiffre manquant ?

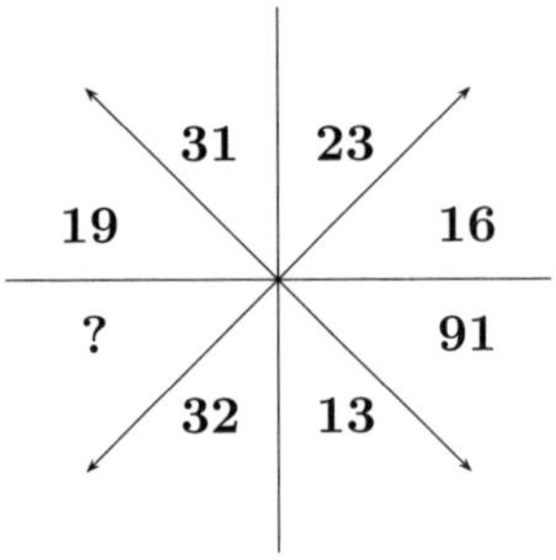

A) 53. B) 36. C) 29. D) 61. E) 17.

19 À chaque mois correspond un nombre : JANVIER = 16 ; MARS = 9 ; JUIN = 4 ; SEPTEMBRE = 36 ; DECEMBRE = 25.
À quel nombre correspond le mois d'AOÛT ?

A) 1. B) 9. C) 16. D) 25. E) 36.

20 Complèter le tableau :

9	**7**	**5**
11	**?**	**3**
13	**15**	**1**

A) 23. B) 17. C) 21. D) 19. E) 15.

21 Quelle figure complète la série ?

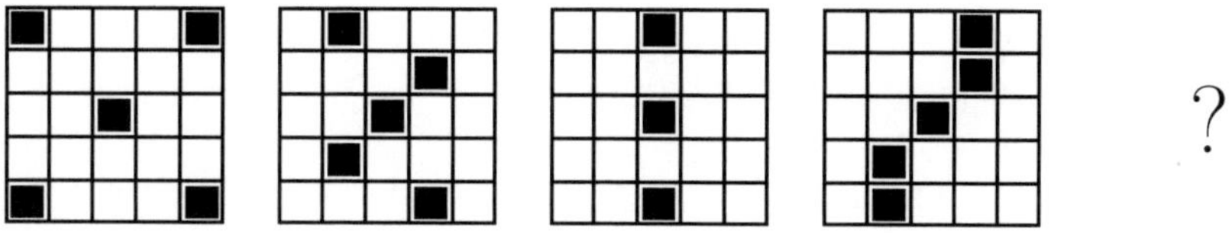

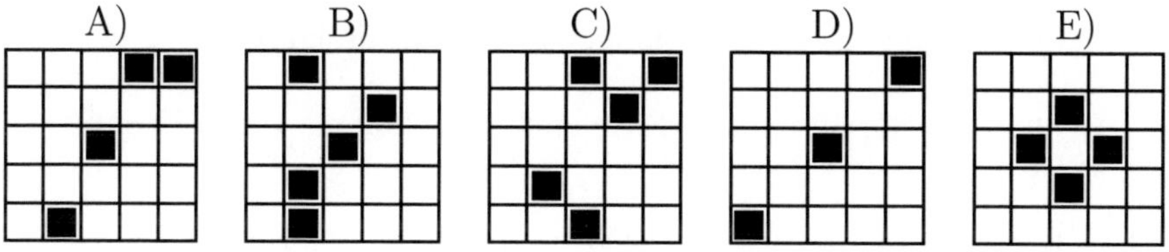

22 Quel est le nombre manquant ?

3	2
6	4

4	1
5	0

5
12

2	4
5	3

2	2
1	7

?
11

A) 4. B) 14. C) 9. D) 6. E) 10.

23 Compléter la série :

D 4 G 7 U 21 K ? ? 26

A) 1 A. B) 11 Z. C) 3 C. D) 6 F. E) 19 N.

24 Si B = 3 et O = 15, quel nombre correspond à CHIEN ?

A) 4 9 10 6 15. B) 4 9 8 4 15. C) 2 7 8 4 13.
D) 2 7 10 6 13. E) 2 7 8 4 15.

25 Trouver le nombre manquant :

17 – 51 – 48 – 144 – ? – 423

A) 151. B) 161. C) 141. D) 171. E) 221.

Concours de contrôleur stagiaire du trésor (2006)

1 Le nombre 0,0075 est égal à :

A) $7,5 \times 10^{-3}$. B) $7,5 \times 10^{-4}$. C) $7,5 \times 10^{3}$. D) $7,5 \times 10^{2}$.

2 Quel est le volume d'une pyramide de 5 cm de hauteur dont la base est un rectangle de 4 cm de longueur et 3 cm de largeur ?

A) 30 cm^3. B) 20 cm^3. C) 20 cm^2. D) 40 cm^3.

3 L'expression $(2x+3)^2 - 4\,(3x+4)$ a pour résultat :

A) $9x^2+4$. B) $2x-7$.

C) $4x^2-7$. D) $3x+8$.

4 Le prix du pain est passé de 35 centimes d'euros à 38 centimes d'euros entre 2000 et 2006. Quel est le pourcentage d'augmentation ?

A) 4 % C) 8,6 %
B) 5,6 % D) 2,4 %

5 Parmi les nombres suivants, lequel est un nombre premier ?

A) 158. B) 157. C) 156. D) 155.

6 Quel est le résultat de l'expression factorisée suivante ?

$$x^2 - 1 + (x1)\,(2x-5) + (1-x)\,(4x-7)$$

A) $-x^2+4x-3$. B) x^2-4x-3.

C) $(x-1)\,(-x+3)$. D) $(1-x)\,(-x+3)$.

7 Un article d'un montant de 650 € subit au cours du mois de mai une hausse de 12 % puis au mois de juin une baisse de 12 %.
Quelle est sa valeur finale ?

A) 572 €. B) 640,64 €. C) 650 €. D) 815,36 €.

8 Une palette contient 200 ramettes de 500 feuilles de papier A4 (21 cm × 29,7 cm) dont la qualité est de 80 g au mètre carré.
Quel est le poids du papier sur la palette ?

A) environ 1 tonne.
B) environ 50 kg.
C) environ 2 tonnes.
D) environ 500kg.

9 Résoudre l'inéquation : $4x + 5 < 9x - 15$

A) $x < -4$. B) $x > -4$.

C) $x < 4$. D) $x > 4$.

10 Quelle est, en cm^2, la surface totale d'un cube dont l'arête mesure 9 cm ?

A) 729. B) 486. C) 648. D) 81.

11 L'expression $\dfrac{6}{6-\sqrt{6}}$ est égale à :

A) $\dfrac{6+\sqrt{6}}{5}$. B) $\dfrac{6}{\sqrt{6}}$. C) $\dfrac{1}{6}$. D) $\dfrac{1}{\sqrt{6}}$.

12 Quelle est, en cm^2, l'aire d'une table ronde dont le diamètre est de 1,2 m ? ($\pi = 3,14$)

A) 3,76. B) 113,04. C) 11 304. D) 45 216.

13 L'opération $\dfrac{5}{2} + 2 + \dfrac{1}{6} + \dfrac{5}{3}$ a pour résultat :

A) 6. B) $\dfrac{19}{3}$. C) $\dfrac{13}{14}$. D) $3,5$.

14 Simplifier $\dfrac{5 \times 10^{-3} \times 2^4 \times 5 \times 10^{-4} \times 5^2}{25^2 \times 4^3 \times 2 \times 10^{-6}}$.

A) $\dfrac{1}{40}$. B) $\dfrac{1}{80}$. C) $\dfrac{1}{4}$. D) $\dfrac{1}{8}$.

Concours externe pour l'emploi d'agent de recouvrement du trésor (2007)
Questionnaire de mathématiques

1 On fait carreler une cuisine de 10,80 m^2 à l'aide de carreaux de 4 dm ^{2} vendus par douzaines au prix de 20 € la douzaine.
Quel est le prix total des carreaux ?

A) 420 €. B) 440 €. C) 460 €. D) 480 €.

2 Donner l'écriture scientifique de $E = \dfrac{7 \times 10^{-12} \times 6 \times 10^5}{21 \times 10^4}$.

A) 2×10^{-3}. B) 2×10^{11}. C) $0,5 \times 10^{-11}$. D) $0,5 \times 10^{-3}$.

3 On veut représenter sur un plan un immeuble de 64 m^2 par un carré de 64 cm^2. Quelle est l'échelle de ce plan ?

A) 1/100 000. B) 1/10 000. C) 1/1 000. D) 1/100.

4 Un propriétaire possède un champ de 41 380 m^2, un autre de 2 136 ares, et une parcelle de 148,6 centiares. Quelle est, en hectares, la superficie totale des terrains qu'il possède ?

A) 25,51286 ha. B) 269,84 ha. C) 2,6984 ha. D) 2,551286 ha.

5 Présenter l'expression suivante sous la forme la plus simple possible :

$$\left(1 - \frac{1}{4}\right)\left(\frac{3+2}{2}\right)\left(\frac{8+4}{5 \times 4} - \frac{1}{5}\right).$$

A) $\frac{1}{4}$. B) $\frac{2}{5}$. C) $\frac{3}{4}$. D) $\frac{5}{2}$.

6 2 200 € sont partagés entre trois personnes. Jean reçoit la moitié de plus que Paul qui a 600 € de plus que Marc. Quelle est la part de Jean ?

A) 1 000 €. B) 800 €. C) 900 €. D) 1 200 €.

7 Factoriser $F(x) = 4x^2 - 20x + 25$.

A) $(2x+5)^2$. B) $(4x-5)^2$. C) $(2x-5)^2$. D) $(x-5)^2$.

8 Un voyageur achète une carte demi-tarif SNCF pour 400 €.
Il fait régulièrement un trajet pour lequel l'aller simple est, à plein tarif, à 50 €.
Combien d'allers-retours seront au minimum nécessaires pour que l'achat de la carte génère une économie ?

A) 18. B) 8. C) 9. D) 6.

9 Quel est le résultat de l'opération suivante ?

$$\sqrt{\frac{18}{8}} \times \frac{\sqrt{16}}{6}.$$

A) $\frac{1}{2}$. B) $-\frac{1}{2}$. C) 1. D) −1.

10 Une pendule retarde de 2 secondes toutes les 12 minutes. Quel sera son retard au bout de 24 heures ?

A) 14 min 40 s. B) 1 min 44 s. C) 4 min. D) 2 min 40 s.

11 Ecrire l'expression suivante sous la forme la plus simple possible :

$$\left(\frac{n+1}{2}\right)^2 - \left(\frac{n-1}{2}\right)^2$$

.

A) 0. B) 1. C) n. D) 2n.

12 Un train doit parcourir un trajet de 360 km. L'horaire prévu est un départ à 5 h 45 et une arrivée à 8 h 45. Un incident technique provoque un retard de 40 min sur les 100 premiers kilomètres parcourus.
À quelle vitesse doit-il théoriquement rouler sur le trajetrestant pour rattraper le retard ?

A) 185,25 km/h. B) 173,33 km/h.

C) 158,66 km/h. D) 166 km/h.

Concours de contrôleur de la concurrence de la consommation et de la répression des fraudes (scientifique) (2007)
Questionnaire de mathématiques

1 Deux villes sonr séparées par 35 kilomètres. De combien de centimètres sont-elles séparées sur une carte avec une échelle de 1/200 000 ?

A) 1,75. B) 7. C) 17,5. D) 70.

2 Vous commandez 3 tonnes de sucre. Quelle quantité de betteraves, exprimée en tonnes, le cultivateur doit-il prévoir en sachant que celles-ci produisent en moyenne 35 % de leur poids en sucre ?

A) 5. B) 6. C) 7. D) 8. E) 9.

3 Deux camionneurs devant livrer des marchandises, partent tous les deux du dépôt à onze heures. Grâce à son nouveau camion, le premier camionneur est deux fois plus rapide que le deuxième.
Une heure après le départ, le vieux camion perd une partie de sa marchandise. Le camionneur appelle son collègue pour qu'il lui vienne en aide, celui-ci fait demi-tour et rejoint son coéquipier toujours à la même vitesse. Le temps de l'appel et le demi-tour ont duré deux minutes. Ils ont ensemble chargé la marchandise pendant 4 heures. Ils sont ensuite chacun repartis dans leur direction.
À quelle heure devez-vous attendre vos marchandises en sachant qu'après le chargement, le vieux camion était à la moitié de son trajet et le nouveau camion au tiers de son trajet ?

A) Le vieux camion arrivera à 16 h 32 et le nouveau à 17 h 02.
B) Le vieux camion arrivera à 17 h 32 et le nouveau à 18 h 32.
C) Le vieux camion arrivera à 19 h 32 et le nouveau à 18 h 32.
D) Les deux camions arriveront à 17 h 32.
E) Les deux camions arriveront à 18 h 32.

4 En passant mon brevet de natation de 1 kilomètre la semaine passée, j'ai du effectuer 40 longueurs. La piscine possède une profondeur de 3 mètres sur toute sa longueur.
Je m'interrogeais sur la largeur de cette même piscine.
En demandant au technicien de la piscine, celui-ci m'a juste répondu qu'avec la nouvelle pompe à eau d'un débit 7 500 litres par heure, il ne faut plus que 6 jours et $\frac{1}{4}$ de journée pour remplir totalement la piscine.
Quelle est donc la largeur de la pscine ?

A) 7,5 m. B) 10 m. C) 15 m. D) 17,5 m. E) 25 m.

5 Trois réunions doivent avoir lieu dans une entreprise : marketing, finances et ressources humaines ; Chaque réunion peut se dérouler dans une des trois salles de réunion Londres, Amsterdam et Paris. Une réunion à 11 h, une réunion à 15 h et une rénion à 17 h. Les réunions comprennent soit 15 personnes, soit 55 personnes, soit 87 personnes.
Nous disposons des informations suivantes :
1. Chaque réunion a lieu dans un endroit différent, à une heure distincte et ne comprend pas le même nombre de personnes.
2. Le marketing est la plus grosse équipe.
3. Les ressources humaines commencent toujours les premiers.
4. La salle Londres est la plus grande salle.
5. Les finances aiment à se réunir avant le marketing.
6. La salle Paris qui est la plus petite salle est réservée après 13 h.
Quelle affirmation est fausse ?

A) La salle Amsterdam accueille les finances.
B) Le marketing se réunit à 17 h.
C) La réunion des ressources humaines comprendra 55 personnes.
D) Les finances se retrouveront à 15 h.
E) La salle Paris ouvrira ses portes à 11 h.

Concours de contrôleur de la concurrence de la consommation et de la répression des fraudes (scientifique) (2005)

Questionnaire de mathématiques

Remarques

— Dans cette épreuve apparaît une proposition de réponse, peu souvent rencontrée : **ANRC : « Aucune Réponse Ne Convient ».**

— Certains énoncés peuvent concerner plusieurs questions du test.

1 On cherche à partager un gâteau en forme de cercle, en sept morceaux. L'égalité des parts importe peu.
Quel est le nombre minimum de coups de couteau rectilignes qu'il faut donner ?

A) 7. B) 3. C) 6. D) 4. E) ANRC.

2 Une famille comprend 5 enfants nés à trois ans d'intervalle. Le plus jeune l'est sept fois plus que le plus vieux.
L'âge de l'enfant « du milieu » est donc de :

A) 7. B) 6. C) 8. D) 10. E) ARNC.

Le texte ci-après concerne deux QCM
On considère un nombre abcd tel que $a \times b = c + d$.
Par exemple : 6275, 2351 *ou* 5387.
Les quatre chiffres a, b, c et d sont tous des nombres entiers différents, positifs et strictement compris entre 0 et 10.

3 Le nombre le plus élevé en valeur que l'on puisse obtenir se termine par :

A) 8. B) 9. C) 7. D) 6. E) ARNC.

4 Le nombre le plus faible en valeur que l'on puisse obtenir se termine par :

A) 1. B) 2. C) 3. D) 4. E) ARNC.

5 On dispose d'une balance à deux plateaux et de trois poids : 1 kg, 3 kg et 9 kg.
Combien de pesées différentes peut-on obtenir ?

A) 10. B) 9. C) 11. D) 12. E) ARNC.

6 Une équipe de football comporte onze joueurs. L'âge moyen des joueurs de cette équipe est de 22 ans. Un joueur est exclu par l'arbitre. L'âge moyen des 10 joueurs restants est alors de 21 ans.
Quel est l'âge du joueur éliminé ?

A) 21 ans. B) 22 ans. C) 23 ans. D) 32 ans. E) ARNC.

7 Une puce effectue 2 sauts en 1,5 seconde.
Elle se déplace à la vitesse de 12 km/h.
Le nombre de sauts lui permettant de parcourir 100 m est de :

A) 50. B) 20. C) 30. D) 40. E) ARNC.

Le texte ci-après concerne deux QCM
Pour l'année $n-1$, une somme de 12 600 €, prime de fin d'année, a été distribuée entre trois salariés A, B et C, au prorata de leurs années de présence dans l'entreprise X soit A : 14 ans ; B : 6 ans ; C : x ans.
On sait qu'en année n la prime reste globalement la même.
Néanmoins C touche 450 € de plus qu'en année $n-1$.

8 En année n, le nombre x d'années de présence de C est de :

A) 12. B) 2. C) 5. D) 9. E) ARNC.

9 La prime de A en année n est de :

A) 6 545 €. B) 7 215 €. C) 7 875 €. D) 6 825 €. E) ARNC.

10 Quel nombre faut-il ajouter au numérateur et retrancher du dénominateur de la fraction $\frac{5}{11}$ pour obtenir une fraction égale à $\frac{1}{7}$?

A) 1. B) 3. C) 4. D) 5. E) ARNC.

11 Un carré a pour côté une longueur σ. On considère un carré intérieur dont les cotés sont à la distance y des côtés du premier et un carré extérieur dont les côtés sont aussi à la distance y du premier.
Si $\sigma = 50$ m, quelle doit être la valeur de y pour que la surface comprise entre les deux carrés extrêmes soit de 600 m^2 ?

A) 10. B) 5. C) 1. D) 3. E) ARNC.

12 On considère les quatre opérations classiques qui concernent quatre nombres entiers (d, e, f, g) ainsi que le total commun t à ces opérations. Soit :

$$\begin{array}{ccccc} d & + & g & = & t \\ e & - & g & = & t \\ g & \times & g & = & t \\ f & : & g & = & t \end{array}$$

On sait par ailleurs que $d + e + f + g = 48$.
Dans ces conditions g a pour valeur :

A) 1. B) 2. C) 3. D) 4. E) ARNC.

13 Benjamin parcourt 25 kilomètres à vélo. Sachant qu'il effectue les 7 premiers kilomètres en 32 minutes, combien de temps mettra-t-il au total sachant qu'il fait en moyenne 12 m/h ?

A) 1 h 43. B) 2 h 02. C) 1 h 30. D) 2 h. E) ARNC.

14 P est un nombre de deux chiffres. Q est le nombre obtenu en écrivant deux fois, côte à côte, les deux chiffres de P.
Quel est le quotient de Q par P ?

A) 10. B) 11. C) 99. D) 100. E) 101.

15 Deux garçons Jean et Henri ont des billes rouges et jaunes. Jean a deux fois plus de rouges qu'Henri n'a de jaunes. Henri a trois fois de rouges, comme Jean a de jaunes.
En tout Jean a une bille de plus qu'Henri et Henri a deux jaunes de plus que Jean.
Combien de billes Jean a-t-il ?

A) 8. B) 2. C) 6. D) 4. E) ARNC.

Corrigés

Concours externe pour l'emploi de contrôleur stagiaire des impôts (2006)

1. (D)

Si 10 citrons coûtent autant que 8 oranges et si 16 oranges coûtent autant que 12 pamplemousses alors 10 citrons coûtent autant que 6 pamplemousses et 5 citrons autant que 3 pamplemousses.

Si 6 melons coûtent autant que 48 bananes alors 1 melon coûte autant que 8 bananes et si 4 pamplemousses coûtent autant qu'un melon alors 4 pamplemousses coûtent autant que 8 bananes et un seul autant que 2 bananes.

1 plamplemousse valant 2 bananes, 3 pamplemousses valent 6 bananes, donc 5 citrons coûtent autant que 6 bananes.

2. (C)

Le triangle est rectangle, l'angle droit étant sur le soleil, on peut appliquer le théorème de Pythagore, si T, S et J représentent respectivement la Terre, le Soleil et Jupiter : $ST^2 + SJ^2 = JT^2$ donc

$JT = \sqrt{(1,5 \times 10^8)^2 + (7,8 \times 10^8)^2} = \sqrt{2,25 \times 10^{16} + 60,84 \times 10^{16}}$

soit $JT = \sqrt{63,09 \times 10^{16}} = \sqrt{63,09} \times 10^8 \approx 7,94 \times 10^8$ km soit environ $7,94 \times 10^{11}$ m.

Le temps mis par la lumière pour nous parvenir de Jupiter est alors

$t = \dfrac{7,94 \times 10^{11}}{3 \times 10^8} \approx 2,65 \times 10^3$ s.

$2,65 \times 10^3$ s $= 2\,650$ s soit environ $\dfrac{2\,550}{60} \approx 44,2$ minutes.

3. (B)

Soit x la distance séparant Pierre de Paul, x est un réel positif.

La distance Pierre Angstaad est $\dfrac{x}{4}$.

Au bout d'une heure Pierre a progressé de $\dfrac{4,5}{100} \times \dfrac{x}{4} = \dfrac{4,5x}{400}$.

La distance de Paul à Angstaad était $x - \dfrac{x}{4} = \dfrac{3x}{4}$.

Au bout d'une heure cette distance a augmenté de $\dfrac{6}{100} \times \dfrac{3x}{4} = \dfrac{18x}{400}$.

On peut donc écrire $\dfrac{4,5x}{400} + \dfrac{18x}{400} = \dfrac{22,5x}{400} = 4,5$ donc $x = \dfrac{4,5 \times 400}{22,5} = 80$ km.

4. (C)
Soit x le montant des économies, x est un nombre entier naturel.
« Si je triplais mes économies et si l'on me donnait 42 euros je serais en possession de plus de 204 euros » peut se traduuire par $3x + 42 > 204$ soit $3x > 162$ donc $x > \dfrac{162}{3}$ donc $x > 54$.
« Si je doublais mes économies et si je donnais 18 euros, il me resterait moins de 94 euros » peut se traduire par $2x - 18 < 94$ soit $2x < 112$ donc $x < 56$.
Ainsi $x > 54$ et $x < 56$ donc $x = 55$.
5. (D)
Le pourcentage est de $\dfrac{70}{100} \times \dfrac{30}{100} = \dfrac{21}{100}$.
6. (D)

$$\begin{aligned}(2x+2)^2 - (2x+2)(x-1) &= (2x+2)[2x+2-(x-1)] \\ &= (2x+2)(2x+2-x+1) \\ &= (2x+2)(x+3)\end{aligned}$$

7. (A)
$(x^2 + 2x - 3)(x - 1) = x^3 + x^2 - 5x + 3$
$(x^2 - 2x + 1)(x + 3) = x^3 - 2x^2 + x + 3x^2 - 6x + 3 = x^3 + x^2 - 5x + 3$.
8. (C)
L'aire de la place est $38 \times 22 = 836$ m^2.
Puisque l'allée mesure 2 m de large, les dimensions de la pelouse sont 34×18 et son aire est de $34 \times 18 = 612$ m^2.
L'aire de l'allée est donc $836 - 612 = 224$ m^2.
Un pavé mesure 20 cm de côté soit 0,2 m et recouvre une surface de $0,2 \times 0,2 = 0,04$ m^2.
Pour paver l'allée il faut donc $\dfrac{224}{0,04} = 5\,600$ pavés ce qui représente $\dfrac{5\,600}{50} = 112$ cinquantaines.
Le coût du pavage est donc :
$270 \times 112 + 380 \times 224 = 30\,240 + 85\,120 = 115\ 360$ €.
9. (D)
A : On peut multiplier les deux membres d'une inégalité par un même nombre positif sans en changer le sens donc si $a < 0 < b$ alors $ab < b^2$.
B : $a^2 + b^2 < 2ab$ est équivalent à $a^2 + b^2 - 2ab < 0$ soit à $(a-b)^2 < 0$, or un carré est toujours positif.
C : $(a+b)^2 - (a-b)^2 > 0$ est équivalent à $(a+b+a-b)(a+b-a+b) > 0$ soit à $2a \times 2b > 0$ donc à $4ab > 0$.
Or a et b étant de signes différents, $ab < 0$.
D : $a^2 + b^2 \geqslant 2ab$ est équivalent à $a^2 + b^2 - 2ab \geqslant 0$ donc à $(a-b)^2 \geqslant 0$.

10. (C)
Soit p le poids du gâteau.
Le poids de la farine représente $\frac{x}{2}$, celui du sucre $\frac{x}{12}$, celui du lait $\frac{x}{12}$, celui des œufs $\frac{20x}{100} = \frac{x}{5}$ et il y a 80 g de beurre.
On peut donc écrire $x = \frac{x}{2} + \frac{x}{12} + \frac{x}{12} + \frac{x}{5} + 80$
soit $x = \frac{30x}{60} + \frac{5x}{60} + \frac{5x}{60} + \frac{12x}{60} + 80$ donc $x = \frac{52x}{60} + 80$ donc $60x = 52x + 4\,800$ soit $8x = 4\,800$ donc $x = 600$.
11. (B)
Le volume d'un cylindre est $V = \pi R^2 h$ si R est le rayon de la base et h la hauteur du cylindre.
La hauteur du puits, en comptant la margelle est de 6 m et le rayon de la base de 1 m donc le volume du puits est de $\pi \times 1 \times 6 = 18\,\mathrm{m}^3$ soit 18 000 litres.
Le volume utile du puits est de $18\,000 - 6\,000 = 12\,000$ litres.
La surface qui reçoit les pluies est égale à la surface de base du cylindre soit 3 m^2.
En cas de pluie, le puits reçoit $\frac{4}{3} \times 3 = 4$ litres par minute.
Il faut donc 3 000 minutes au puits pour se remplir ou $\frac{3\,000}{60} = 50$ heures.
12. (B)
Il faut être attentif à l'ordre de priorité des opérations.
$(-2) \times 9 \times \frac{1}{3} = -6\,;\ 3 \times 4 \times 5 = 60$.
Donc

$$\begin{aligned} 5 - (-2) \times 9 \times \frac{1}{3} + 4 + 6 + 3 \times 4 \times 5 - 1 &= 5 - (-6) + 4 + 6 + 60 - 1 \\ &= 5 + 6 + 70 - 1 \\ &= 80 \end{aligned}$$

13. (C)
Le terrain a la forme d'un demi carré, son aire est $S = \frac{250^2}{2} = 31\,250\mathrm{m}^2$.
Un hectare vaut 10 000 m^2 donc $S = 3,125$ ha.
Le prix de l'hectare est donc $\frac{4\,500}{3,125} = 1\,440$ €.

Concours déconcentré d'agent spécialisé de la police technique et scientifique (2005)

1. (D)
$t = \dfrac{d}{v}$ donc $t = \dfrac{150 \times 10^6}{3 \times 10^5} = 500$ s soit 8 min 20 s.
2. (B)
Le rayon de la citerne est $\dfrac{1,5}{2} = 0,75$ m, le volume de la citerne est donc $v = \pi \times 0,75^2 \times 3,2 = 5,4$ m^3.
3. (C)
Le volume de la citerne est $v = 50 \times 21 \times 2,9 = 3\,045$ m^3.
Le temps de remplissage est $\dfrac{3\,045}{5} = 609$ s soit 10 min 9 s.
4. (C)
$\dfrac{12}{7} + \dfrac{4}{7} \times \dfrac{1}{3} = \dfrac{12}{7} + \dfrac{4}{21} = \dfrac{36}{21} + \dfrac{4}{21} = \dfrac{40}{21}$.
5. (A)
669 km= 669×10^3 m ; un nanomètre vaut 10^{-9} m donc 1 m vaut 10^9 nanomètres et 669 km valent $669 \times 10^3 \times 10^9 = 669 \times 10^{12}$ nanomètres.
6. (B)
Les dimensions du champ sont 4,5 hm et 2,2 hm et son aire est de $4,5 \times 2,2 = 9,9$ ha.
La surface cultivée en avoine représente $\dfrac{2}{3} \times \dfrac{3}{4} = \dfrac{1}{2}$ de la surface totale soit $\dfrac{1}{2} \times 9,9 = 4,95$ ha.
7. (D)
Puisqu'il double sa surface tous les jours, la veille il recouvrait la moitié de la surface.
8. (A)
Pour tout nombre réel x, $x^2 \geqslant 0$ donc $3x^2 + 7 \geqslant 7$, l'équation n'admet pas de solution.

Concours d'agent de constatation et d'assiette des impôts (2005)

1. (A)
Soit a l'âge de la petite fille, a est un nombre entier naturel. L'âge de la grand-mère est alors $5a$ et $5a - a = 48$ soit $4a = 48$ donc $a = 12$.
2. (A)
Superficie du terrain : $100 \times 50 = 5\,000$ m^2.

Superficie occupée par les allées parallèles à la longueur :
$2 \times 5 \times 100 = 1\,000$ m^2.
Superficie occupée par les allées parallèles à la largeur :
$4 \times 5 \times 50 = 1\,000$ m^2.
Cependant les croisements sont comptés deux fois. Il faut donc retirer de la superficie totale occupée par les allées l'aire de 8 croisements représentant chacun un carré de 5 m de côté soit $8 \times 25 = 200$ m^2.
L'aire effective ocupée par les allées est de 1 800 m^2, ce qui représente un pourcentage de $\dfrac{1\,800}{5\,000} \times 100 = 36$ %.

3. (A)
100 km $= 10^7$ cm.
L'échelle est $e = \dfrac{5}{10^7} = \dfrac{5}{10 \times 10^6} = \dfrac{1}{2 \times 10^6} = \dfrac{1}{2\,000\,000}$.

4. (A)
La première proposition exclu la réponse C) ; la proposition 2 exclu la réponse B) ; la troisième proposition exclu la réponse D).

5. (A)
Notons D, J, A, G, C et R les sommes d'argent respectives de Diane, Jérôme, Antoine, Guillaume, Coralie et Renaud.

On peut écrire $\begin{cases} D < J < A \\ D < J < G \\ G < C < A \\ D < R < J \end{cases}$

$\begin{cases} D < J < G \\ D < R < J \end{cases}$ donne $D < R < J < G$ et $\begin{cases} D < R < J < G \\ G < C < A \end{cases}$ donne $D < R < J < G < C < A$.

6. (A)
Soient c le nombre de chameaux et d le nombre de dromadaires ; c et d sont des nombres entiers naturels, solutions du système :
$\begin{cases} c + d = 28 \\ 2c + d = 45 \end{cases}$ soit $\begin{cases} c = 28 - d \\ 2\,(28 - d) + d = 45 \end{cases}$ donc $\begin{cases} c = 28 - d \\ 56 - d = 45 \end{cases}$

donc $\begin{cases} d = 11 \\ c = 17 \end{cases}$

7. (A)
Le périmètre du triangle AMP est égal à $4 + 2 + 3 = 9$ cm. Les angles $\widehat{\text{AMP}}$ et $\widehat{\text{ABC}}$ sont égaux donc les droites (MP) et (BC) sont parallèles.
On peut appliquer le téorème de Thalès dans le triangle ABC avec les droites parallèles (BC) et (MP) : $\dfrac{\text{AP}}{\text{AC}} = \dfrac{\text{AM}}{\text{AB}} = \dfrac{\text{MP}}{\text{BC}} = \dfrac{2}{6} = \dfrac{1}{3}$ donc BC $=$ 3MP, AB $=$ 3AM et AC $=$ 3AP. Alors le périmètre du triangle

ABC est le triple du périmètre de AMP.

8. (C)

L'aire du rectangle initial est $S = Ll$.

La nouvelle aire est $S' = 1,2l \times 1,35L = 1,62Ll = 1,62S$.

L'augmentation est donc de 0,62 soit 62%.

9. (B)

Si 15 L coûtent 45 €, 1 L coûte 3 €, 1dL coûte 0,3 €et 0,5 dL coûte 0,15 €.

10. (D)

Aire totale du pavé : $2(3 \times 1 + 2 \times 1 + 2 \times 3) = 22$.

Volume du pavé : $1 \times 2 \times 3 = 6$. Aire de la face grisée : $2 \times 3 = 6$.

Aire totale des faces perpendiculaires à la face grisée : $22 - 2 \times 6 = 10$ ou $2(1 \times 3 + 1 \times 2) = 10$.

11. (C)

Soient a la longueur du côté du carré et R le rayon du cercle, exprimés en hm.

Superficie totale : $a^2 + \pi R^2 = 192$ et $a^2 = 3\pi R^2$ donc $4\pi R^2 = 192$ soit $R^2 = \dfrac{192}{12} = 16$. Donc $R = 4$ hm et $a^2 = 9 \times 16$ donc $a = 12$ hm. Le périmètre total est : $4 \times 12 + 2\pi R = 48 + 24 = 72$ hm.

12. (B)

En 24 h l'escargot a effectivement gagné 1 m. Le huitième jour il est à 8 m de hauteur. La neuvième nuit il grimpe de 2 m, il est en haut du mur.

13. (C)

Le triangle est isocèle de sommet A donc AB = AC et le pied H de la hauteur issue de A est le milieu de [BC], le triangle AHB est rectangle en H.

Si x est la longueur des côtés [AB] et [AC] et y la longueur de [BC] (alors $\mathrm{BH} = \dfrac{y}{2}$), on peut écrire : $2x+y = 16$ et $\mathrm{AH}^2 + \left(\dfrac{y}{2}\right)^2 = x^2$. Donc

$$\begin{cases} 2x + y = 16 \\ x^2 = 16 + \dfrac{y^2}{4} \end{cases} \Leftrightarrow \begin{cases} y = 16 - 2x \\ 4x^2 - y^2 = 64 \end{cases} \Leftrightarrow \begin{cases} y = 16 - 2x \\ 4x^2 - (16 - 2x)^2 = 64 \end{cases} \Leftrightarrow$$

$$\begin{cases} y = 16 - 2x \\ 4x^2 - 256 + 64x - 4x^2 = 64 \end{cases} \Leftrightarrow \begin{cases} y = 16 - 2x \\ 64x = 320 \end{cases} \Leftrightarrow \begin{cases} x = 5 \\ y = 6 \end{cases}.$$

Concours de contrôleur du trésor (2005)

Questionnaire de mathématiques

1. (B)

Si le périmètre de la roue est de 2 m, à chaque tour le vélo avance de $2 \times 0,7 = 1,4$ m. Le nombre de coups de pédale pour parcourir 1 km est de $\frac{1\,000}{1,4} = 714,28$ soit 715 au nombre entier supérieur.

2. (B)

Alain parcourt $\frac{d}{2}$ à la vitesse de 80 km.h^{-1} pendant le temps t_1 et $\frac{d}{2}$ à la vitesse de 100 km.h^{-1} pendant le temps t_2.

On peut alors écrire $\frac{d}{2} = 80t_1$ et $\frac{d}{2} = 100t_2$; soit $x = 80t_1 + 100t_2$.

On a donc : $V = \frac{80t_1 + 100t_2}{t_1 + t_2}$ et $80t_1 = 100t_2$ donc $t_2 = \frac{80t_1}{100}$.

Alors $V_A = \frac{80t_1 + 80t_1}{t_1 + \frac{80t_1}{100}} = \frac{160t_1}{1,8t_1} \approx 88,88\,\text{km.h}^{-1}$.

Pierre roule pendant la moitié du temps à 80 km.h^{-1} et la seconde à 100 km.h^{-1} alors $x_1 = 80 \times \frac{t}{2}$ et $x_2 = 100 \times \frac{t}{2}$.

Sa vitesse moyene est $V_P = \frac{x - 1 + x_2}{\frac{t}{2} + \frac{t}{2}} = \frac{40t + 50t}{t} = 90$ km.h^{-1}.

3. (C)

$\sqrt{(-4)^2} = \mid -4 \mid = 4$.

4. (C)

Soit C_0 le capital initial, alors le capital acquis à la fin de la première année est $C_1 = C_0 + 0,1C_0 - 0,2\,(0,1C_0) = 1,08C_0$.

De la même façon $C_2 = 1,08C_1 = (1,08)^2\, c_0$ et

$C_3 = 1,08C_2 = (1,08)^3\, c_0$ donc $C_0 = \frac{12\,345,18}{1,08^3} = 9\,800$ €.

5. (A)

$\sqrt{\frac{1}{96}} \times \sqrt{54} = \sqrt{\frac{54}{96}} = \sqrt{\frac{9}{16}} = \frac{3}{4}$.

6. (B)

Les notes de Thomas sont 8/10 ; 4/10 ; $\frac{12}{15} = \frac{4}{5} = \frac{8}{10}$ et 8/10. Sa moyenne est $\frac{8 \times 2 + 4 \times 3 + 8 \times 1 + 8 \times 4}{2 + 3 + 1 + 4} = \frac{68}{10} = 6,8$.

7. (C)

Volume de la piscine : $20 \times 5 \times 2 = 200$ m^3.

Volume de l'eau contenue ans la piscine $\frac{3}{4} \times 200 = 150$ m^3.

La fuite représente $\frac{5}{100} \times 150 = 7,5$ m^3.

Volume restant $150 - 7,5 = 142,5$ m^3.

8. (D)

Le pourcentage est de $\frac{8,4}{7,2} = 1,17$ soit 117 % .

9. (A)

Il s'agit de chercher le PGCD des nombres 450, 675 et 315.

450	2	675	3	315	3
225	3	225	3	105	3
75	3	75	3	35	5
25	5	25	5	7	7
5	5	5	5	1	
1		1			

Donc $450 = 2 \times 3^2 \times 5^2$; $675 = 3^2 \times 5^3$ et $315 = 3^2 \times 5 \times 7$.
Leur PGCD est $3^2 \times 5 = 45$.

10. (B)

Aire du terrain : $\frac{231\,000}{25\,000} = 9,24$ ha ou 92 400 m^2.
Dimensions réelles du terrain : $12,8 \times 2\,500 = 32\,000$ cm soit 320 m et $18 \times 2\,500 = 45\,000$ cm soit 450 m.

On peut donc écrire : $92\,400 = \frac{(450 \times 320)\,h}{2} = \frac{770h}{2}$ donc

$h = \frac{92\,400 \times 2}{770} = 240$ m.

11. (D)

25 ares représentent une aire de 2 500 m^2 donc $2\,500 \times 4 = 10\,000$ pieds de tomates. Le rendement espéré est de 50 000 kg soit 50 t.
La récolte sera de $50 - 0,2 \times 50 = 0,8 \times 50 = 40$ t.

12. (B)

Sot x le poids d'une pomme et y le poids d'une poire, alors

$$\begin{cases} 3x + 3y = 1{,}5 \\ 5x + y = 1{,}3 \end{cases} \quad \text{soit} \quad \begin{array}{rcl} -3x - 3y & = & -1,5 \\ 15x + 3y & = & 3{,}9 \\ \hline 12x & = & 2{,}4 \end{array}$$

Donc $x = 0,2$ kg soit 200 g.

13. (D)

$x\,(x+6) > -5$ est équivalent à $x^2 + 6x + 5 > 0$ soit $(x+1)\,(x+5) > 0$

x	$-\infty$	-5		-1	$+\infty$
$x+1$	$-$	|	$-$	0	$+$
$x+5$	$-$	0	$+$	|	$+$
$(x+1)(x+5)$	$+$	0	$-$	0	$+$

L'ensemble des solutions est $\mathcal{S} =]-\infty\,;\,-5[\,\cup\,]-1\,;\,+\infty[$.

14. (C)

$$\frac{1}{\sqrt{2}\left(2+\sqrt{2}\right)} = \frac{\sqrt{2}\left(2-\sqrt{2}\right)}{2\left(4-2\right)} = \frac{1}{4}\sqrt{2}\left(2-\sqrt{2}\right) = \frac{1}{4}\left(2\sqrt{2}-2\right) = \frac{1}{2}\left(\sqrt{2}-1\right).$$

Questionnaire de logique

15. (E)

On extrait deux suites :

$1 - 3 - 5$, les deux nombres suivants sont 7 et 9.

$16 - 8 - 4$, les deux nombres suivants sont 2 et 1.

16. (C)

$196 = 14^2$; $144 = 12^2$; $100 = 10^2$; $169 = 13^2$, 122 n'est pas le carré d'un nombre entier naturel.

17. (A)

Sur la première ligne : $6 - 1 = 5$ et $4 + 2 = 6$; sur la seconde ligne $4 - 3 = 1$ et $3 + 1 = 4$. Le domino manquant a donc pour case supérieure $3 - 1 = 2$ et pour case inférieure $2 + 2 = 4$.

18. (D)

23 et 32 ont leurs chiffres permutés ainsi que 31 et 13 ; 19 et 91.
Le nombre cherché est donc 61.

19. (A)

JANVIER comporte 4 consonnes, MARS comporte 3 consonnes, JUIN 2 consonnes etc... Le nombre associé à chaque mois est le nombre de consonnes élévé au carré. Le nombre asscié à AOÛT qui ne comporte qu'une consonne est 1.

20. (B)

Il apparait la suite des nombres impairs de 1 à 15, le nombre cherché est 17.

21. (D)

À partir de la grille de gauche :

La case située en haut à gauche glisse d'une case vers la droite sur sa ligne.

La case située en haut à droite glisse le long de la diagnale vers le bas.

La case située au centre reste fixe.
La case située en bas à gauche monte le long de la diagonale.
La case située en bas à droite glisse d'une case vers la gauche sur sa ligne.

22. (D)
Dans les carrés supérieurs, en considérant les cases supérieures : $3 \times 2 + 4 \times 1 = 10$ et les cases inférieures : $6 \times 4 + 5 \times 0 = 24$.
En simplifiant : $\frac{10}{24} = \frac{5}{12}$.
Pour les cases supérieures des carrés inférieurs : $2 \times 4 + 2 \times 2 = 12$ et les cases inférieures : $5 \times 3 + 1 \times 7 = 22$.
Le nombre cherché est 6.

23. (B)
Le nombre indique le rang de la lettre dans l'alphabet.

24. (A)
On ajoute 1 au rang alphabétique de chaque lettre.

25. (C)
$17 \times 3 = 51$; $51 - 3 = 48$;$48 \times 3 = 144$; $144 - 3 = 141$ et $141 \times 3 = 423$

Concours de contrôleur stagiaire du trésor (2006)

1. (A)
$0,0075 = \frac{7,5}{1\,000} = 7,5.10^{-3}$

2. (B)
Le volume de la pyramide est$V = \frac{\text{surface de base} \times \text{ hauteur}}{3}$
donc $V = \frac{4 \times 3 \times 5}{3} = 20 \text{ cm}^3$.

3. (C)
$(2x+3)^2 - 4(3x+4) = 4x^2 + 12x + 9 - 12x - 16 = 4x^2 - 7$.

4. (C)
Pourcentage d'augmentation : $\frac{38-35}{35} \times 100 \approx 8,6$ %.

5. (B)
158 et 156 sont des nombres pairs donc ils ne sont pas premiers.
155 se termine par 5 donc c'est un multiple de 5.

6. (C)

$$\begin{aligned}(2x+3)^2 - 4(3x+4) &= (x+1)(x-1) + (x-1)(2x-5) - (x-1)(4x-\\ &= (x-1)[x+1+2x-5-4x+7] \\ &= (x-1)(-x+3)\end{aligned}$$

7. (B)

Prix de l'article fin mai : $650 + \frac{12}{100}650 = 650 \times 1,12 = 728$ €.

Prix de l'article fin juin : $728 - \frac{12}{100}728 = 728 \times 0,88 = 60,64$ €.

8. (D)

Aire d'une feuille : $0,21 \times 0,297 = 0,06237$ m^2.
Aire totale des feuilles : $0,06237 \times 500 \times 200 = 6237$ m^2
Poids total $80 \times 10^{-3} \times 6237 = 498,96$ kg soit environ 500 kg.

9. (D)

$4x + 5 < 9x - 15$ est équivalent à $20 < 5x$ soit $4 < x$ ou $x > 4$.

10. (B)

Aire d'une face : $9 \times 9 = 81$ cm^2. Le cube comporte six faces donc l'aire totale est $6 \times 81 = 486$ cm^2.

11. (A)

On utilise l'identité remarquable $(a - b)(a + b) = a^2 - b^2$.

$$\frac{6}{6-\sqrt{6}} = \frac{6\left(6+\sqrt{6}\right)}{36-6} = \frac{6\left(6+\sqrt{6}\right)}{30} = \frac{6+\sqrt{6}}{5}.$$

12. (C)

$S = \pi R^2$. Le diamètre est de 1,2 m soit 120 cm, le rayon est donc de 60 cm. L'aire est de $S = 3,14 \times 60^2 = 11\,304$ cm^2.

13. (B)

$$\frac{5}{2} + 2 + \frac{1}{6} + \frac{5}{3} = \frac{15}{6} + \frac{12}{6} + \frac{1}{6} + \frac{10}{6} = \frac{38}{6} = \frac{19}{3}.$$

14. (B)

$$\frac{5 \times 10^{-3} \times 2^4 \times 5 \times 10^{-4} \times 5^2}{25^2 \times 4^3 \times 2 \times 10^{-6}} = \frac{5^4 \times 2^4 \times 10^{-7}}{5^4 \times 2^7 \times 10^{-6}} = \frac{10^{-1}}{2^3} = \frac{1}{80}.$$

Concours externe pour l'emploi d'agent de recouvrement du trésor (2007)

Questionnaire de mathématiques

1. (C)

10,80 m^2=1 080dm ^{2}. Nombre de carreaux nécessaires : $\frac{1080}{4} = 270$.

Nombre de douzaines : $\frac{270}{12} = 22,5$ soit 23 douzaines.

Coût : $23 \times 20 = 460$ €.

2. (A)

$$E = \frac{7 \times 10^{-12} \times 6 \times 10^5}{21 \times 10^4} = \frac{42 \times 10^{-7}}{21 \times 10^4} = 2 \times 10^{-7+4} = 2 \times 10^{-3}.$$

3. (B)
$1\ \text{m}^2 = 10^4\ \text{cm}^2$.
4. (A)
1 ha $= 10\,000$ m ^{2} donc $41\ 380$ m$^2 = 4,1380$ ha ; 1 ha $= 100$ a donc $2\ 136$ a $= 21,36$ ha ; 148,6 ca$= 1,486$ a $= 0,01486$ ha.
La surface totale est donc de 25,51286 ha.
5. (C)
$$\left(1-\frac{1}{4}\right)\left(\frac{3+2}{2}\right)\left(\frac{8+4}{5\times 4}-\frac{1}{5}\right)=\left(\frac{3}{4}\right)\left(\frac{5}{2}\right)\left(\frac{12}{20}-\frac{1}{5}\right)$$
$$=\frac{3}{4}\times\frac{5}{2}\left(\frac{3}{5}-\frac{1}{5}\right)=\frac{3}{4}\times\frac{5}{2}\times\frac{2}{5}=\frac{3}{4}.$$
6. (D)
Soit x la part de Jean, y celle de Paul et z celle de Marc, x, y et$z$ sont des réels positifs.
$x+y+z=2\,200$; $x=\frac{3}{2}y$ et $y=z+600$.
donc $\frac{3}{2}y+y+y-600=2\,200$ soit $\frac{7}{2}y=2\,800$ soit $y=2\,800\times\frac{2}{7}=800$.
Alors $x=\frac{3}{2}\times 800=1\,200$ €.
7. (C)
On reconnait l'identité remarquable : $(a-b)^2=a^2-2ab+b^2$ avec $a=2x$ et $b=5$.
8. (C)
Un aller-retour à demi-tarif est à 50 €. Il lui faut donc 8 allers-retours pour amortir le prix de sa carte.
Il réalise une économie à partir du neuvième.
9. (C)
Les réponses B et D sont à écarter puisque le produit de deux nombres positifs est un nombre positif.
$\frac{18}{8}=\frac{9}{4}$ donc $\sqrt{\frac{18}{8}}=\sqrt{\frac{9}{4}}=\frac{3}{2}$; $\sqrt{16}=4$ donc $\frac{\sqrt{16}}{6}=\frac{4}{6}=\frac{2}{3}$.
Donc $\sqrt{\frac{18}{8}}\times\frac{\sqrt{16}}{6}=\frac{3}{2}\times\frac{2}{3}=1$.
10. (C)
1 h $= 60$ min ; $60=12\times 5$ donc en 1 h la pendule retarde de 10 s et, en 24 h, de 240 s soit 4 min.
11. (C)
On reconnait l'identité remarquable $a^2-b^2=(a-b)(a+b)$.
$$\left(\frac{n+1}{2}\right)^2-\left(\frac{n-1}{2}\right)^2=\left(\frac{n+1}{2}-\frac{n-1}{2}\right)\left(\frac{n+1}{2}+\frac{n-1}{2}\right)$$

$$= \frac{n+1-n+1}{2} \times \frac{n+1+n-1}{2} = n.$$

(Ne pas oublier qu'un trait de fraction, lorqu'on le retire, joue le même rôle qu'une parenthèse : s'il y a un signe − devant le trait de fraction on change les signes du numérateur ou du dénominateur).

12. (B)

Le trajet dure 3 h à la vitesse moyenne de 120 km/h. Pour parcourir 100 km le train met $\frac{100}{120} = \frac{5}{6}$ h soit 50 min.

Avec les 40 min d'incident, le train a parcouru les 100 premiers kilomètres en 90 min soit 1 h 30 min ou 1,5 h. Il lui reste donc 1 h 30 min pour parcourir 260 km.

Sa vitesse moyenne doit donc être $\frac{260}{1,5} = \frac{520}{3} = 173,33$ km/h.

Concours de contrôleur de la concurrence de la consommation et de la répression des fraudes (scientifique) (2007)

1. (C)

1 km = 10^3 m = 10^5 cm donc 35 km = 35×10^5 cm.

200 000 = 2×10^5 cm.

Donc, sur la carte, les deux villes sont séparées de $\frac{35 \times 10^5}{2 \times 10^5} = 17,5$ cm.

2. (E)

Première méthode :

Soit x la quantité de betteraves à produire, x étant un nombre réel positif. Il vient $\frac{35}{100}x = 3$ soit $x = \frac{300}{35} \approx 8,57$ tonnes.

Deuxième méthode :

Parmi les réponses proposées, il faur choisir celle dont les 35 % sont supérieurs à 3.

$8 \times \frac{35}{100} = 2,8\,;\ 9 \times \frac{35}{100} = 3,15.$

3. (D)

Les deux camions partent à 11 heures, l'incident survient à 12 heures. Avec le temps de l'appel, du demi-tour il est 12 h 02. Le nouveau camion revient. Roulant deux fois plus vite que l'ancien il lui faut 30 min pour le rejoindre. En comptant les 4 heures de rechargement, ils repartent à 16 h 32.

Le vieux camion étant à la moitié de son trajet, il roule encore 1 heure et parvient donc à destination à 17 h 32.

Le nouveau camion est au tiers de son trajet mais en fait, en 1 heure, roulant plus vite que son collègue, il avait parcouru les $\frac{2}{3}$ de son trajet. Pour parvenir à destination, il lui reste donc encore 1 h à rouler pour arriver à 17 h 32.

4. (C)

Si pour faire 1 000 m il faut 40 longueurs, une longueur mesure $\frac{1\,000}{40} = 25$ m.

Pour remplir la piscine il faut 6,25 jours soit $6,25 \times 24 = 150$ heures.
Le volume de l'eau contenu dans la piscine est de
$7\,500 \times 150 = 1\,125\,000$ litres soit 1 125 m^3.
On peut donc écrire, si l est la largeur de la piscine exprimée en mètres : $25 \times 3 \times l = 1\,125$ soit $l = \frac{1\,125}{75} = 15$ m.

5. (C)

Le marketting étant l'équipe la plus nombreuse, le groupe de 87 personnes va se réunir dans la plus grande salle, la salle Londres.
Les ressources humaines commencent toujours les premiers donc ils se réunisent à 11 h et dans la salle Paris puisqu'elle est réservée après 13 h.
Les finances aiment à se réunir avant le marketing donc ils se réunissent après les finances et avant le marketing à 15 h et le marketing se réunit à 17 h.
On a donc dans l'ordre :
11 h Les resources humaines dans la salle Paris, la plus petite donc pour les 15 personnes.
15 h Les finances dans la salle Amsterdam pour 55 personnes.
17 h Le marketing dans la salle Londres pour 87 personnes.

Concours de contrôleur de la concurrence de la consommation et de la répression des fraudes (2005)

1. (D)

On donne trois coups de couteau en suivant trois diamètres du gâteau et un coup de couteau en suivant un rayon du gâteau.
On peut visualiser la solution sous forme de schéma :

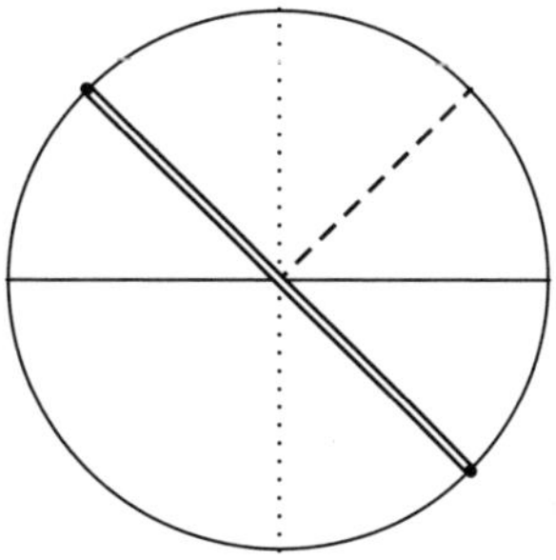

2. (C)
Les enfants sont nés à trois ans d'intervalle. Si a est l'âge de l'enfant « du milieu » , les âges des 5 enfants sont $a-6$, $a-3$, a, $a+3$, $a+6$.
L'enfant le plus jeune l'est 7 fois plus que le plus vieux donc
$a-6=\dfrac{a+6}{7}$ soit $7a-42=a+6$ donc $6a=48$ soit $a=8$.

3. (C)
Les deux plus petits chiffres non nuls sont 1 et 2, donc la somme la plus petite obtenue est $1+2=3$.
Les deux plus grands chiffres sont 8 et 9 donc la somme la plus grande obtenue est $8+9=17$.
Ainsi $3 \leqslant c+d \leqslant 17$ ce qui est équivalent à $3 \leqslant ab \leqslant 17$.
Le produit le plus grand que l'on puisse obtenir proche de 17 est $16=8\times 2$. Dans ce cas $c+d=9+7=16$.
Pour obtenir le plus grand nombre possible, l'ordre des chiffres est important. On obtient 8297.

4. (C)
Le produit le plus faible obtenu avec deux chiffres différents est 2 mais alors c et d sont égaux.
$3=1\times 3$ et $3=2+1$. On obtient alors le nombre 1312 qui ne convient pas puisque deux chiffres sont égaux.
$4=2\times 2$, ce qui ne peut convenir.
$5=1\times 5$ et $5=1+4=2+3$. Le nombre le plus faible en valeur que l'on puisse obtenir est donc 1523.

5. (E)
Les différentes pesées sont, en kilogrammes : 1, 3, 9, 4, 10, 12, 13 soit 7 pesées.

6. (E)
Avec les 11 joueurs la moyenne est de 22 ans donc le total des âges des joueurs de l'équipe est $11\times 22=242$ ans.

Avec les 10 joueurs restants la moyenne des âges est de 21 ans.
Le total des âges de ces joueurs est de $10 \times 21 = 210$ ans.
L'âge du joueur exclu est de $242 - 210 = 32$ ans.

7. (D)

La puce avance à 12 km/h donc à $\dfrac{12\,000}{3\,600} = \dfrac{10}{3}$ m/s.

Pour parcourir 100 m elle met $t = \dfrac{d}{v} = \dfrac{100}{\frac{10}{3}} = 30$ s.

Elle réalise 2 sauts toutes les 1,5 s donc elle fait $\dfrac{30}{1,5} \times 2 = 40$ sauts.

8. (B)

x est le nombre d'années de présence de C en année $n - 1$, la somme des anciennetés des trois employés est de $14 + 6 + x = 20 + x$ et la part de C est alors de $\dfrac{12\,600x}{20 + x}$.

En année n, l'ancienneté de chaque employé est respectivement de 15 ans, 7 ans et $x + 1$ ans et la somme des anciennetés est $23 + x$.

La part de C est alors de $\dfrac{12\,600\,(x+1)}{23 + x}$.

On peut donc écrire $\dfrac{12\,600x}{20 + x} + 450 = \dfrac{12\,600\,(x+1)}{23 + x}$ soit en divisant par 50 les deux membres de l'équation : $\dfrac{252x}{20 + x} + 9 = \dfrac{252\,(x+1)}{23 + x}$.

On multiplie les deux membres par $(20 + x)(23 + x)$ (facteurs non nuls), on obtient $252x\,(23 + x) + 9\,(20 + x)\,(23 + x) = 252\,(x + 1)\,(20 + x)$.

En développant on obtient
$5\,796x + 252x^2 + 9\,(460 + 43x + x^2) = 252\,(x^2 + 21x + 20)$
soit $5\,796x + 252x^2 + 4\,140 + 387x + 9x^2 = 252x^2 + 5\,292x + 5\,040$.

En simplifiant, il vient $9x^2 + 891x - 900 = 0$ ou, en divisant par 9, $x^2 + 99x - 100 = 0$ soit $(x + 100)\,(x - 1) = 0$ qui admet pour solution dans l'ensemble des nombres positifs : $x = 1$.

En année n l'ancienneté de C est donc de 2 ans.

9. (C)

Prime de A en année n :

La somme des anciennetés est de 24 ans, l'ancienneté de A est de 15 ans, la part de A est donc de :

$\dfrac{12\,600 \times 15}{24} = \dfrac{12\,600 \times 3}{8} = 1\,575 \times 5 = 7\,875$ €.

10. (E)

Première méthode :

On teste les différentes réponses : $\dfrac{5+1}{11-1} = \dfrac{6}{10} = \dfrac{3}{5}$; $\dfrac{5+3}{11-3} = \dfrac{8}{8} = 1$;
$\dfrac{5+4}{11-4} = \dfrac{9}{7}$; $\dfrac{5+5}{11-5} = \dfrac{10}{6} = \dfrac{5}{3}$.

Deuxième méthode :

Soit r le nombre à chercher. Alors on cherche le nombre r tel que $\dfrac{5+r}{11-r} = \dfrac{1}{7}$ donc $7(5+r) = 11-r$ ce qui est équivalent à
$35 + 7r = 11 - r$ donc $8r = -24$ soit $r = -3$.
$\dfrac{5+(-3)}{11-(-3)} = \dfrac{2}{14} = \dfrac{1}{7}$.

11. (D)

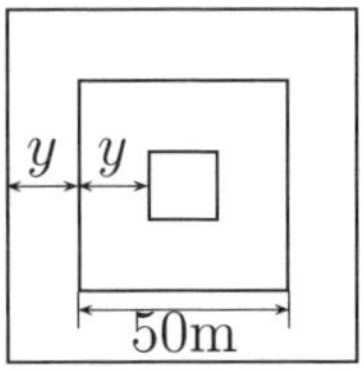

Aire du petit carré : $(50-y)^2$.
Aire du grand carré : $(50+y)^2$.
donc $(50+y)^2 - (50-y)^2 = 600$ soit
$[50+y-(50-y)]\,[50+y+50-y] = 600$
donc $200y = 600$ donc $y = 3$.

12. (C)

$d + g = t$ et $e - g = t$ donc $d + e = 2t$.
$g^2 = t$; $\dfrac{f}{g} = t$ donc $f = tg$.
Alors $d + e = 2g^2$ et $f = g^3$.
On a donc $2g^2 + g^3 + g = 48$.
On teste les solutions proposées : si $g = 3$ on a $2 \times 9 + 27 + 3 = 48$.

13. (E)

32 minutes représentent $\dfrac{32}{60} = \dfrac{8}{15}$ h.
Pour faire 25 km à 12 km/h il faut $t = \dfrac{d}{v} = \dfrac{25}{12}$ h.
Pour faire les 18 kilomètres restants il doit mettre
$\dfrac{25}{12} - \dfrac{8}{15} = \dfrac{125-32}{60} = \dfrac{93}{60}$ h soit 1 h 33 min.

Temps de parcourt total : 32 min + 1 h 33 min = 2 h 05 min.

14. (E)
a et b étant deux chiffres non nuls, P et Q s'écrivent respectivement ab et $abab$.

$$\begin{array}{rcccc} & & & a & b \\ \times & 1 & 0 & 1 \\ \hline & & & a & b \\ a & b & . & . \\ \hline a & b & a & b \end{array}$$

Donc $Q = 101 \times P$ soit $\dfrac{Q}{P} = 101$.

15. (E)
Soit x le nombre de billes rouges de Jean et y le nombre de ses billes jaunes, x et y sont des nombres entiers naturels.
Soit z le nombre de billes rouges d'Henri et t le nombre de ses billes jaunes, z et t sont des nombres entiers naturels.
D'après l'énoncé, il vient :

$$\left\{\begin{array}{rcl} x & = & 2t \\ 3y & = & z \\ x+y & = & z+t+1 \\ y+2 & = & t \end{array}\right. \text{ ce qui est éqivalent à } \left\{\begin{array}{rcl} x & = & 2t \\ y & = & t-2 \\ z & = & 3\,(t-2) \\ x+y & = & z+t+1 \end{array}\right.$$

$$\text{Donc } \left\{\begin{array}{rcl} x & = & 2t \\ y & = & t-2 \\ z & = & 3\,(t-2) \\ 2t+t-2 & = & 3\,(t-2)+t+1 \end{array}\right.$$

De la dernière équation, il vient : $3t - 2 = 4t - 5$ donc $t = 3$. Alors Jean possède $2 \times 3 = 6$ billes rouges et $3 - 2 = 1$ bille jaune, soit un total de 7 billes.
Henri possède 3 billes jaunes et $3\,(3-2) = 3$ billes rouges, soit un total de 6 billes.

Achevé d'imprimer en mars 2008 par Normandie Roto Impression s.a.s., 61250 Lonrai
N° d'impression : 080978 - Dépôt légal : mars 2008 - Imprimé en France